普通高等教育“十二五”规划教材

输配电线路施工机械概论

李光辉 编
甘凤林 主审

中国电力出版社
CHINA ELECTRIC POWER PRESS

内 容 提 要

本书为普通高等教育“十二五”规划教材。

本书共分七章，较系统地介绍了输配电线路工程建设广泛使用的各种施工机器具的基本结构、工作原理、主要性能常识、应用范围和选用方法。主要内容包括机械基础知识、液压传动技术和输配电线路基础施工机器具，杆塔组立施工常用机器具，架线施工常用工机具及现代放线施工技术用机器具，以及张力架线施工机械（牵引机、张力机）及其配套的辅助机具（钢丝绳卷车），输配电线路检修和维护、电缆敷设、光缆架设用机器具等。

本书内容针对输配电线路工程建设的实际，介绍了应用广和具有代表性的输电线路工程建设用机器具，并在书中配有大量的结构插图，内容丰富，系统全面，叙述简捷，通俗易懂，实用性强。

本书可作为高等院校输电线路工程专业的教材，也可作为从事输配电线路施工、运行和检修的工程技术人员与管理人员的培训教材。

图书在版编目（CIP）数据

输配电线路施工机械概论/李光辉编．—北京：中国电力出版社，2013.3（2018.2 重印）

普通高等教育“十二五”规划教材

ISBN 978-7-5123-3941-5/1

Ⅰ.①输…　Ⅱ.①李…　Ⅲ.①输配电线路－工程施工－机械设备－高等学校－教材　Ⅳ.①TM726

中国版本图书馆 CIP 数据核字（2012）第 315312 号

中国电力出版社出版、发行

（北京市东城区北京站西街 19 号　100005　http：//www.cepp.sgcc.com.cn）

航远印刷有限公司印刷

各地新华书店经售

*

2013 年 3 月第一版　2018 年 2 月北京第二次印刷

787 毫米×1092 毫米　16 开本　12.5 印张　304 千字

定价 **42.00** 元

前　言

目前电力工业迅速发展，需要大批输电线路工程方面的专业技术人才。同时，随着大容量、超高压以及特高压输电线路的出现，对输电线路工程技术人才的要求也越来越高。为此，各电力高等院校也相继增设了输电线路工程专业，为电力建设培养高级技术人才。

编者根据输电线路工程专业教学大纲的要求，并充分考虑输电线路工程专业学生学习输电线路建设施工机械概论课程的特殊要求，主要针对输电线路施工机器具的基本结构、工作原理和实际应用，概论性地介绍输电线路施工机械基本理念、选用和应用实践。

全书共分七章。第一章输配电线路施工机械基础知识，第二章输配电线路基础施工机器具，第三章杆塔组立施工机器具，第四章输配电线路架线施工常用工机具，第五章张力架线施工机器具，第六章输配电线路检修与维护工机具，第七章电缆、光缆线路施工机具。

本书编写的基本原则是力求图文并茂，通俗易懂，并实现理论基础扎实，兼顾实际运用的特点，基本全面地反映了近年来我国输电线路（电缆线路）施工、运行与检修用工机具。全书由李光辉编写。

本书承蒙东北电力大学甘凤林教授审稿，在此表示深深感谢。

本书在编写过程中，查阅、收集、整理了相关生产厂家的网站及产品样本提供的相关资料，在此一并谨致最诚挚的谢意。

由于编者经验不足，写作水平有限，书中难免有疏漏之处，敬请广大同行和读者批评指正。

编　者

2012 年 7 月

目　录

第一章　输配电线路施工机械基础知识

第一节　机　械　传　动

在机械传动系统中，经常采用带传动、链传动、齿轮传动及蜗轮蜗杆传动来传递运动和动力。

一、带传动

带传动一般是由主动带轮（固连在主动轴）、从动带轮（固连在从动轴）和紧套在两主从动带轮上的传动带（皮带）组成，如图 1-1 所示。当连接动力在主动轴上时，由于套在主动带轮上的带和带轮间摩擦力的作用而拖动从动带轮一同转动，并传递动力。

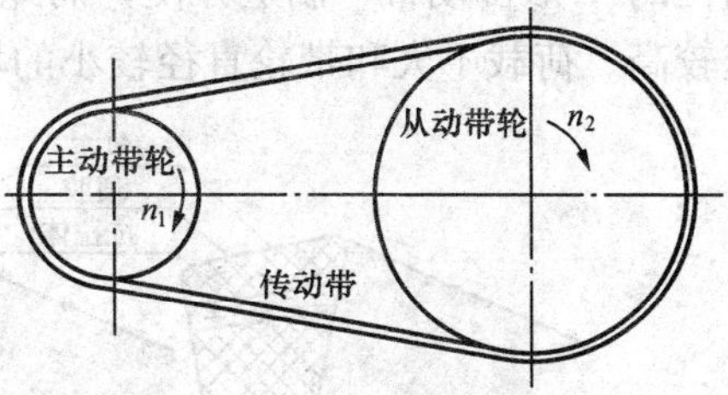

图 1-1　带传动

1. 带轮的传动比

根据物理原理，物体之间的摩擦运动，会有打滑现象，但在一般传动中，因滑动率并不大（1%～2%），所以可不予考虑，即主动带轮与从动带轮之间的传动比 i 为

$$i=\frac{n_1}{n_2}\approx\frac{D_2}{D_1} \tag{1-1}$$

式中：n_1、n_2 分别为主动带轮、从动带轮的转速；D_1、D_2 分别为主动带轮、从动带轮的计算直径。

【例 1-1】　已知电动机从动带轮直径为 125mm，与减速器连接的主动带轮直径为 300mm。试问此时的传动比 i 是多少？

解　根据式（1-1）可知

$$i=\frac{n_1}{n_2}\approx\frac{D_2}{D_1}=\frac{125}{300}=\frac{5}{12}$$

2. 带传动中带的类型

在带传动中，常用的传动带分平形传动带和三角形传动带，以及圆形传动带。传动带具有弹性、可缓冲、吸振、噪声小、结构简单、传动平稳的特点，过载可打滑，但传动比不准确。

为适应传动需要，出现了同步齿形传动带。

（1）平形传动带。常用的平形传动带有橡胶布带、缝合棉布带、棉织带和毛织带等。应用最为广泛的是橡胶布带，其规格查阅现行相关标准。平形传动带的优点是结构简单，带轮比较容易制造，多用于中心距较大的情况。

为了适应高速传动，已研制了一种复合平带，是一种值得推广使用的新型平形传动带。复合平带（也称尼龙片基平带、聚酰胺片基平带），用经过热稳定伸长后的尼龙薄片（聚酰胺片）作抗体，其表面层采用铬鞣皮革、高耐磨合成橡胶或聚氨酯等材料，用胶接接头接成环形。复合平带单位带宽抗拉强度可达1000N/cm以上，具有伸长小、摩擦系数大、带轻而薄、挠性好等优点。

（2）三角形传动带（也称V形传动带）。它被广泛应用在一般机械传动中，如输电线路施工用搅拌机、机动绞磨机等机械传动连接。

三角形传动带的横剖面是梯形的（见图1-2），带轮上也做出相应的轮槽。传动时，三角形传动带只和轮槽的两个侧面接触，即以两侧面为工作面。根据槽面摩擦的原理，在同样的张紧力下，三角形传动带要比平形传动带产生的摩擦力大，且其允许的传动比也较大，结构较紧凑以及标准化批量生产，因此应用比平形传动带广泛得多。

标准化V形传动带都制作成无接头的环形，其结构有帘布芯结构和绳芯结构。帘布芯结构的V形传动带，制造方便，而绳芯结构的V形传动带柔性好，抗弯强度高，可用于转速较高、荷载不大和带轮直径较小的场合。

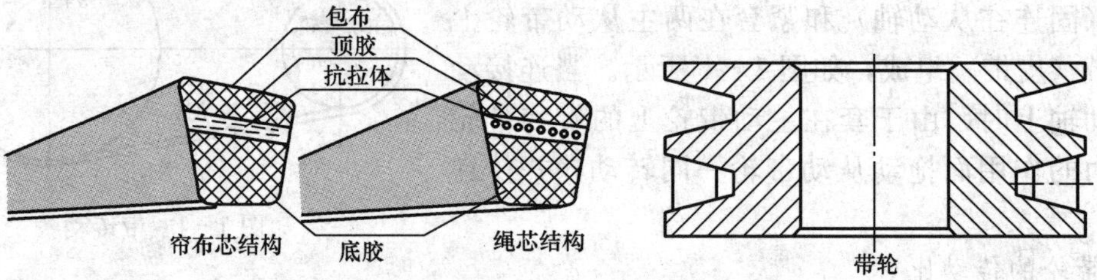

图1-2 V形传动带基本结构及带轮结构

V形传动带可分为普通V带、窄V带、宽V带、联组V带、接头V带等。其中，普通V带应用最广。

联组V带（见图1-3）又称多槽带，由一层胶布将数根相同的V形传动带在顶面连接而成，适用于转速高、振动大和有严重冲击荷载的多根V形传动带传动的场合。

除以上所述三角形传动带外，还有一种活络三角形传动带（见图1-4）。它是将数个相同的硫化多层挂胶帆布用铆钉或螺栓连接而成，其楔角为40°，最大特点是长度尺寸可以任意加长或截短。若活络三角形传动带局部损坏，则可拆除损坏部分，进行更换而继续使用。活络三角形传动带仅适用于轻型、低速的动力传递。根据顶宽和带高不同，活络三角形传动带有Z、M、3L、4L、A、B、C、D、E、SPA、SPB、SPC、AA、BB、CC等多种型号。

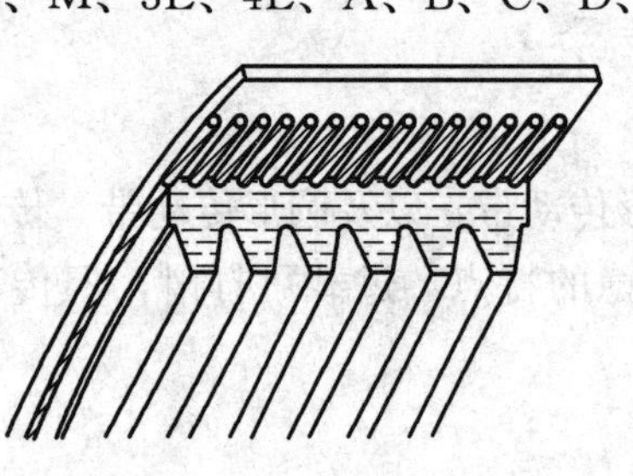

图1-3 联组V带

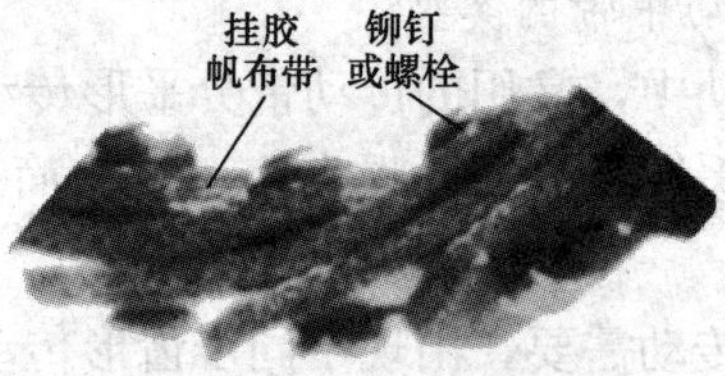

图1-4 活络三角形传动带

（3）同步齿形传动带（见图1-5）。同步齿形传动带传动是综合了带传动、链传动和齿轮传动等优点的新型带传动。带的工作面呈齿形，与带轮的齿槽做啮合传动，带的抗拉层承受荷载，以保持带的节线长度不变，故带与轮间没有相对滑动，从而使主、从动带轮间能做无滑动差的同步传动。同步齿形传动带传动的速度范围从每分钟几转到线速度为40m/s以上，速比可达到10，传动效率可达99.5%，传动功率从几瓦到数百千瓦。

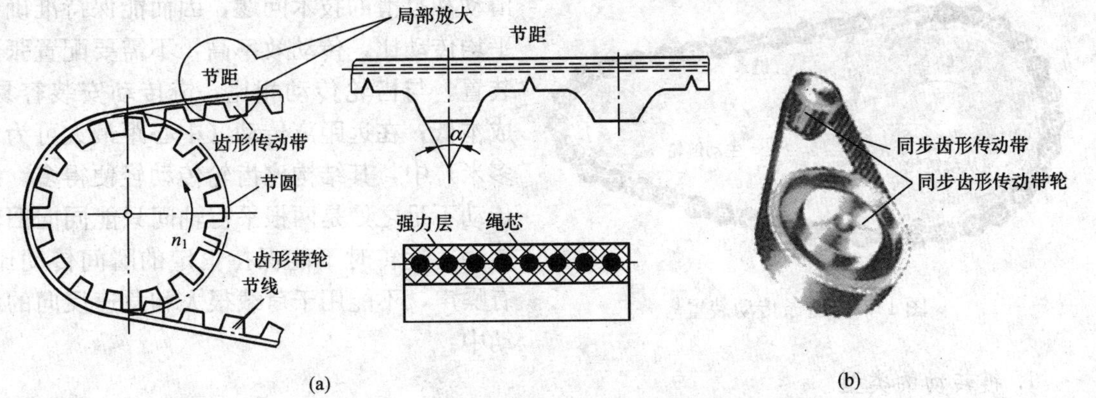

图1-5　同步齿形传动带局部及带轮的安装

(a) 同步齿形传动带；(b) 同步齿形传动带与带轮安装实景

3. 带轮的张紧装置

常见的带轮的张紧装置有定期张紧装置、自动张紧装置和张紧轮张紧装置。

定期张紧装置，有几种方式。一种是将装有带轮的电动机安装在滑道上，通过调节螺栓，使电动机在底座的滑道上左右来回移动调节到所要求拉力，即实现张紧的目的，如图1-6 (a)所示。另一种是将电动机装在可调节的摆动架上，通过调节螺栓实现张紧的目的。这种定期张紧装置多用于垂直传动或接近垂直传动的布置方式中。

自动张紧装置，即将装有带轮的电动机安装在浮动的摆动架上，利用电动机的自重，使带轮随同电动机绕固定轴摆动，达到自动保持张紧的效果，如图1-6 (b) 所示。

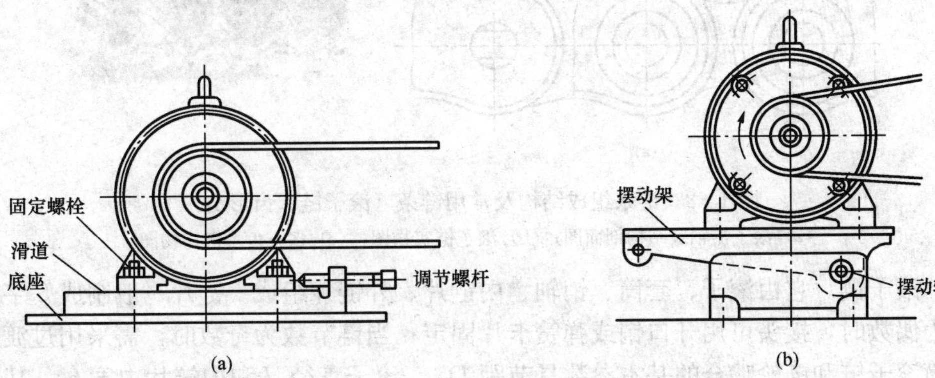

图1-6　常用张紧装置

(a) 定期张紧装置；(b) 自动张紧装置

张紧轮张紧装置，是将张紧轮放在松边的内侧（传动带仅受单向弯曲），多用在中心距不能调节的布置方式中，并使张紧轮尽可能地靠近大轮安装，以免过分影响传动带在小轮上的包角。

二、链传动

链传动，由装在平行轴上的链轮和跨绕在两链轮上的环形链条所组成（见图1-7），以链条作中间挠性件，靠链条与链轮轮齿的啮合来传递运动和动力。它属于带有中间挠性件的

图 1-7 链条传动装置

啮合传动。与带传动相比，链传动没有弹性滑动和打滑的技术问题，因而能保持准确的平均传动比，传动效率高，不需要配置张紧装置。与齿轮传动相比，链传动安装容易，成本低；在远距离传动（中心距最大可为十多米）中，其结构比齿轮传动轻便得多。链传动不足之处是两根平行轴间只能同向回转传动，运转时不能保持恒定的瞬间传动比，有噪声，不能用于荷载很大和急速反向的传动中。

1. 链转动的类型

链传动中常用的链条可分为滚子链、齿形链，如图 1-8 所示。

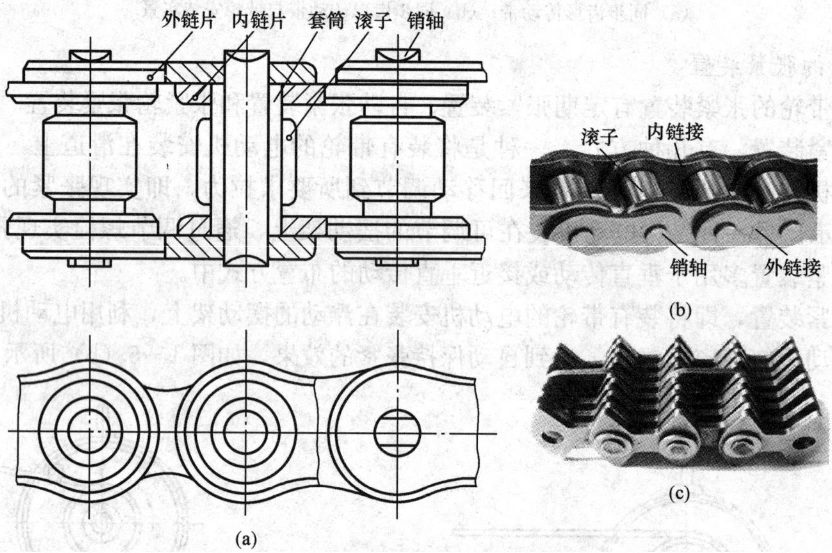

图 1-8 链条组成结构及常用链条（滚子链、齿形链）

(a) 滚子链轴线结构剖面图；(b) 滚子链实物图；(c) 多排齿形链实物图

(1) 滚子链。它由滚子、套筒、销轴、内链片、外链片组成。链片一般制成 8 字形。当链节数为偶数时，接头可用开口销或弹簧卡片固定；当链节数为奇数时，需采用过渡链节。

套筒滚子链和链轮啮合的基本参数是节距 D_P、滚子直径 d 和内链片内宽 b，其中节距 D_P 是滚子链的主要参数，节距 D_P 增大时，链条中各零件的尺寸也要相应地增大，相应的传动功率也增大。

(2) 齿形链，也称无声链。齿形链根据链铰结构可分为圆销式、轴瓦式、滚柱式三种。这些齿形链，由一组带有两齿的链片左右交错并列铰接而成，工作时，通过链片的两直边夹角为 60°，链齿与链轮相啮合实现传动。

齿形链与滚子链相比，更具有传动平稳、无噪声、承受冲击性能好、工作可靠等特点，传动效率可达 0.95～0.98，润滑良好时可达 0.98～0.99；适宜于高速传动、传动比大及中心距小的场合。但它的结构比滚子链复杂，价格要高一些，制造困难，因此用在高速或运动精度要求较高的传动装置中比较理想。

2. 链传动的传动比

链传动的传动比 i 可按式（1-2）计算，即

$$i=\frac{n_1}{n_2}=\frac{z_2}{z_1} \tag{1-2}$$

式中：n_1、n_2 分别为主动链轮、从动链轮的转速；z_1、z_2 分别为主动链轮、从动链轮的齿数。

应注意，用式（1-2）计算出的传动比 i 仅表示的是平均传动比。实际上，根据链传动的特性，链传动瞬时速度和瞬时传动比都是在不断地、周期性地变化的。

三、齿轮传动

齿轮传动是利用两齿轮的轮齿相互啮合传递动力和运动的机械传动，具有结构紧凑、效率高、寿命长等优点。

1. 齿轮传动类型

根据两轴的相对位置和轮齿的方向，齿轮传动基本类型有外啮合传动、内啮合传动、圆柱斜齿啮合传动、齿轮与齿条传动、圆锥直齿轮传动、蜗轮蜗杆传动、准双曲面齿轮传动、交错轴斜齿轮传动、人字齿轮传动，如图 1-9 所示。

图 1-9　齿轮传动的类型

（a）外啮合传动；（b）内啮合传动；（c）圆柱斜齿啮合传动；

（d）齿轮与齿条传动；（e）圆锥直齿轮传动；（f）蜗轮蜗杆传动；

（g）准双曲面齿轮传动；（h）交错轴斜齿轮传动；（i）人字齿轮传动

2. 齿轮传动的传动比

在齿轮传动中，两轮的转速与它们的齿数成反比，即一对啮合齿轮的传动比 i 可按式（1-3）计算，即

$$i=\frac{n_1}{n_2}=\frac{z_2}{z_1} \tag{1-3}$$

式中：n_1、n_2 分别为主动齿轮、从动齿轮的转速；z_2、z_1 分别为从动齿轮、主动齿轮的齿数，其转动方向外啮合相反、内啮合相同。

四、蜗轮蜗杆传动

蜗轮蜗杆传动，是由蜗杆与蜗轮互相啮合组成的交错轴间（通常两轴的交错角为 90°）的齿轮传动，如图 1-9（f）所示。该传动多数做减速传动，一般蜗杆为主动件，蜗轮为从动件。

蜗杆有右旋和左旋之分，分别称为右旋蜗杆和左旋蜗杆，一般为右旋蜗杆。

蜗杆上只有一条螺旋线的称为单头蜗杆，即蜗杆转一周，蜗轮转过一个齿；若蜗杆上有两条螺旋线，称为双头蜗杆，即蜗杆转一周，蜗轮转过两个齿。通常用得最多的是蜗杆上有 2～4 条螺旋线。

与齿轮传动相比，蜗轮蜗杆传动具有传动比大（在动力传递中传动比为 8～100，在分度机构中传动比可以达到 1000），传动平稳、噪声低，结构紧凑，在一定条件下可以实现自锁等优点，因而得到广泛应用。自锁，就是在外力作用下蜗轮上不可能反过来驱动蜗杆传动。

蜗轮蜗杆传动的传动比 i 计算方法与齿轮传动相同，若蜗轮上有 z_2 个齿，则传动比 i 为

$$i=\frac{n_1}{n_2}=\frac{z_2}{z_1} \tag{1-4}$$

式中：z_1 为蜗杆上的螺旋线数。此时蜗杆的“齿”以螺旋线数表示，当有 z_1 根螺旋线的蜗杆每转一圈时，将驱动蜗轮（蜗轮的齿数为 z_2）也同样转过 z_1 个齿。

五、轮系

由两个齿轮组成的传动称为轮系，是最简单的轮系。为了增大齿轮传动的传动比，常在主动轴和从动轴（动力输入轴与输出轴）之间采用多级齿轮传递运动，由此组成的轮系可分为定轴轮系和周转轮系两类。

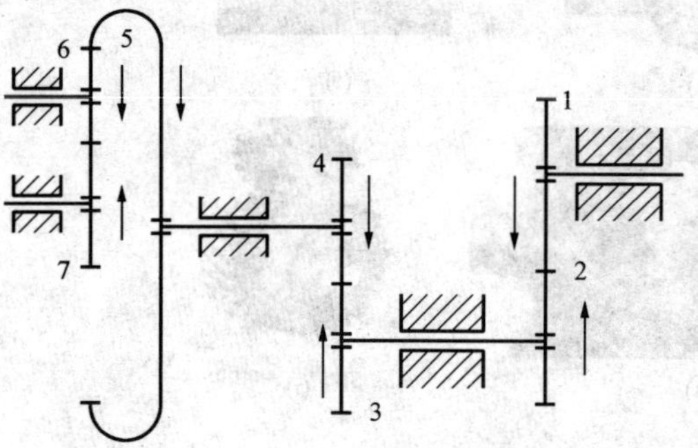

图 1-10 多级齿轮传动系统

1. 定轴轮系

当采用多级齿轮所组成的齿轮传动轮系时，各齿轮轴线均固定不动，称为定轴轮系（见图 1-10）。其功用是可做较远距离传动，可改变从动轴的转向，获得多种传动比。

根据上述介绍的一对啮合齿轮的传动比 i 的计算方法，分别计算出图 1-10 中各对齿轮的传动比，进而算出定轴轮系的传动比，由

$$i_{12}=\frac{n_1}{n_2}=\frac{z_2}{z_1},\quad i_{34}=\frac{n_3}{n_4}=\frac{z_4}{z_3},\quad i_{56}=\frac{n_5}{n_6}=\frac{z_6}{z_5},\quad i_{67}=\frac{n_6}{n_7}=\frac{z_7}{z_6}$$

得总传动比为

$$i_{17}=i_{12}i_{34}i_{56}i_{67}=\frac{n_1n_3n_5n_6}{n_2n_4n_6n_7}=(-1)^3\ \frac{z_2z_4z_6z_7}{z_1z_3z_5z_6} \tag{1-5}$$

由此可见，定轴轮系的传动比为各对齿轮传动比的连乘积，等于轮系中各对齿轮从动齿轮齿数的乘积与各对齿轮主动齿轮齿数的乘积之比；传动比的符号则取决于外啮合齿轮的对

数（用 n 表示），即定轴轮系的传动比为

$$i_{1k}=\frac{n_1}{n_k}=(-1)^n\frac{\text{各对齿轮从动齿轮齿数的乘积}}{\text{各对齿轮主动齿轮齿数的乘积}} \tag{1-6}$$

2. 周转轮系

传动时，轮系中至少有一个齿轮的几何轴线位置不固定，而是绕另一个齿轮的固定轴线回转，这种轮系被称为周转轮系。

周转轮系可分为行星轮系与差动轮系两种，如图 1－11 所示。

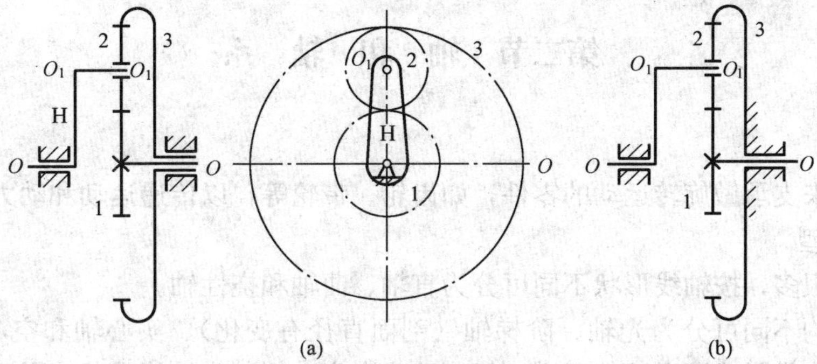

图 1－11　周转轮系

(a) 差动轮系；(b) 行星轮系

周转轮系是由中心轮、行星轮和行星架组成的。外齿轮、内齿轮（齿圈）位于中心位置绕着轴线回转称为中心轮；齿轮同时与中心轮和齿圈相啮合，其既做自转又做公转称为行星轮；支承行星轮的构件称为行星架。

有一个中心轮的转速为零的周转轮系称为行星轮系。

中心轮的转速都不为零的周转轮系称为差动轮系。

周转轮系的传动比，可根据定轴轮系传动比的方法计算。此时，应假想给整个周转轮系加上一个与行星架 H 转速大小相等而方向相反的公共转速 $-n_{\mathrm{H}}$，即行星架 H 的转速变为 $n_{\mathrm{H}}^{\mathrm{H}}=n_{\mathrm{H}}-n_{\mathrm{H}}=0$，表明行星架 H 不动，这时所有齿轮位置都固定不动，该周转轮系便转化为定轴轮系——假想定轴轮系，称为原转轮系的转化轮系。由于转化轮系是定轴轮系，于是经转化后的转化轮系的传动比（i_{13}^{H}）为

$$i_{13}^{\mathrm{H}}=\frac{n_1^{\mathrm{H}}}{n_3^{\mathrm{H}}}=\frac{n_1-n_{\mathrm{H}}}{n_3-n_{\mathrm{H}}}=(-)^1\frac{z_1z_2}{z_2z_3}=-\frac{z_1}{z_3} \tag{1-7}$$

【例 1-2】　手动链轮的传动系统简图如图 1－12 所示。图中 S 为手动链轮，F 为起重链轮。当以较小的力转动链轮 S 时，通过齿轮 1（$z_1=12$）带动齿轮 2（$z_2=28$）与齿轮 3（$z_3=14$）转动，又由于齿轮 3 与齿轮 4（$z_4=54$）内啮合，齿轮 4 与机壳固连在一起不动，从而将带动系杆 H 转动，因而固连在系杆 H 上的起重链轮 F 也随之转动。此时手动链轮 S 和起重链轮 F 的传动比 i_{SF} 为多少？

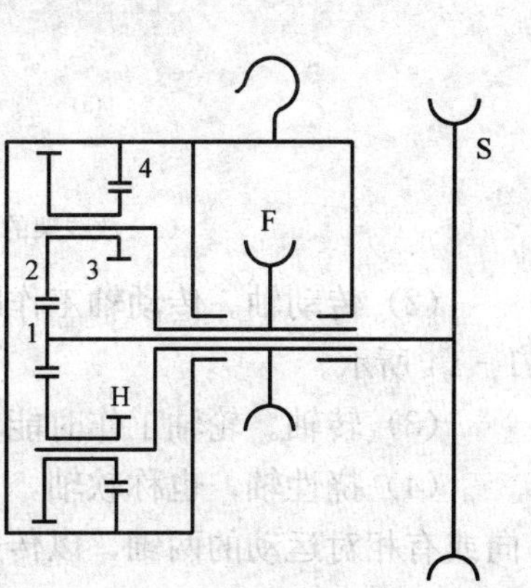

图 1-12　手动链轮的传动系统简图

解　由图 1－12 可知，手动链轮是一个周转轮系，故根据周转轮系传动比的求解方法，可知 $i_{\mathrm{SF}}=\frac{n_{\mathrm{S}}}{n_{\mathrm{F}}}=\frac{n_1-n_{\mathrm{H}}}{n_4-n_{\mathrm{H}}}$

$=-\dfrac{z_2 z_4}{z_1 z_3}$，又因齿轮 4 与机壳固连在一起不动，则 $n_4=0$、$n_S=n_1$、$n_F=n_H$，带入已知数据，可求得手动链轮 S 与起重链轮 F 的传动比为

$$i_{SF}=\frac{n_1-n_H}{0-n_H}=-\frac{z_2 z_4}{z_1 z_3}$$

$$=-\frac{28\times 54}{12\times 14}=-9$$

第二节 轴 和 轴 系

一、轴

轴主要用来支承做旋转运动的零件，如齿轮、带轮等，以传递运动和动力。

1. 轴的类型

轴的类型很多，按轴线形状不同可分为直轴、曲轴和挠性轴。

直轴按结构不同可分为光轴、阶梯轴（剖面直径有变化）、实心轴和空心轴（质量轻，中空部分可用作供料或润滑油等通道，但制造成本高）等。直轴按承载情况不同还可分为转轴、固定心轴和传动轴三类。

（1）固定心轴。固定心轴工作时只承受弯矩而不传递转矩，可以是转动的也可以是不转动的。图 1－13（a）所示为用于输电架线施工的放线架的线盘轴，即为固定心轴，图 1－13（b）所示为架线施工用机具放线滑车的轴，也是固定心轴。

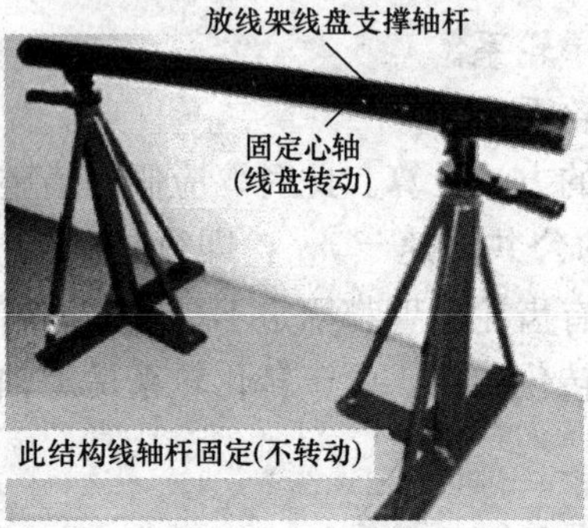

(a)

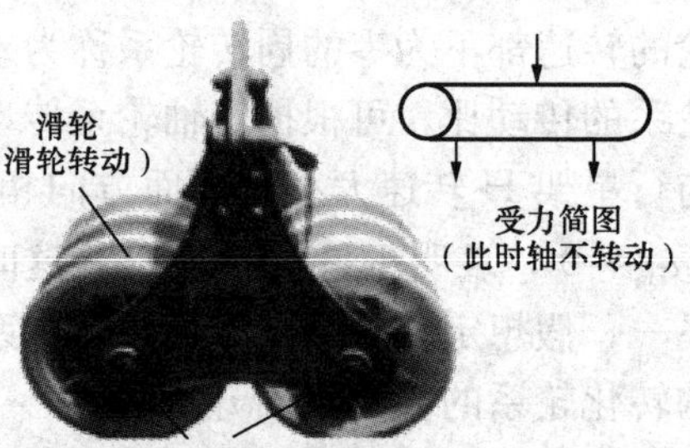

(b)

图 1－13 固定心轴

（a）放线架的线盘轴——固定心轴；（b）放线滑车的轴——固定心轴

（2）传动轴。传动轴工作时主要传递转矩，它是不受弯曲作用或受弯曲很小的轴，如图 1－14 所示。

（3）转轴。轮轴工作时能同时承受弯矩和传递转矩，如齿轮轴、带轮轴等。

（4）挠性轴，也称软轴，如图 1－15 所示。挠性轴用于连接不在同一轴线和不在同一方向或有相对运动的两轴，以传递旋转运动和扭矩，具有很好的挠曲性能，用于混凝土振捣器等传动。

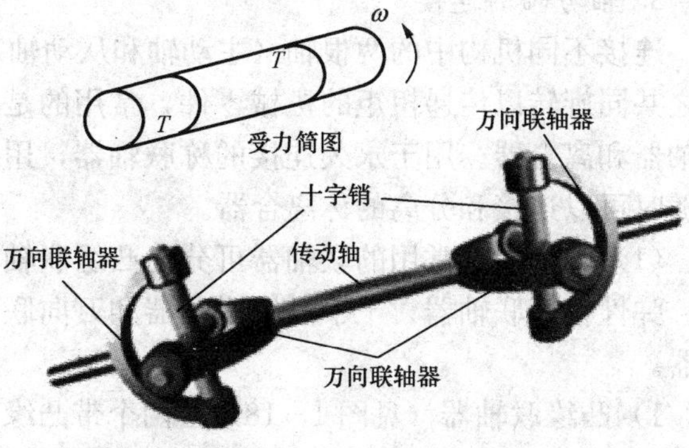

图 1－14　传动轴

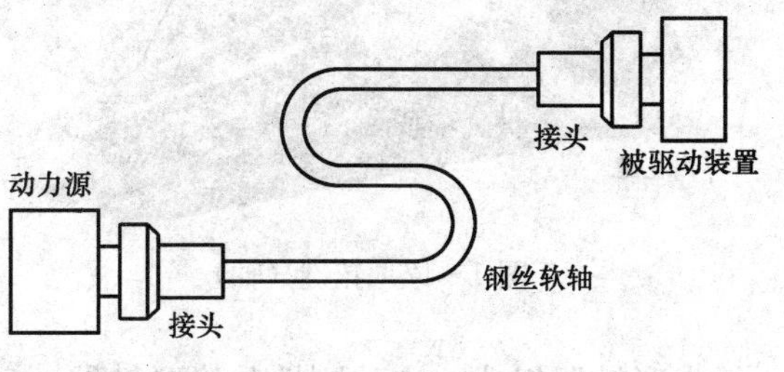

图 1－15　挠性轴

（5）曲轴。曲轴是指能使直线往复运动与旋转运动相互转换的轴。例如，输电线路用牵引机、张力机中的动力源——内燃机（往复活塞式发动机），得到动力并做往复运动的活塞，通过连杆使曲轴做旋转运动以输出动力。在往复式的空气压缩机和水泵等工作机中，动力机的旋转主轴则通过曲轴和连杆带动活塞做直线往复运动。

2. 轴与轴毂连接

轴与轴毂连接多采用键连接。键是一种标准件，即键用于连接轴和轴上零件，进行周向固定以传递转矩，如齿轮、带轮、联轴器与轴的连接。键连接可分为松键连接、平键连接和花键连接三大类。

（1）平键连接。常用于轴和装在轴上的传动件（如齿轮、皮带轮等）的连接，使轴和传动件一起转动，起到传递力和运动的作用。

根据用途不同，平键可分为普通平键、导向平键和滑键三种。普通平键用于静连接，导向平键和滑键用于动连接。

普通平键根据其头部结构的不同可以分为圆头普通平键（A 型）、平头普通平键（B 型）和单圆头普通平键（C 型）三种，如图 1－16（a）～（c）所示。

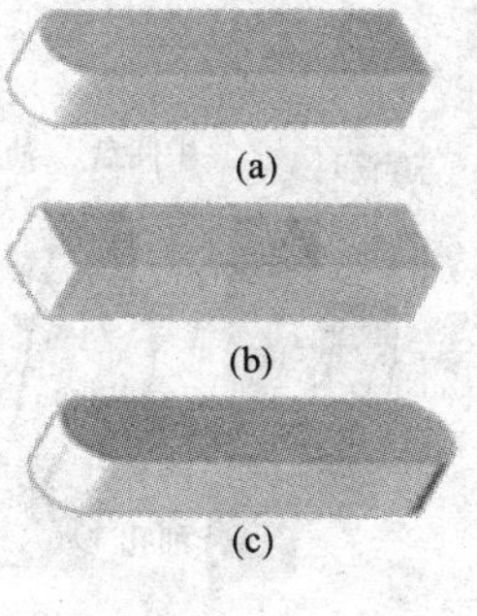

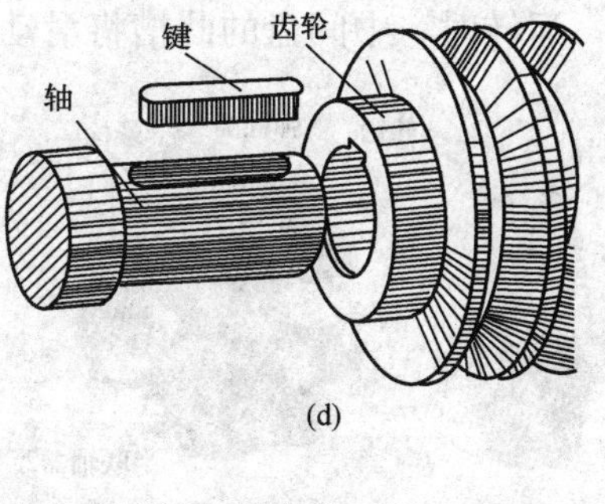

图 1－16　平键的基本类型及键与轴安装示例

（a）普通平键（A 型）；（b）平头普通平键（B 型）；
（c）单圆头普通平键（C 型）；（d）轴与键安装示例

（2）花键连接。轴和轮毂上有多个凸起和凹槽构成的周向连接件，即花键（见图 1－17）。按齿形不同，花键分为矩形花键、渐开线花键两种。

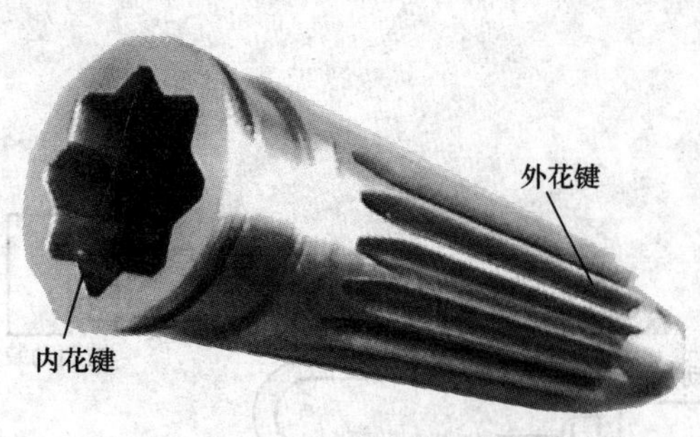

图 1-17 花键（轴）

3. 轴与轴的连接

连接不同机构中的两根轴（主动轴和从动轴）使之共同旋转以传递扭矩的机械零件，常用的是联轴器和离合器。用于永久连接的称联轴器，用于随时可以连接和分离的称离合器。

（1）联轴器。常用的联轴器可分为凸缘联轴器、弹性柱销联轴器、十字滑块联轴器和万向联轴器。

1）凸缘联轴器（见图 1-18）由两个带凸缘的半联轴器组成，也称刚性凸缘联轴器。

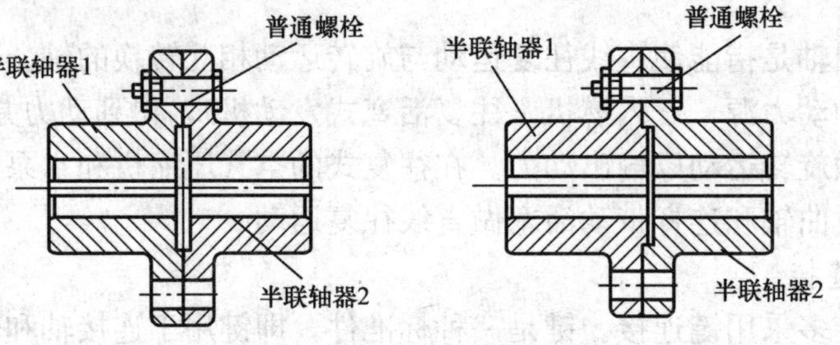

图 1-18 凸缘联轴器

2）弹性柱销联轴器（见图 1-19），利用一端套有弹性套（橡胶材料）的柱销，装在两半联轴器凸缘孔中，以实现两半联轴器的连接。半联轴器凸缘孔可分为 Y 型轴孔（圆柱形）、Z 型轴孔（圆锥形）。

弹性柱销联轴器结构比较简单，制造容易，不用润滑，不需要与金属硫化黏结，更换弹性套方便，不用移动半联轴器，具有一定补偿两轴相对偏移和减振缓冲性能；适用于安装底座刚性好、对中精度较高、冲击荷载不大、对减振要求不高的中小功率轴系传动。

3）十字滑块联轴器（见图 1-20），由两个端面开有凹槽的套筒及一个两侧具有互相垂直的中间盘组成。中间盘两面的凸肩分别嵌入左右的凹槽中，将两轴连接成一体。如果两轴线不同心或偏斜，运转时，中间盘的凸槽将滑动。

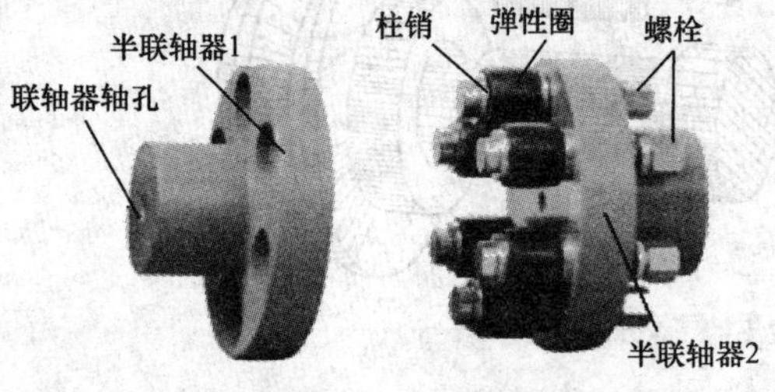

图 1-19 弹性柱销联轴器（三维图）

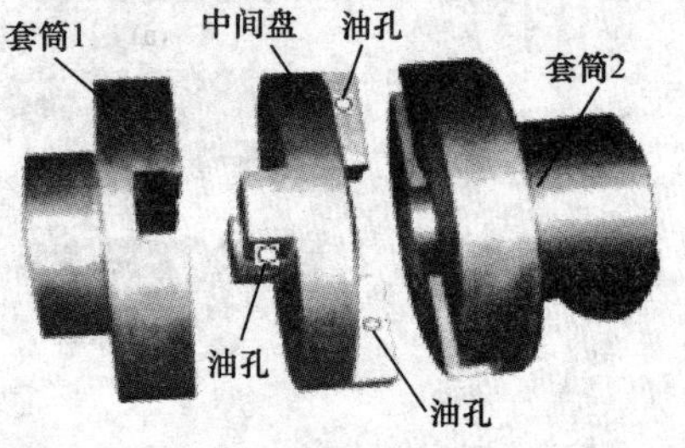

图 1-20 十字滑块联轴器（三维图）

4）万向联轴器（见图 1-14），用来连接在空间斜交成一定的角度（35°～45°）的两轴。它由两个相同的节叉和一个十字轴组成，也称十字联轴器。

（2）离合器。离合器类似开关，用于主、从动部分在同轴线上传递动力或运动，具有接合或分离功能。

离合器有多种类型，根据工作原理的不同，主要分牙嵌（啮合）式和摩擦式两大类。前者是利用牙齿的啮合传递转矩，后者是依靠工作面的摩擦来传递转矩。对离合器的要求有：接合平稳，分离迅速而彻底；调节和修理方便；外廓尺寸小，质量小；耐磨性好和有足够的散热能力；操纵方便省力。

1）牙嵌式离合器（见图1-21）。它的两个接合件的端面都有凸起的牙，若将主、从动接合件上的牙相互嵌合或脱开，则能使主、从动轴接合或分离。这种离合器工作时牙间没有相对滑动，能保证主、从动轴严格同步，没有摩擦损失，传动效率高；但接合时冲击较大，应在主、从动轴转速差不大时接合。

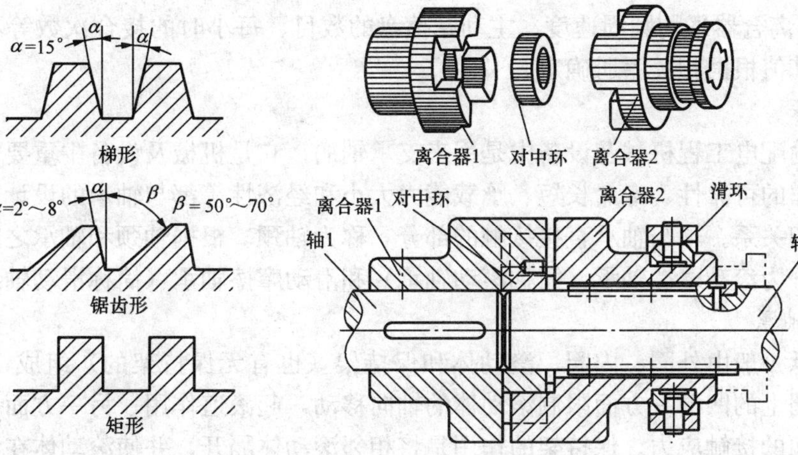

图1-21　牙嵌式离合器及牙形

牙嵌式离合器常用的牙形有：三角形牙，用于传递小转矩的低速离合器；矩形牙，无轴向分力，但不便于接合与分离，磨损后无法补偿，故使用较少；梯形牙，其强度高，能传递较大的转矩，能自动补偿牙的磨损与间隙，从而减少冲击，故应用较广；锯齿形牙，强度高，只能传递单向转矩，用于特定的工作条件处。

2）摩擦式离合器。圆盘摩擦式离合器，是在主动摩擦盘转动时，由主、从动盘的接触面间产生的摩擦力矩来传递转矩的，有单盘式和多盘式两种。

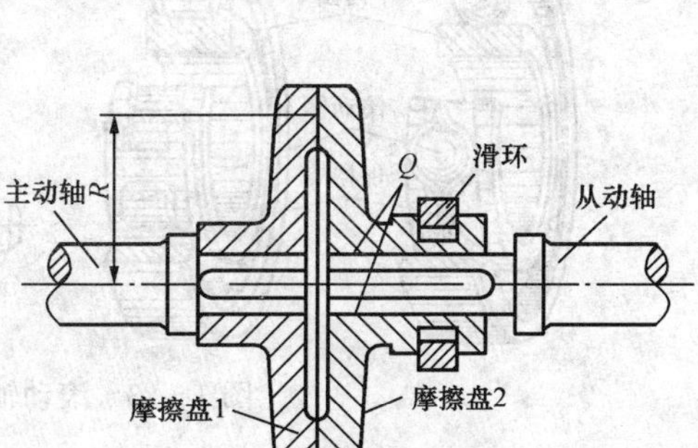

图1-22　单盘摩擦式离合器

单盘摩擦式离合器（见图1-22），在主动轴和从动轴上，分别安装摩擦盘1和2，操纵滑环可以使摩擦盘2沿从动轴移动。接合时，以轴向力Q将摩擦盘1压在摩擦盘2上，主动轴上的转矩即由两盘接触面间产生的摩擦力矩传到从动轴上。设摩擦力的合力作用在平均半径为R的圆周上，则可传递的最大转矩T_{max}为

$$T_{max}=QfR \tag{1-8}$$

式中：f为摩擦系数，根据摩擦离合器的材料及其性能，查机械设计手册确定。

多盘摩擦式离合器有多个摩擦盘，根据操纵方法有机械的、电磁的、气动的和液压的数种。多盘摩擦式离合器所能传递的最大转矩T_{max}和作用在摩擦盘接合面上的压力p，根据

机械设计基础知识，可知最大转矩 T_{max} 为

$$T_{max}=zfQ\frac{D_1+D_2}{4}\geqslant K_A T \tag{1-9}$$

作用在摩擦盘接合面上的压力 p 为

$$p=\frac{4Q}{\pi(D_2^2-D_1^2)}\leqslant[p] \tag{1-10}$$

$$[p]=k_a k_b k_c[p]_0 \tag{1-11}$$

式中：D_1、D_2 分别为摩擦盘接合面的内径和外径，mm；z 为接合面的数目；Q 为操作轴向力，N；f 为摩擦系数；$[p]$ 为许用压力；$[p]_0$ 根据摩擦式离合器的材料及其性能选取；k_a、k_b、k_c 为根据离合器平均圆周速度、主动摩擦盘的数目、每小时的接合次数等不同而引入的修正系数，其值根据相关手册确定。

二、轴承

轴承在输配电工程机械及设备中是用来支承轴的，它是机械及设备中重要零件之一，机械及设备工作的可靠性、寿命长短、承载能力大小和经济性等都与轴承的设计（或选择）是否正确有密切关系。轴与轴承直接接触的部分，称为轴颈。根据轴颈和轴承之间摩擦性质不同，轴承可分为滚动摩擦轴承（简称滚动轴承）和滑动摩擦轴承（简称滑动轴承）两类。

1. 滚动轴承

滚动轴承一般由外圈、内圈、滚动体和保持架（也有无保持架的）组成，见图 1-23。图中，内外圈上的凹槽一方面限制滚动体的轴向移动，起滚道作用；另一方面又能降低球与内、外圈之间的接触应力。保持架的作用是将相邻滚动体隔开，并使滚动体在滚道内均匀分布。轴承工作时，轴承内圈和轴颈装配在一起，外圈装在机座或零件的座孔内，通常是内圈随轴一起转动，外圈固定不动。

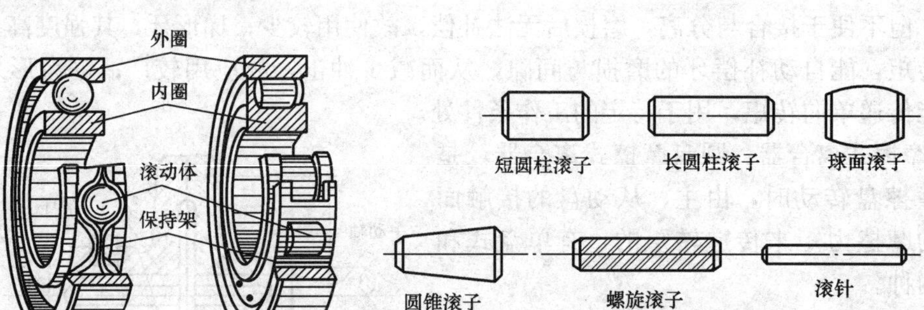

图 1-23　滚动轴承的构造及滚动体的形状

滚动轴承根据滚动体的形状，可分为球轴承（滚动体为球）、滚子轴承（滚动体为滚子）；按滚子的形状，又分为短圆柱滚子、长圆柱滚子、球面滚子、圆锥滚子、螺旋滚子和滚针；根据滚动轴承所承受荷载的方向，可分为向心轴承、向心推力轴承和推力轴承。向心轴承主要承受径向荷载的作用；向心推力轴承，能承受径向和轴向荷载的联合作用；推力轴承，只能承受轴向荷载。

目前，我国应用的滚动轴承绝大多数都已标准化。由于滚动轴承类型和尺寸繁多，为了便于生产、设计和使用，《滚动轴承　代号方法》（GB/T 272—1993）规定了轴承的代号，并打印在轴承的端面上，代号由一个汉语拼音字母及七位数字组成。轴承代号 6206、33215E

的含义，如图 1－24 所示。

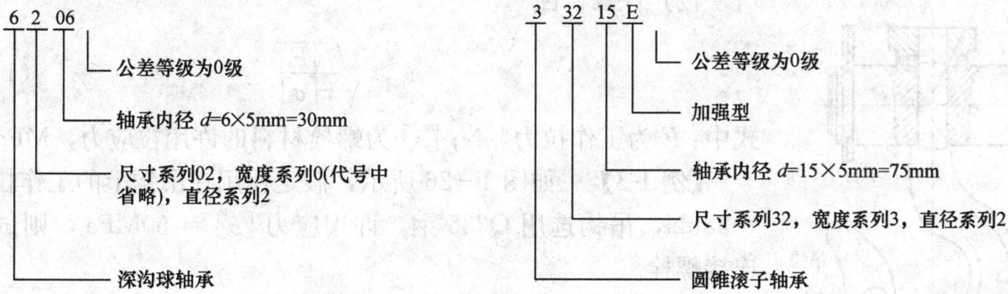

图 1－24　轴承代号含义举例

2. 滑动轴承

滑动轴承可分为向心滑动轴承和推力滑动轴承两大类，也可根据润滑状态分为非液体摩擦滑动轴承和液体摩擦滑动轴承两类。滑动轴承，从结构上说，又分有整体式滑动轴承和剖分式滑动轴承。图 1－25 所示为整体式滑动轴承，由轴承座、轴瓦、轴承盖和润滑装置等组成。工作时，轴颈与轴瓦间产生滑动摩擦，为了减小摩擦，需在摩擦面间加入润滑油。剖分式滑动轴承由轴承座、轴瓦、轴承盖、上轴瓦、下轴瓦、连接螺栓和润滑装置等组成。

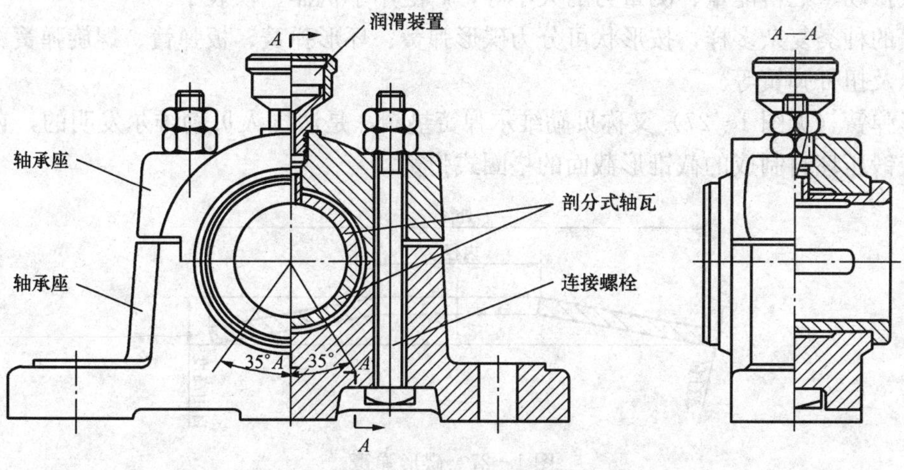

图 1－25　整体式滑动轴承

3. 轴承的润滑

润滑是用润滑剂减少两摩擦表面之间的摩擦和磨损或其他形式的表面破坏的措施。一般通过润滑剂来达到轴承润滑的目的。另外，润滑剂还有防锈、减振、密封、传递动力等作用。充分利用润滑技术能显著提高轴承的使用性能和寿命并减少能源消耗。

常用的润滑剂主要是润滑油和润滑脂。润滑脂可分为钙基润滑脂、复合钙基润滑脂、复合钠基润滑脂等。

三、其他机械零件

1. 螺栓

螺栓是由头部和螺杆（带有外螺纹的圆柱体）两部分组成的一类紧固件，需与螺母配合，用于紧固连接两个带有通孔的零件。这种连接形式称螺栓连接。如把螺母从螺栓上旋下，又可以使这两个零件分开，螺栓连接属于可拆卸连接。

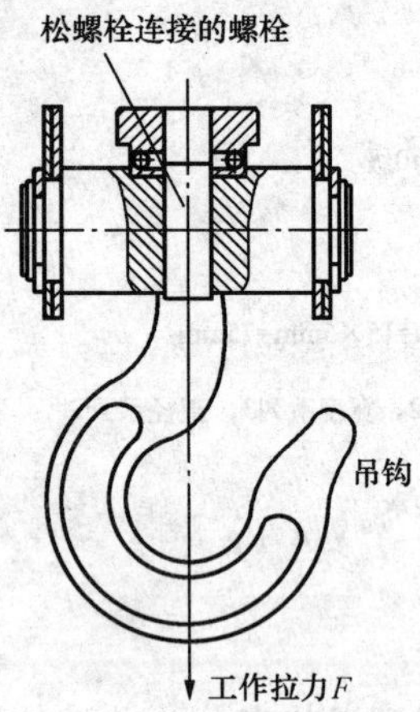

图 1-26　松螺栓连接的螺栓

对于松螺栓连接（见图 1-26）的螺栓最小直径 d，可按式（1-12）计算，即

$$d \geqslant \sqrt{\frac{4F}{\pi[\sigma]}} \tag{1-12}$$

式中：F 为工作拉力，N；$[\sigma]$ 为螺栓材料的许用拉应力，MPa。

【例 1-3】 如图 1-26 所示，假定作用在吊钩上的工作拉力 $F=25\text{kN}$，吊钩选用 Q235 钢，许用应力 $[\sigma]=60\text{MPa}$，则试选用连接螺栓。

解 根据式（1-12）有

$$d \geqslant \sqrt{\frac{4F}{\pi[\sigma]}}\sqrt{\frac{4\times 25}{\pi\times 60}} = 23.09(\text{mm})$$

查《普通螺纹基本尺寸》(GB/T 196—2003)，得 $d=27\text{mm}>23.09\text{mm}$，故取 M27 的螺栓可用。

2. 弹簧

弹簧是一种利用弹性来工作的机械零件，一般用弹簧钢制成，用以控制机件的运动、缓和冲击或振动、贮蓄能量、测量力的大小等，广泛用于机器、仪表中。

弹簧的种类复杂多样，按形状可分为碟形弹簧、环形弹簧、板弹簧、螺旋弹簧、截锥涡卷弹簧以及扭杆弹簧等。

碟形弹簧（见图 1-27）又称贝勒维尔弹簧垫圈，是法国人贝勒维尔发明的，它是用金属板料或锻压坯料制成的截锥形截面的垫圈式弹簧。

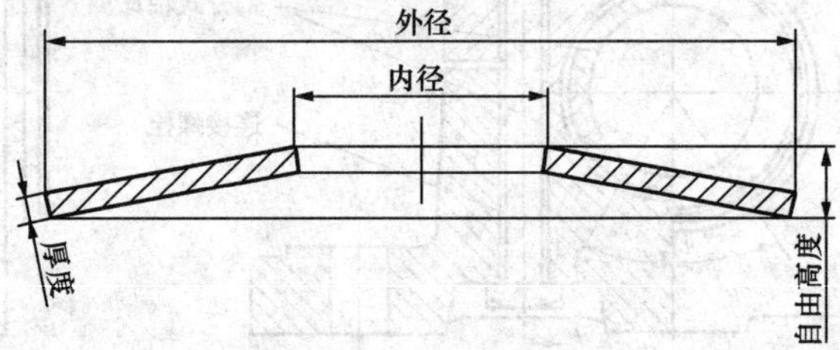

图 1-27　碟形弹簧

在输电线路中的保护金具间隔棒的设计中，使用碟形弹簧的目的是补偿导线蠕变、防止线爪松动，是其他种类弹簧不可替代的元件。

第三节　液 压 传 动

液压传动系统通过液体（又称为工作介质，根据实际情况确定，常用矿物油）来传递压力能，它的作用和机械传动中的皮带、链条和齿轮等传动元件相类似。

一、液压传动系统组成

液压传动系统由五部分组成，即动力元件（液压泵、液压马达）、执行元件（液压缸）、控制元件（液压马达、液压阀）、辅助元件和工作介质（液压油），如图 1-28 所示。

1. 液压泵

液压泵的类型很多，按流量是否能调节可分为变量泵和定量泵。输出流量可以根据需要来调节的称为变量泵，流量不能调节的称为定量泵。

常用的液压泵按结构又有多种形式，如图1－29所示。下面仅简介齿轮泵的基本原理和结构特点。

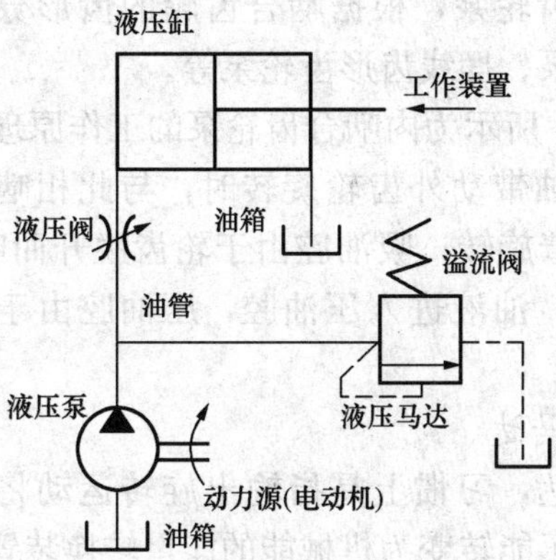

图1－28　液压传动系统组成

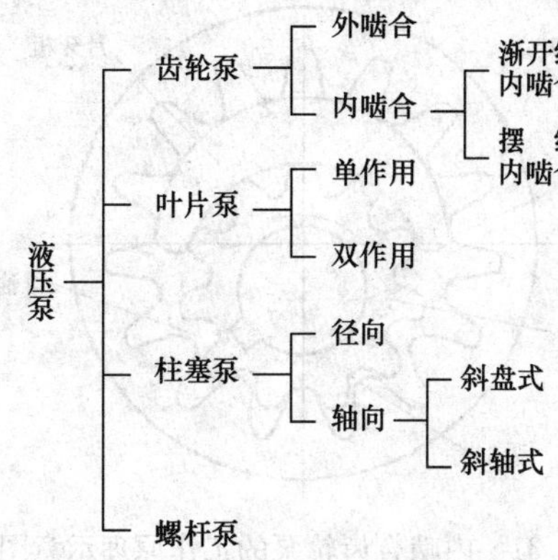

图1－29　常用的液压泵分类

在张力架线用牵引机、张力机中的液压系统中液压泵多为齿轮泵，且为多联齿轮泵组成结构。

齿轮泵以其结构紧凑、体积小、自吸性能好、对污物不敏感、工作可靠、寿命长、便于维护修理、成本低而广泛地应用于各种液压传动系统。

（1）外啮合齿轮泵。外啮合齿轮泵主要由主、从动齿轮，驱动轴，泵体及侧板等主要零件构成。泵体内相互啮合的主、从动齿轮与两端盖及泵体一起构成密封工作容积。其工作原理如图1－30所示。当齿轮旋转时，在A腔，由于轮齿脱开使容积逐渐增大，形成真空从油箱吸油，随着齿轮的旋转充满在齿槽内的油被带到B腔；在B腔，由于轮齿啮合，容积逐渐减小，把液压油排出，利用齿和泵壳形成的封闭容积的变化，完成泵的功能。

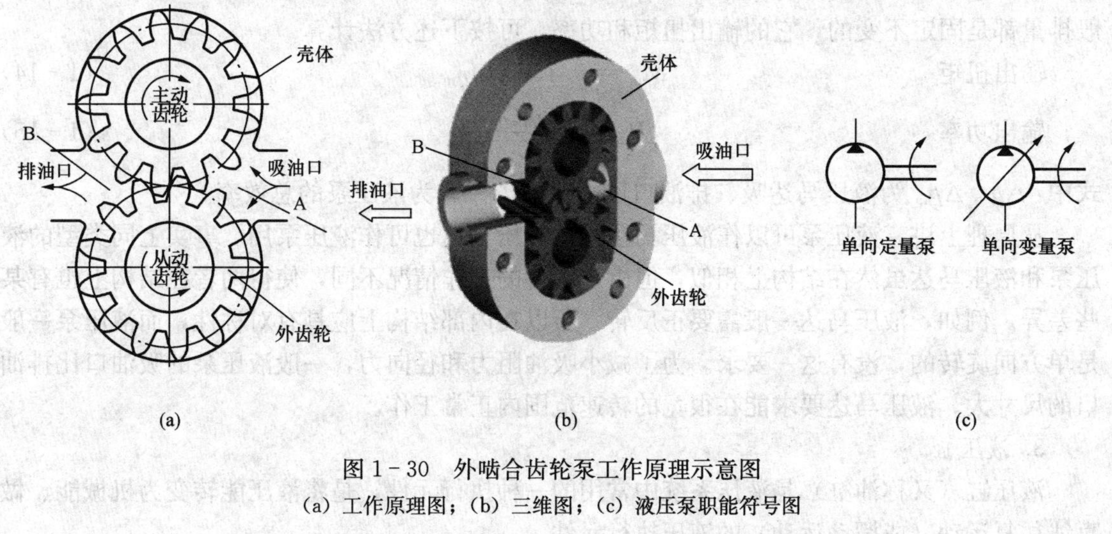

图1－30　外啮合齿轮泵工作原理示意图

(a) 工作原理图；(b) 三维图；(c) 液压泵职能符号图

（2）内啮合齿轮泵。内啮合齿轮泵是利用齿间密封容积的变化来实现吸油排油的，它由配油盘（前、后盖）、外转子（从动轮）和偏心安置在泵体内的内转子（主动轮）等组成。

内啮合齿轮泵的结构紧凑，尺寸小，质量轻，运转平稳，噪声低，在高转速工作时有较高的容积效率；但在低速、高压下工作时，压力脉动大，容积效率低，所以一般用于中、低压液压系统。在闭式液压系统中，常用这种泵作为补油泵。

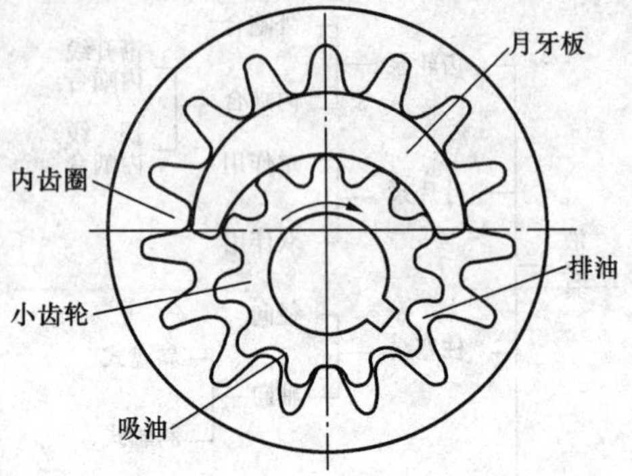

图 1-31 内啮合齿轮泵的工作原理示意图

内啮合齿轮泵，根据啮合齿轮的齿形分渐开线齿形齿轮泵、摆线齿形齿轮泵等。

图 1-31 所示为内啮合齿轮泵的工作原理示意图。当传动轴带动外齿轮旋转时，与此相啮合的内齿轮也随着旋转；吸油腔由于轮齿脱开而吸油，经月牙板后，油液进入压油腔，压油腔由于轮齿啮合而排油。

2. 液压马达

液压马达，习惯上是指输出旋转运动将液压泵提供的液压能转变为机械能的能量转换装置。

（1）液压马达的类型。液压马达按其结构可分为齿轮式、叶片式、柱塞式等类型。齿轮式液压马达具有体积小、质量轻、结构简单、工艺性好，对油液的污染不敏感、耐冲击和惯性小等优点；缺点有扭矩脉动较大、效率较低、起动扭矩较小（仅为额定扭矩的 60%～70%）和低速稳定性差等。

（2）液压马达的转速。液压马达的转速，可按式（1-13）计算，即

$$n=\frac{Q_m\eta_{mv}}{q} \tag{1-13}$$

式中：q 为液压马达的排量，m^3/r；η_{mv} 为液压马达的容积效率；Q_m 为液压马达的容量，m^3/s。

（3）液压马达的输出扭矩和功率。液压马达的输出扭矩和功率与液压马达排量有关。

排量 q 指液压马达每转一周所排出液体的体积。牵引机、张力机上采用的液压马达，一般排量都是固定不变的，它的输出扭矩和功率，可按下述方法计算

输出扭矩
$$M_m=0.159\Delta pq\eta_m \tag{1-14}$$

输出功率
$$P_m=\frac{\Delta p_m Q_m\eta_m}{1000} \tag{1-15}$$

式中：Δp、Δp_m 为液压马达吸、排油口压力差，Pa；η_m 为液压泵的总效率。

从原理上讲，液压泵可以作液压马达用，液压马达也可作液压泵用。事实上同类型的液压泵和液压马达虽然在结构上相似，但由于两者的工作情况不同，使得两者在结构上也有某些差异。例如，液压马达一般需要正反转，所以在内部结构上应具有对称性，而液压泵一般是单方向旋转的，没有这一要求。为了减小吸油阻力和径向力，一般液压泵的吸油口比排油口的尺寸大。液压马达要求能在很宽的转速范围内正常工作。

3. 液压缸

液压缸（又称油缸）是液压系统中常用的一种执行元件，是将液压能转变为机械能、做直线往复运动（或摆动运动）的液压执行元件。

液压缸具有结构简单、工作可靠，用它来实现往复运动时，可免去减速装置，并且没有传动间隙，运动平稳，因此在各种机械的液压传动系统中得到广泛应用。液压缸输出力和活塞有效面积及其两边的压差成正比。

液压缸，按结构可分为活塞式、柱塞式、伸缩式三种形式。在张力架线机械设备上采用的液压缸，主要有柱塞式和活塞式两种。

图 1－32 所示为双活塞式双出杆液压缸工作原理及组成。活塞把缸筒分成左右两腔，借助于压力油的作用，在缸筒内做往复运动。

4. 液压阀

液压阀，在液压传动系统中是用来控制液体压力、流量和方向的元件。按功能的不同，液压阀可分为方向阀、压力阀和流量阀三大类。

控制压力的阀称为压力控制阀。

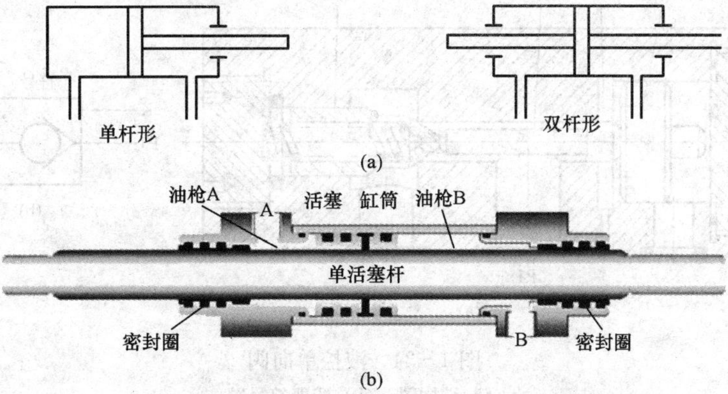

图 1－32 双活塞式双出杆液压缸工作原理及组成

(a) 单活塞油双作用油缸原理图；(b) 单活塞油双作用油缸三维图

控制流量的阀称为流量控制阀，控制通、断和流向的阀称为方向控制阀。

常用的方向控制阀有单向阀、液控单向阀和换向阀。

(1) 单向阀。普通单向阀使油液只能沿一个方向流动，不许它反向倒流。图 1－33 (a) 所示为一种管式普通单向阀的结构。压力油从阀体左端的通口 P1 流入时，克服弹簧作用在阀芯上的力，使阀芯向右移动，打开阀口，并通过阀芯上的径向孔 a、轴向孔 b 从阀体右端的通口流出。但是压力油从阀体右端的通口 P2 流入时，它和弹簧力一起使阀芯锥面压紧在阀座上，使阀口关闭，油液无法通过。

为使单向阀开启压力较小，弹簧尽可能做得软些，其回程力只要能克服阀芯的摩擦阻力和惯性力，就能使阀芯复位，一般开启压力为 $(0.035\sim0.04)\times10^6$Pa。有些单向阀芯采用钢球，结构简单，但密封性能较差，一般只在低压小流量的场合才采用。

(2) 液控单向阀。图 1－34 (a) 所示为液控单向阀的结构。当控制口 K 处无压力油通入时，它的工作机制和普通单向阀一样，压力油只能从通口 P1 流向通口 P2，不能反向倒流。当控制口 K 有控制压力油时，因控制活塞右侧 a 腔通泄油口，活塞右移，推动顶杆顶开阀芯，使通口 P1 和 P2 接通，油液就可在两个方向自由通流。

(3) 换向阀，用以改变不同管路间的通、断关系。换向阀根据阀芯在阀体中的工作位置数可分为两位、三位阀等，根据所控制的通道数可分为两通阀、三通阀、四通阀、五通阀

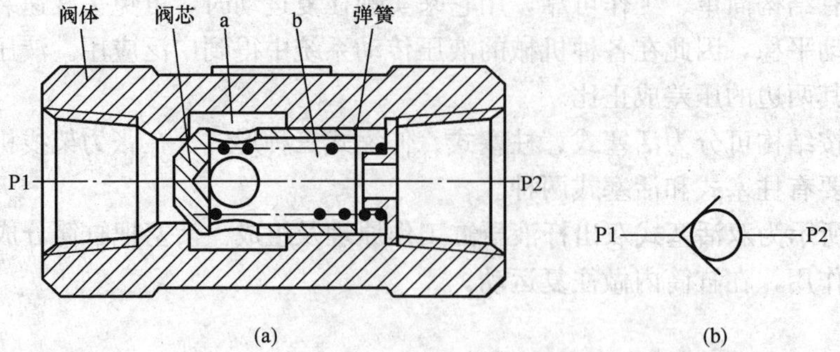

图 1-33 单向阀

(a) 结构图；(b) 职能符号图

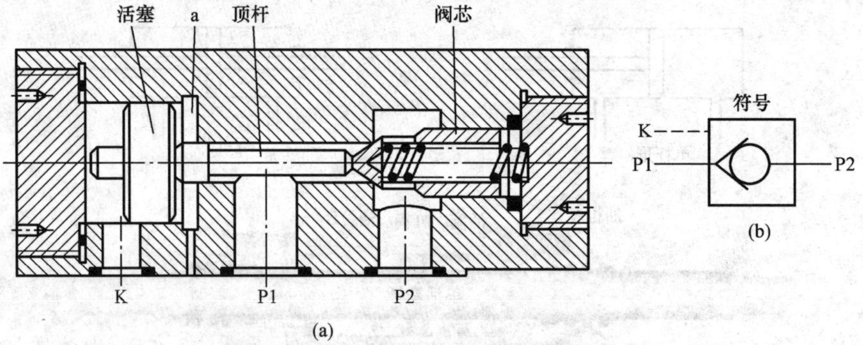

图 1-34 液控单向阀

(a) 结构图；(b) 职能符号图

等，根据阀芯驱动方式可分为手动阀、机动阀、电动阀、液动阀等。牵引机上使用的换向阀均以手动为主。

牵引机上常用的液压阀主要是单向阀和换向阀。

5. 液压传动系统的辅助元件及工作介质

(1) 液压传动系统的辅助元件。包括压力表、滤油器、蓄能装置、冷却器、管件各种管接头（扩口式、焊接式、卡套式）、高压球阀、快换接头、软管总成、测压接头、管夹及油箱等。

(2) 工作介质——液压油。液压传动系统的工作介质是指各类液压传动系统中的液压油或乳化液，它经过油泵和液动机实现能量转换。

在液压传动系统中传递能量的工作介质，有各种矿物油、乳化液和合成型液压油等几大类。由于液压传动系统在工作时液体的压力、流量和温度往往变化较大，故液压油的质量将直接影响液压传动系统的工作性能，因此正确地选用液压油十分重要。对其基本要求如下：

1) 适宜的黏度（15～68mm^2/s）及良好的黏温性能，以确保在工作温度发生变化的条件下能准确、灵敏地传递动力，并能保证液压元件的正常润滑。

2) 液压油的质地纯净、杂质少，有良好的润滑性能。

3) 良好的挤压抗磨性，以保证液压油泵、液压马达、控制阀和油缸中的摩擦副在高压、高速苛刻条件下得到正常的润滑，减少磨损。

4）具有良好的防锈性及抗氧化安定性，在高温高压条件下不易氧化变质，使用寿命长。

5）体积膨胀系数小，比热容大。

6）液压油流动点和凝固点低，闪点和燃点高。

7）对人体无伤害，成本低。

二、液力变矩器、液力耦合器

1. 液力变矩器

液力变矩器如图 1－35 所示，安装在发动机和变换器之间的液力变矩器，以液压油（ATF）为工作介质，起传递转矩、变矩、变速及离合的作用，由泵轮、涡轮、导轮组成。泵轮、涡轮和导轮三部分装配在一起，组成封闭式的元件，内部充满工作油液。

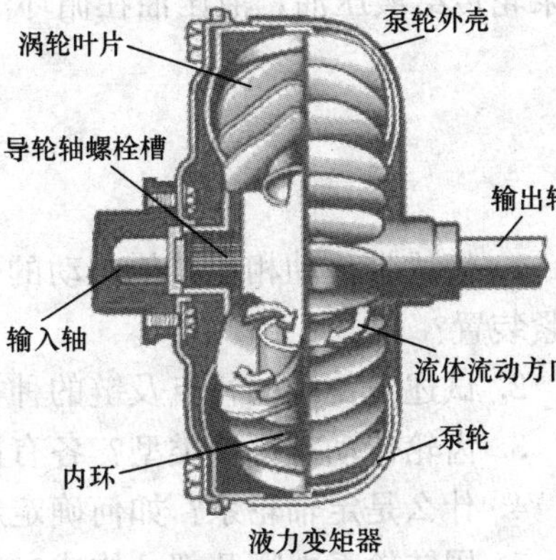

图 1－35　液力变矩器结构（三维图）

液力变矩器不同于液力耦合器的主要特征是具有固定的导轮。导轮对液体的导流作用使液力变矩器的输出扭矩可高于或低于输入扭矩，因而称为变矩器。输出扭矩与输入扭矩的比值称变矩系数，输出转速为零时的变矩系数通常为 2～6。

（1）泵轮，能量的输入部分。泵轮内有很多叶片，相当于一个离心泵，它和泵轮壳体连成一体，并通过泵轮壳体和发动机的输出轴连接。

（2）涡轮，能量的输出部分。涡轮内有很多叶片，相当于一个涡轮机，与输出轴相连。

（3）导轮，固定在与变矩器箱体连接的导轮座（也即固定不转的套筒）上。导轮里面也有很多叶片，相当于导向装置。

液力变矩器的特点是：能消除冲击和振动，过载保护性能和起动性能好；输出轴的转速可大于或小于输入轴的转速，两轴的转速差随传递扭矩的大小而不同；有良好的自动变速性能，荷载增大时输出转速自动下降，反之自动上升；保证动力机有稳定的工作区，荷载的瞬态变化基本不会反映到动力机上。

2. 液力耦合器

液力耦合器是一种利用液体（多数为油）的动能来传递能量的叶片式传动机械，是一种非刚性联轴器，又称液力联轴器，主要由壳体、泵轮、涡轮三部分组成，如图 1－36 所示。

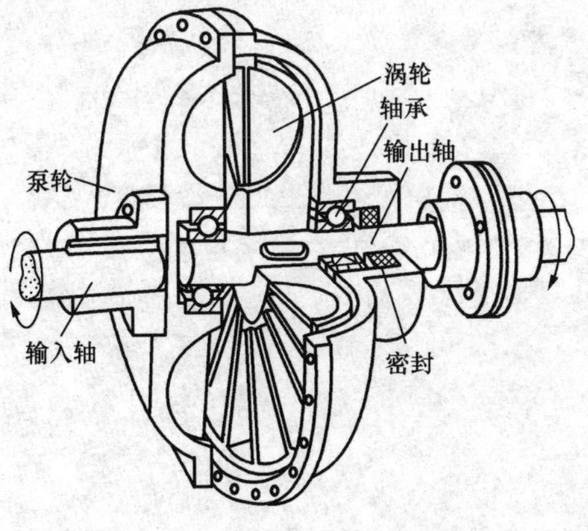

图 1－36　液力耦合器三维结构

泵轮和涡轮相对安装，统称为工作轮。在泵轮和涡轮上有径向排列的平直叶片，泵轮和涡轮互不接触，两者之间有一定的间隙（为 3～4mm）。泵轮和涡轮装合成一个整体后，其轴线断面一般为圆形，在其内腔中充满液压油。

液力耦合器的工作及调速原理：输入轴转动时，带动液力耦合器的壳体和泵轮一同转动，泵轮叶片内的液压油在泵轮的带动下随之转动，在离心力的作用下，液压油被甩向泵轮叶片边缘处，并在泵轮边缘处冲向涡轮叶片，使涡轮受到液压油冲击力而旋转，冲向涡轮叶片的液压油沿涡轮叶片向泵轮内缘流动，返回泵轮内缘，然后又被泵轮再次甩向外缘。液压油就这样从泵轮流向涡轮，又从涡轮返回到泵轮形成循环的液流。液力耦合器中的循环液压油，在从泵轮叶片内缘流向外缘的过程中，泵对其做功，其速度和动能逐渐增大。而液压油在从涡轮叶片外缘流向内缘的过程中，对涡轮做功，其速度和动能逐渐减小。液压油循环流动的产生，使泵轮和涡轮之间存在着转速差，从而使两轮叶片外缘处产生压力差。液力耦合器工作时，输入轴的动能通过泵轮传给液压油，液压油在循环流动的过程中又将动能传给涡轮输出。

思 考 题

1. 简述带传动相比其他传动的优点及不足之处。为什么带传动需要张紧装置，有哪些张紧装置？
2. 试述链传动的特点及链的种类。链传动的传动比如何确定？
3. 齿轮传动有哪些类型？各有何优点及缺点？
4. 什么是定轴轮系？如何确定定轴轮系的传动比？
5. 周转轮系由哪几部分构成？各组成部分的特点是什么？周转轮系的传动比如何确定？
6. 轴按其受力特点可分为哪几种类型？
7. 哪些装置是轴间连接装置？它们各自的特点是什么？
8. 弹簧零件在机械设备中有什么作用？
9. 什么是液压传动系统？构成液压传动系统各部件的作用是什么？
10. 什么是液力变矩器、液力耦合器？

第二章　输配电线路基础施工机器具

第一节　输电线路施工测量仪

输电线路基础施工中，普通土坑在开挖前都必须做好复测和分坑工作。这就要使用测量仪器设备，如经纬仪、水准仪、全站仪等。同时这些仪器设备也将用在架空输电线路导线弧垂的测量等工作中。

输电线路施工复测，是指线路施工前，施工单位对设计部门已测定线路中心线上的各直线桩、杆塔位中心桩及转角塔位桩位置、档距和断面高程，进行全面复核测量。常用的测量设备主要是经纬仪、水准仪及配套的塔尺、卷尺等工具。随着科技的发展，已出现电子全站仪以及卫星定位系统等先进的测量设备。

一、经纬仪

经纬仪是最早使用的测量仪器，有多种类型。一般常用的经纬仪有游标、光学和电子、激光经纬仪系列等。

图 2-1（a）所示为 J2 型光学经纬仪，适用于工程测量、工业及大地测量，如三角及导线测量、精密工程测量、隧道及矿山施工测量、地籍测量、变形测量，是目前采用较多的经纬仪。

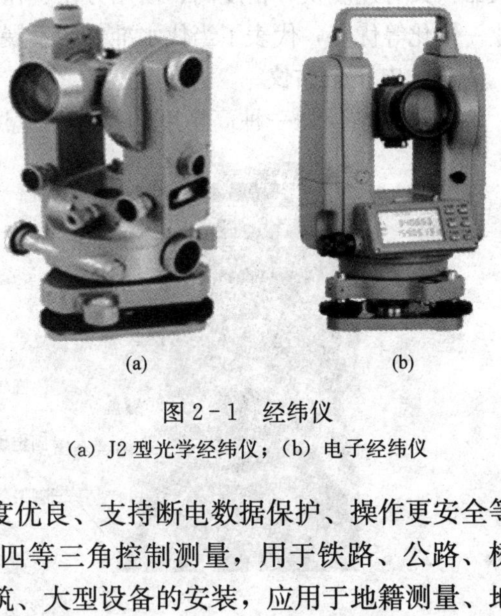

(a)　(b)

图 2-1　经纬仪
(a) J2 型光学经纬仪；(b) 电子经纬仪

图 2-1（b）所示为电子经纬仪。它采用光栅增量式数字角度测量系统，使用微型计算机技术进行测量、计算、显示、存储等，可同时显示水平、垂直角测量结果，可以进行角度、坡度等多种模式的测量。该测量设备具有检测精度优良、支持断电数据保护、操作更安全等特点。电子经纬仪广泛应用于国家和城市的三、四等三角控制测量，用于铁路、公路、桥梁、水利、矿山等方面的工程测量，也可用于建筑、大型设备的安装，应用于地籍测量、地形测量和多种工程测量。

激光经纬仪，即利用激光这一特性而设计的经纬仪，能实现较高精度的角度坐标测量和定向准直测量功能。

二、水准仪

水准仪（见图 2-2）是为水准测量提供水平视线的仪器，类型较多。

普通水准测量一般使用 DS3 型（简称 S3 型）水准仪，有多种型号。它由望远镜、水准器和基座三部分组成。该仪器通过基座与三脚架连接，并支承在三脚架上。基座有三个脚螺旋，用以粗略整平仪器。望远镜旁装有一个管水准器，转动望远镜微动螺旋，可使望远镜做微小的上下俯仰，管水准器也随之上下俯仰。当管水准器中气泡居中时，望远镜视线呈水平状态。该仪器在水平方向的转动，是由水平制动螺旋和微动螺旋控制的。

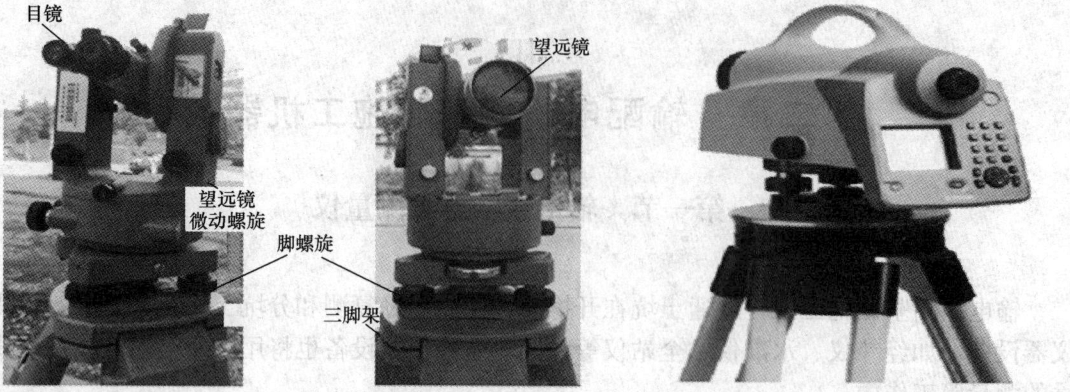

图 2-2　水准仪

(a) 普通水准仪；(b) 电子数字水准仪

电子数字水准仪，是集电子光学、图像处理、计算机技术于一体的当代最先进的水准测量仪器，具有速度快、精度高、使用方便、作业员劳动强度轻、便于用电子手簿记录、实现内外业一体化等优点，代表了当代水准仪的发展方向，具有光学水准仪无可比拟的优越性。

三、电子全站仪

电子全站仪是一种高精度的野外测量仪器，如图 2-3 所示。

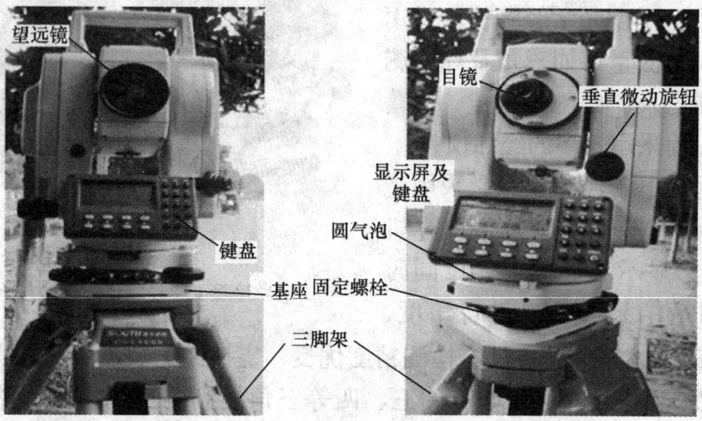

图 2-3　全站仪

TC 标准全站仪（IR 测距模式），是简便、快捷、可靠的全中文全站仪。

SET-130R 系列全站仪，具有先进的光学系统，工作温度最低可达－30℃，机体总质量（带电池）为 5.2kg，配置有 SF14 无线遥控键盘；内置程序软件，可实现对边测量、三维坐标测量、悬高测量、后方交会、放样测量、偏心测量、面积计算等功能。该全站仪的信号由物镜中部发射，并由周围部分均等地接收，开机后，无须初始化即可直接开始测量，使测量工作更简便、灵活。其测量结果全部由中文显示，测程更远，精度更高；测距激光束极为细小，可以实现高精度的“点测”；高精度相位差式无棱镜测量法，精度比其他无棱镜全站仪高，测程达 150m 以上；具有快速稳定的测量功能，在连续精测模式下测距时间仅为 1.6s，精测模式下的测距时间为 0.8s，跟踪测量模式下的数据更新时间为 0.3s。

四、平板仪

线路测量好导线（即已定线）以后，接着进行平面测量及断面测量。平面测量将沿线路中心线两侧各10～15m（可按实景实际情况确定）范围内的地形地物，用平板仪（见图2-4）绘制成以线路走向为中心的带状地形图。平面测量用的平板仪由照准仪、图板、基座、三脚架及附件（水准器、移点器、罗盘等）组成。照准仪有瞄准设备、直尺和垂直度盘。断面测量，沿已定线的全线中心从始端到终端测出地形高差的纵断面图。

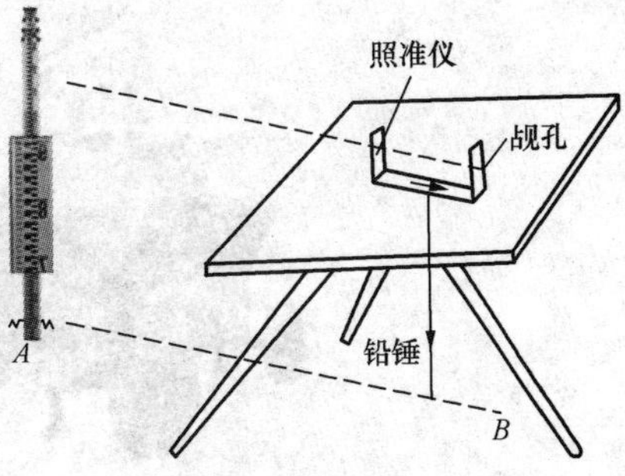

图2-4　平板仪

与上述测量仪器配套的工具，还有测量用塔尺、基础分坑检测卷尺、检测水平的水平尺等。

第二节　混凝土基础施工机器具

混凝土基础施工机器具，常用的有搅拌机械、振捣器、混凝土输送设备、混凝土检测工具，以及模板等。

一、混凝土搅拌机

混凝土搅拌机是把水泥、砂石骨料和水混合并拌制成混凝土混合料的专用机械，是现代化建设施工中不可缺少的机械设备。

我国规定混凝土搅拌机以其出料容量（m^3）×1000为标定规格，故我国混凝土搅拌机的系列为50、150、250、350、500、750、1000、1500和3000；按搅拌容量可分为大型（出料容量1000～3000L）、中型（出料容量300～500L）和小型（出料容量50～250L）。

搅拌机按工作性质可分为间歇式（分批式）和连续式，按搅拌原理可分为自落式和强制式，按安装方式可分为固定式和移动式，按出料方式可分为倾翻式和非倾翻式，按拌筒结构形式可分为梨式、鼓筒式、双锥式、圆盘立轴式和圆槽卧轴式等。

随着混凝土材料和施工工艺的发展，又相继出现了许多新型结构的混凝土搅拌机，如蒸汽加热式搅拌机、超临界转速搅拌机、声波搅拌机、无搅拌叶片的摇摆盘式搅拌机和二次搅拌的混凝土搅拌机等。

1. 自落式混凝搅拌机

自落式混凝搅拌机（见图2-5）适用于搅拌塑性混凝土，其动力源有电动机、内燃机。

（1）工作原理，如图2-6所示。它是将混合料放在一个旋转的搅拌筒内，随着搅拌筒的旋转，筒内的叶片把混合料提升到一定的高度，在重力作用下物料又自由坠下，反复进行，互相穿插、翻拌、混合，使混凝土各组成分搅拌均匀。搅拌筒的旋转速度根据筒的容量而定，一般为12～24r/min。

（2）典型结构。自落式混凝土搅拌机一般由搅拌筒、托轮和传动系统、进料机构、供水系统等组成，如图2-7所示。

1）搅拌筒（见图2-8）。是搅拌机的工作部件，为双锥形，筒体内焊有两对高低叶片，交叉布置，分别与搅拌筒轴线成一定夹角，搅拌筒旋转时，叶片在使物料提升下落的同时，还使物料轴向来回窜动，所以搅拌运动比较强烈，搅拌35～45s即可达到匀质混凝土。

(a) (b)

图 2-5 自落式混凝土搅拌机

(a) JZM750 系列（双锥式）混凝土搅拌机；(b) 柴油机动力自落式双锥反转出料混凝土搅拌机（JZR35 型）

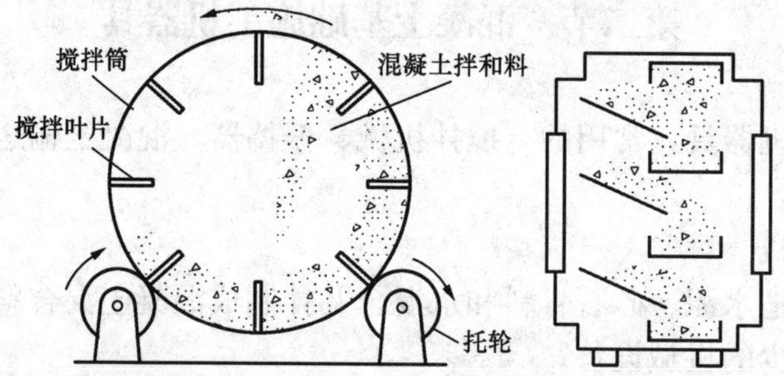

图 2-6 自落式混凝土搅拌机的工作原理

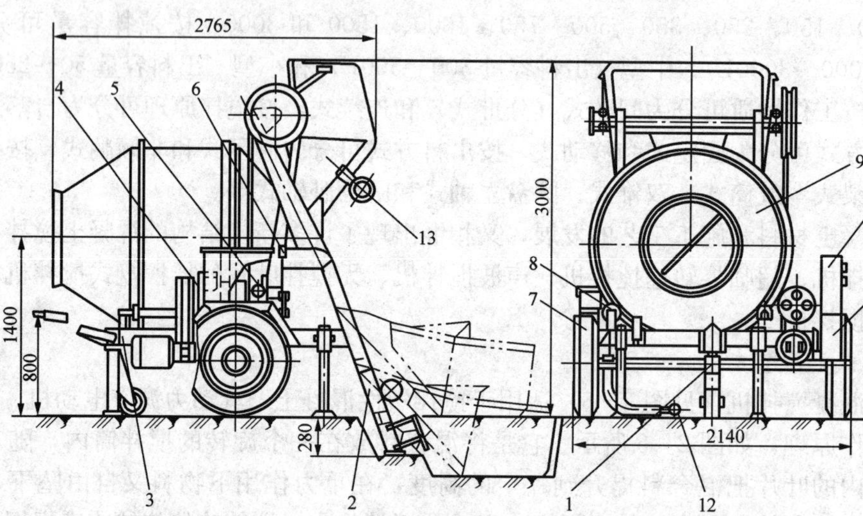

图 2-7 自落式混凝土搅拌机结构组成

1—前支轮；2—上料机架；3—底盘总成；4—减速系统；5—离合器；6—操纵杆；7—行走轮；8—托轮；9—搅拌筒；10—器控制箱；11—罩壳；12—供水系统；13—进料机构

在搅拌筒的出料锥体内部，焊有一对出料叶片，改变搅拌筒的旋转方向，混凝土即由低叶片推向出料叶片并排出筒外。

2）传动系统（见图 2-9）。减速箱为二级圆柱齿轮减速，传动比为 6.04248，三角皮带轮数比为 2.3912，拦筒齿圈速比为 7.1111，总传动比为 102.7467。搅拌筒的正反转由电动机换向实现。

3）进料机构。进料机构由上料斗、爬梯、接长轨道和落地轨道组成（见图 2－10）。进料斗的升降及爬翻动作，由齿轮减速箱的输出轴通过轴端的进料离合器和钢丝绳卷筒带动，离合器由手动操纵杆控制，料斗的上极限位置由限位装置自动脱开离合器。

4）供水系统。供水系统由电动机、水泵、调节阀和管路组成（见图 2－11）。电动机通电后，水泵即可将水直接注入搅拌筒，并通过调节阀来调节水的流量。

搅拌所需的水量，是通过电气箱内的时间继电器直接控制水泵电动机运转时间来实现的。

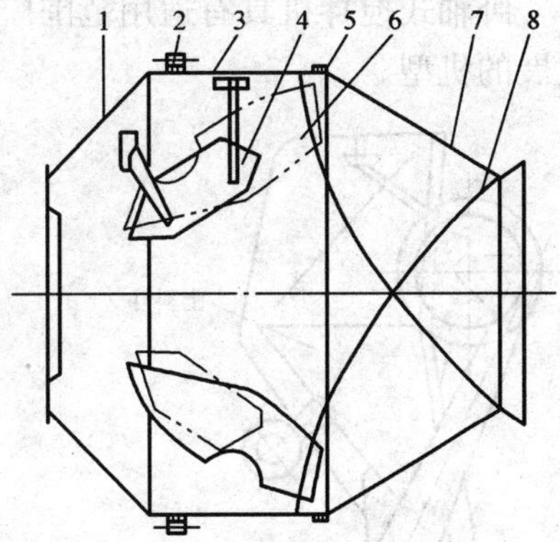

图 2－8　搅拌筒

1—进料锥；2—大齿圈；3—筒体；4—高叶片；5—滚道；6—低叶片；7—出料锥；8—出料叶片

2. 强制式混凝土搅拌机

强制式混凝土搅拌机是随着混凝土及其施工工艺的发展而逐渐发展起来的施工机械。

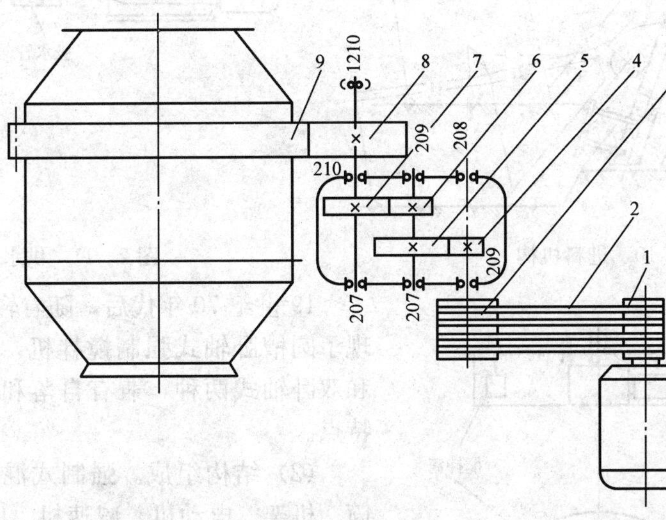

图 2－9　传动系统

1—电动机皮带轮（直径 125mm）；2—三角皮带（1400B 型）；3—大皮带轮（直径 300mm）；4、6—小齿轮（$m=3.5$，$Z=18$）；5、7—大齿轮（$m=3.5$，$Z=43$）；8—输出齿轮（$m=12$，$Z=43$）；9—大齿圈（$m=12$，$Z=128$）

强制式混凝土搅拌机的搅拌作用比自落式混凝土搅拌机强烈，宜于搅拌干硬性混凝土和轻骨料混凝土；但强制式混凝土搅拌机的转速比自落式混凝土搅拌机高，动力消耗大，叶片、衬板等磨损也大。

强制式混凝土搅拌机工作原理如图 2－12 所示。

（1）类型。它可分为立轴式与卧轴式两种，如图 2－13 所示。

立轴式又分为涡浆式和行星式，行星式又分为定盘式和盘转式两类。立轴式搅拌机是通过盘底部的卸料口卸料，卸料迅速。但如卸料口密封不好，水泥浆易漏掉，所以立轴式搅拌机不适宜搅拌流动性大的混凝土。

卧轴式搅拌机具有适用范围广、搅拌时间短、搅拌质量好等优点，是目前国内外在大力发展的机型。

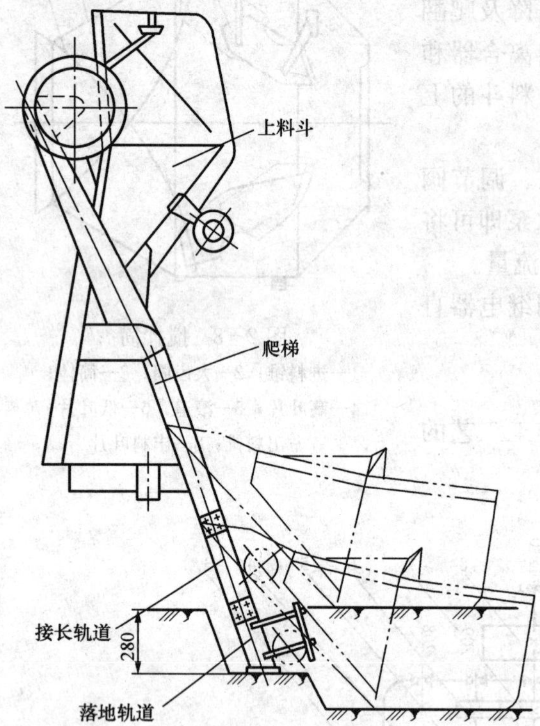

图 2-10　进料机构

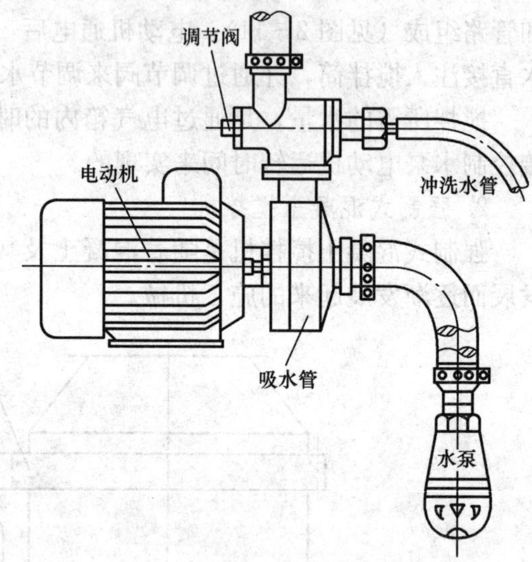

图 2-11　供水系统

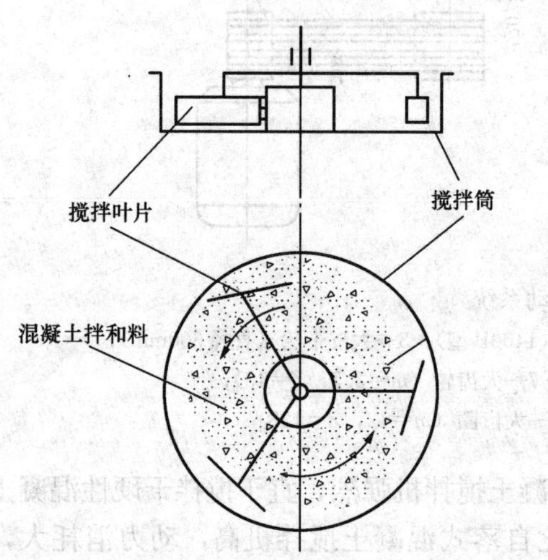

图 2-12　强制式混凝土搅拌机的工作原理

19 世纪 70 年代后，随着轻骨料的应用，出现了圆槽卧轴式强制搅拌机，它又分单卧轴式和双卧轴式两种，兼有自落和强制两种搅拌的特点。

（2）结构组成。强制式混凝土搅拌机由料筒、机架、电动机、减速机、中心轴、转动臂、搅拌铲、清料刮板、上压板、立柱、行走轮等构成。

（3）工作原理。搅拌机中有随搅拌轴转动的叶片，借助旋转的叶片对物料进行剪切、挤压、翻滚和抛出等强制搅拌作用，使物料在剧烈的相对运动中得到均匀搅拌。搅拌铲与转动臂之间采用十字轴总成相连接，并设置拉杆或螺杆调控搅拌铲的工作间隙，可基本消除硬质物料卡住现象，以降低运转阻力，减少磨损。搅拌铲的工作面在垂直和水平两个方向上与前进方向的夹角为钝角，可加强搅拌效果，提高搅拌质量。出料口设在料筒的侧壁，料筒相对机架可横向摆动，并设置清料刮板，可加快出料，还可减少泥浆渗漏。行走轮拆装方便，且轮距可调，使搅拌机移动方便。

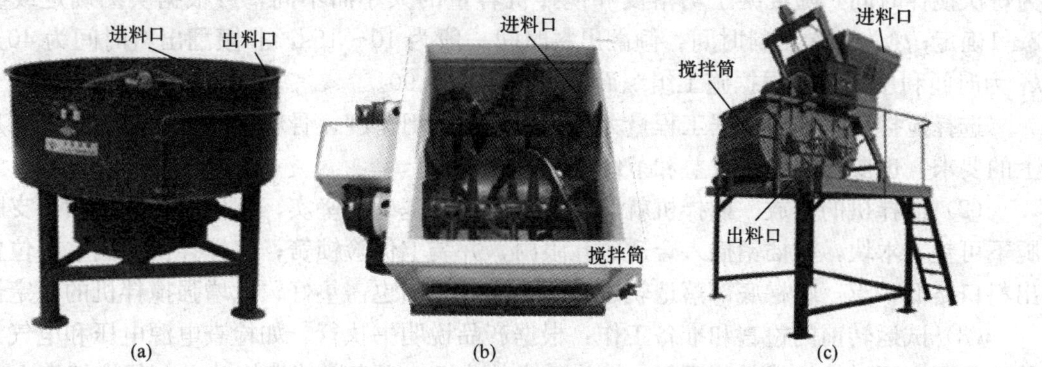

(a)　(b)　(c)

图 2-13　强制式混凝土搅拌机

(a) JC—350 型单轴立轴式；(b) 方圆 JS2000 型双螺旋（卧轴）式；(c) JS500 型螺旋双轴式

3. 连续式混凝土搅拌机

连续式混凝土搅拌机，是为提高搅拌混凝土的生产效率，满足细石混凝土泵的泵送速度而研制的施工机械。该类搅拌机，一般装有螺旋状搅拌叶片，各种材料分别按配合比经连续称量后送入搅拌机内，搅拌好的混凝土从卸料端连续向外卸出。

4. 其他类型混凝土搅拌机、灰混搅拌机

（1）小型便携式混凝土搅拌机。适应小型工程维修队在施工中搅拌少量混凝土或其他材料之用。不少研究部门及生产厂家研制生产了具有体积小、质量轻、组装方便、移动灵活、操作简便、噪声低等特点的小型便携式混凝土搅拌（灰混）机，如图 2-14 所示。小型便携式混凝土搅拌（灰混）机，以出口型柴油机为动力，锥齿轮传动，手摇倾翻出料。

(a)　(b)　(c)

图 2-14　小型便携式混凝土搅拌机

(a) CM600 型；(b) CM—100L—160L 型；(c) TD430D 型

（2）砂浆搅拌机，主要用于将水泥、砂子、石灰等混合搅拌。该类搅拌机具有使用方便、只需一人操作、节省人力、容量大等优点。

5. 混凝土搅拌机工程应用技术说明

（1）混凝土搅拌机的生产率。周期式混凝土搅拌机的生产率 Q，可按式（2-1）计算，即

$$Q = 3600\left(\frac{V}{t_1 + t_2 + t_3}\right)k_1 \tag{2-1}$$

式中：Q 为混凝土搅拌机生产率，m^3/h；V 为搅拌机的额定出料容量，m^3；t_1 为每次上料时间，使用上料斗进料时，一般为 8～15s，通过漏斗或链斗提升机装料时，可取 15～26s；t_2

为每次搅拌时间，随混凝土坍落度和搅拌机容量的大小而不同，可根据实测确定或参考表2－1确定；t_3 为每次出料时间，倾翻出料时间一般为10～15s，非倾翻出料时间为40～50s；k_1 为时间利用系数，根据施工组织而定，一般为0.90。

选择搅拌机时，要根据工程量大小、混凝土的坍落度、骨料尺寸等而定，既要满足技术上的要求，也要考虑经济效益和节约能源。

（2）搅拌机的安放。搅拌机就位场地应平整，基础应坚实，就位后，放下四个支腿，支腿下可垫上木块，将插销插入合适的孔眼内，并装上保险锁簧；将搅拌机调到水平位置，或出料口略低一点，爬梯底部落地轨道必须垫实，轮胎也需垫好，以增强搅拌机的稳定性。

（3）试运转前的检查和准备工作：根据产品说明书执行，如检查电源电压和电气元件的接线是否牢固，接地线是否可靠；起动搅拌电动机，观察搅拌筒旋转方向与搅拌筒上的箭头方向是否一致；做好供水系统调试等工作。

（4）操作注意事项：每次加入搅拌物料时，不得超过规定数值；必须待搅拌筒内出料完毕后，料斗方能提升上料。

（5）投料顺序要求。投料顺序必须按下述方法执行：

1）一次投料法。石子→水泥→砂子，筒内先加水或进料时加水。

2）二次投料法。预搅拌水泥砂浆法：砂、水、水泥（拌1～1.5min）→石子（拌1～1.5min）→出料。预搅拌水泥净浆法：水、水泥（拌0.5倍搅拌时间）→砂子、石子（拌至规定时间）→出料。水泥裹砂砂石法（又称SEC法）：砂、石、70％水（拌30s）→水泥（拌30s）→30％水（拌60s）→出料。

（6）混凝土搅拌的最短时间要求。从原料全部投入到混凝土拌和物开始卸出所经历的全部时间，是影响混凝土质量及搅拌机生产率的重要因素之一。混凝土搅拌的最短时间与搅拌机的类型和容量、骨料的品种、对混凝土流动性的要求等因素有关，应符合表2－1的要求。

表2－1　混凝土搅拌的最短时间　s

混凝土的坍落度（mm）	搅拌机类型	搅拌机出料量（L）		
≤30	自落式	90	120	150
	强制式	60	90	120
＞30	自落式	90	90	120
	强制式	60	60	90

注　1. 掺有外加剂时，搅拌时间应适当延长。
2. 全轻混凝土宜采用强制式混凝土搅拌机；砂轻混凝土可用自落式混凝土搅拌机搅拌，搅拌时间均应延长60～90s。

（7）混凝土的运输。在实际工程中因输电线路施工地点极为分散，采用汽车运输不现实，一般对近距离用手推车、翻斗车等运输，高山、险要地段等常用人工及骡马拖运。

普通混凝土从搅拌机中卸出后到混凝土浇筑完毕的延续时间不宜超过表2－2的规定。混凝土浇筑允许间歇时间，必须满足表2－3的要求。

表2－2　普通混凝土从搅拌机中卸出后到混凝土浇筑完毕的延续时间　min

混凝土强度等级	≤25℃	＞25℃
≤C30	120	90
＞30	90	60

表 2-3　　混凝土浇筑允许间歇时间　　min

混凝土强度等级	≤25℃	>25℃
≤C30	210	180
>30	180	150

混凝土运输的基本要求如下：

1）不产生离析现象，保证浇灌规定的坍落度。

2）在混凝土初凝之前能有充分的时间进行浇筑和捣实。

3）运输混凝土的工具应不吸水、不漏浆，且运输时间有一定限制。

（8）混凝土搅拌机的维护保养基本要求如下：

1）保持机体的清洁，清除机体上的污物和障碍物。

2）检查各润滑处的油料及电路和控制设备，并按要求加注润滑油。

3）每班工作前，在搅拌筒内加水空转1～2min，同时检查离合器和制动装置工作的可靠性。

4）混凝土搅拌机运转过程中，应随时检听电动机、减速器、传动齿轮的噪声是否正常，温升是否过高。

5）每班工作结束后，应认真清洗混凝土搅拌机。

二、混凝土输送设备

1. 混凝土搅拌运输车

混凝土搅拌运输车，又称水泥搅拌车［见图 2-15（a）］，主要应用于混凝土拌和料的长距离搅拌输送，能有效延缓混凝土的初凝，避免发生混凝土的分层和离析，确保施工的质量和速度。它的工作原理是在行车中及等待卸料过程中，通过取力装置将汽车发动机的动力取出，并驱动液压系统的变量泵，把机械能转化为液压能传给定量马达，定量马达再驱动减速机，由减速机驱动搅拌筒装置，对罐体混凝土进行搅拌，使它在一定的时间内（最长不超过90min）不产生凝固现象，从而使其在搅拌运输车到达工地后还能满足使用要求。

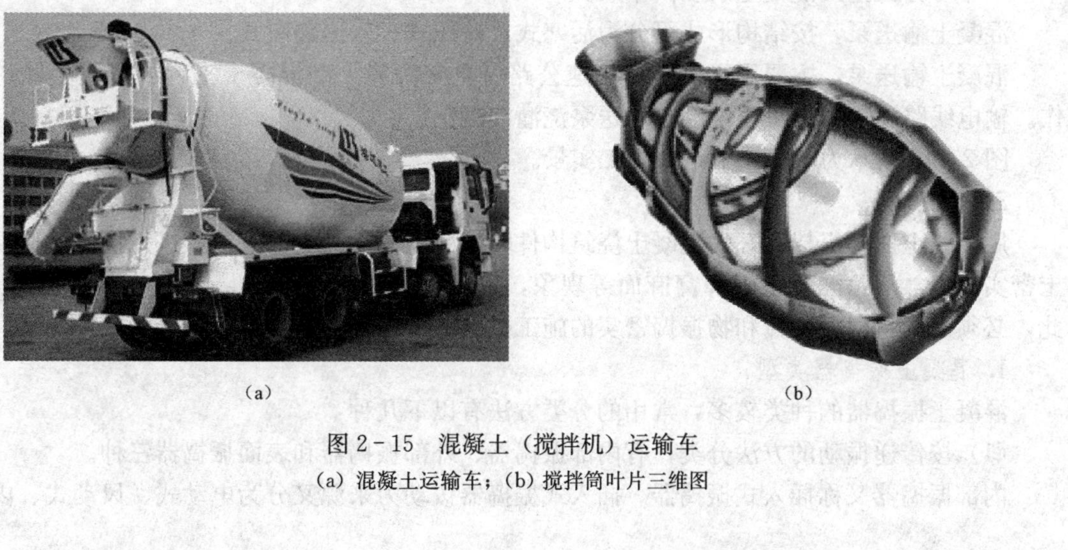

（a）　　（b）

图 2-15　混凝土（搅拌机）运输车

（a）混凝土运输车；（b）搅拌筒叶片三维图

混凝土搅拌运输车的基本组成如下：

(1) 供水系统，一般采用压力供水方式，具有简化结构、节省动力、减轻整车质量等优点。

(2) 搅拌筒。罐形结构，双螺旋曲面叶片，在不同的锥段采用不同的叶片，提高了混凝土搅拌的质量，减少剩余量。一般来说，搅拌筒的转速应低于 2～4r/min；卸料时，罐筒反向转速宜在 12～14r/min。

(3) 取力装置。国产混凝土搅拌运输车采用主车发动机取力方式。取力装置的作用是通过操纵取力开关将发动机动力取出，经液压系统驱动搅拌筒，搅拌筒在进料和运输过程中正向旋转，以利于进料和对混凝土进行搅拌，在出料时反向旋转，在工作终结后切断与发动机的动力连接。

(4) 液压系统，将经取力器取出的发动机动力，转化为液压能（排量和压力），再经液压马达输出为机械能（转速和扭矩），为搅拌筒转动提供动力。

(5) 减速机，将液压马达输出的转速减速后，传给搅拌筒。

(6) 操纵机构。它的作用是：①控制搅拌筒旋转方向，使之在进料和运输过程中正向旋转，出料时反向旋转。②控制搅拌筒的转速。

(7) 搅拌装置。由搅拌筒及其辅助支承部件组成。搅拌筒是混凝土的装载容器，转动时混凝土沿叶片的螺旋方向运动，在不断地提升和翻动过程中受到混合和搅拌。在进料及运输过程中，搅拌筒正转，混凝土沿叶片向里运动；出料时，搅拌筒反转，混凝土沿着叶片向外卸出。叶片是搅拌装置中的主要部件，损坏或严重磨损会导致混凝土搅拌不均匀。另外，叶片的角度如果设计不合理，还会使混凝土出现离析。

混凝土搅拌车搅拌筒叶片线型通常采用等螺旋角对数螺旋线，如图 2－15（b）所示。

(8) 清洗系统。清洗搅拌筒，有时也用于运输途中进行干料拌筒。清洗系统还对液压系统起冷却作用。

2. 混凝土输送泵

混凝土输送泵，又名混凝土泵，由泵体和输送管组成。它是一种利用压力，将混凝土沿管道连续输送的机械。将泵体装在汽车底盘上，再装备可伸缩或屈折的布料杆，就组成了泵车。泵车可分为拖式混凝土泵和汽车泵。

混凝土输送泵，按结构形式可分为活塞式、挤压式、水压隔膜式。

混凝土输送泵，主要用于高楼、高速公路、立交桥等大型混凝土工程的混凝土输送工作。输电线路施工中极少用混凝土输送泵浇灌混凝土。

图 2－16 所示为混凝土输送泵施工实景。

三、振捣器

用混凝土搅拌机拌和好的混凝土浇筑构件时，必须排除其中的气泡，进行捣固，使混凝土密实接合，消除混凝土的蜂窝麻面等现象，以提高其强度，保证混凝土构件的质量。为此，必须采用将混凝土拌和物振捣密实的施工机具——振捣器。

1. 混凝土振捣器类型

混凝土振捣器的种类较多，常用的分类方法有以下几种：

(1) 按传递振动的方法分类，有内部振捣器、外部振捣器和表面振捣器三种。

内部振捣器又称插入式振捣器。插入式振捣器按动力来源又分为电动式、风动式、内燃式和液压式。

图 2 - 17 (a) 所示为插入式混凝土振捣器，适用于无电源的野外混凝土振捣施工，图 2 - 17 (b) 所示为插入式混凝土振捣器，适用于有电源地方的混凝土振捣施工。

外部振捣器和表面振捣器［见图 2 - 17 (c)］在输电线路基础施工中很少采用。输电线路混凝土基础振捣多以插入式振捣器为主。

(2) 按振捣器的振动频率分类，有低频式、中频式和高频式三种。低频式振捣器振动频率为 25～50Hz (1500～3000 次/min)，中频式振捣器振动频率为 83～133Hz (5000～8000 次/min)，高频式振捣器振动频率为 167Hz (10000 次/min) 以上。

图 2 - 16　混凝土输送泵施工实景

(3) 按激振原理分类，有偏心式、行星式、往复式和电磁式等。偏心式振捣器利用振捣棒中心安装的具有偏心质量的转轴，在高速旋转时产生的离心力通过轴承传递给振捣棒壳体，从而使振捣棒产生圆周振动。行星式振捣器利用振捣棒中一端空悬的转轴，在它旋转时，其下垂端的圆锥部分沿棒壳内的圆锥面滚动，从而形成滚动体的行星运动，以驱动棒体产生圆周振动。

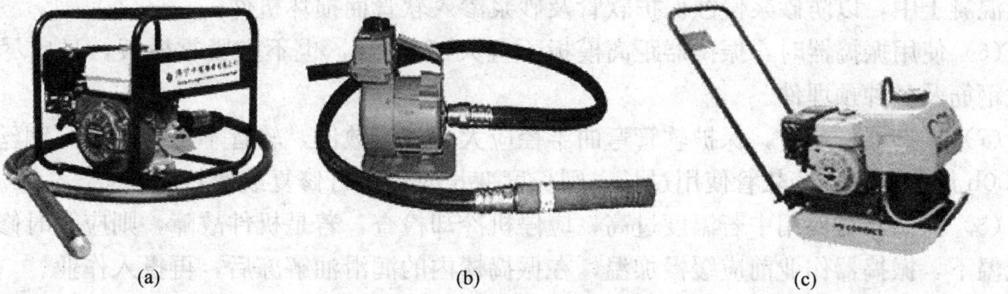

(a)　(b)　(c)

图 2 - 17　混凝土振捣器

(a) 插入式 (内燃机动力)；(b) 插入式 (电动机动力)；(c) 表面式 (内燃机动力)

2. 插入式混凝土振捣器使用注意事项

插入式混凝土振捣器的振捣方法有两种：一种是垂直振捣，即振捣棒与混凝土表面垂直；另一种是斜向振捣，即振捣棒与混凝土表面成一定角度，为 40°～45°。使用注意事项如下：

(1) 使用前，检查各部位，应连接牢固，旋转方向正确。若以电动机为动力振捣器，当接通旋转时，软轴不转，则电动机转向不对，任意调换两相电源线即可；若软轴转动棒不起振，则可摇晃棒头或将棒头轻磕地面，即可起振动作用。

(2) 插入式混凝土振捣器操作时，振捣棒应自然垂直地沉入混凝土，不得用力硬插、斜推或使钢筋夹住棒头，也不得全部插入混凝土中。

(3) 振捣器的操作要做到“快插慢拔”。快插是为了防止先将表面混凝土振实而与下面混凝土发生分层、离析现象；慢拔是为了使混凝土能填满振捣棒抽出时所造成的空洞。对于半硬性混凝土，有时还要在振捣棒抽出的洞旁不远处，再将振捣棒重新插入才能填满空洞。振捣器插点要均匀排列，可采用行列式或交错式的次序移动（见图 2-18），插点间的移动间距不应大于振捣器作用半径的 1.5 倍（即 700mm）。但行列式、交错式不可混用，以免漏振。

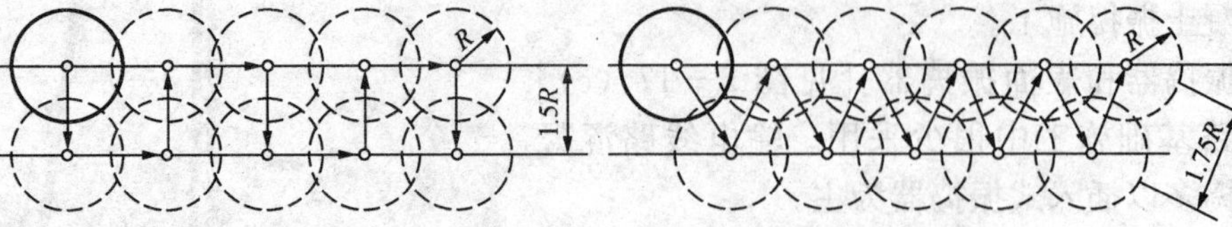

(a) (b)

图 2-18 振捣方法

(a) 行列式；(b) 交错式

R—振捣作用半径

振捣棒的振捣半径，是指振捣棒在振捣过程中的有效半径，一般按其棒半径的 3 倍计算。

振捣器作业时，软管弯曲半径不得小于 50cm，且软管不得有裂纹。

(4) 振捣棒在混凝土内振密的时间，一般每插点振密 20～30s，以混凝土不再显著下沉，不再出现气泡，表面翻出水泥浆和外观均匀为止。振捣时间过短，则不能使混凝土捣实，时间过长则会使混凝土石子下沉，水泥浆上浮，即产生离析现象。

(5) 振密时，应将振捣棒上下抽动 5～10cm，使混凝土振密均匀；棒体插入混凝土的深度不应超过棒长 2/3～3/4，以免因振动棒不易拔出而导致保护软管损坏；不许将保护软管插入混凝土中，以防砂浆侵蚀保护软管及砂浆渗入软管而损坏机件。

(6) 使用振捣器时，振捣器距离模板不宜大于 15cm，也不宜紧靠模板，且应尽量避免碰撞钢筋及各种预埋件。

(7) 振捣器作业时，保护软管弯曲半径应大于规定数值，软管不得有断裂。钢丝软轴使用 200h 后应更换，若软管使用过长，则长度变长时应进行修复或换新。

(8) 振捣器在使用中若温度过高，应停机冷却检查，若是机件故障，则应及时修理。冬季低温下，振捣器作业前应缓慢加温，在振捣棒内的润滑油解冻后，再投入作业。

(9) 操作人员应注意用电安全，在穿戴好胶鞋和绝缘橡皮手套后方能操作插入式混凝土振捣器进行作业。

(10) 振捣器作业完毕，应将振捣器电动机、保护软管、振捣棒刷干净，按规定要求进行润滑保养工作；振捣器存放时，不要堆压软管，应平直放好，以免变形。

(11) 混凝土浇筑层厚度要求，见表 2-4。

表 2-4　　混凝土浇筑层厚度

混凝土捣实方法		浇筑层厚度（mm）
插入式振捣		振捣器作用部分长度的 1.25 倍
表面振捣		200
人工振捣	在梁、墙板、柱结构中	250
	在配筋密列的结构中	200
轻骨料	插入式振捣	150
	表面振捣（振捣时需加负荷）	300

四、混凝土检测工具及检测方法

1. 坍落度检测工具及检测方法

在工程实际中，用坍落度评定混凝土的水灰比。坍落度检测如图 2 - 19 所示。用一块铁板做成一个锥形筒，上口直径为 100mm，底口直径为 200mm，高 300mm，将其放在铁板上，把已拌和好的混凝土分三次浇注到锥形筒内，每次放入量约为筒高的 1/3，并用铁棒插捣 30 次左右，待放入的混凝土与筒口相平再把锥形筒轻轻提起拿开，此时混凝土的锥体就自然坍落下来，测其坍落值，即坍落度。检测过程中，如果锥体逐渐下沉，则表示良好；如果锥体倒塌、部分逐渐崩溃或出现离析现象，则表示黏聚性不好，如图 2 - 20 所示。

图 2 - 19 坍落度检测

(a) 圆锥筒法；(b) 维勃稠度仪

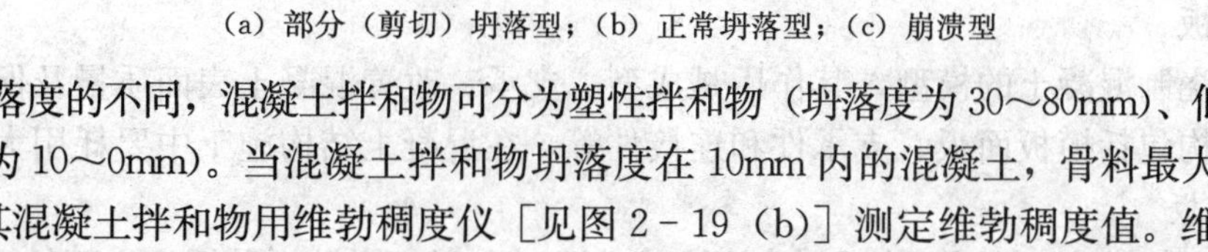

(a) (b) (c)

图 2 - 20 坍落试验合格与不合格示意图

(a) 部分（剪切）坍落型；(b) 正常坍落型；(c) 崩溃型

根据坍落度的不同，混凝土拌和物可分为塑性拌和物（坍落度为 30～80mm）、低流动性拌和物（坍落度为 10～0mm）。当混凝土拌和物坍落度在 10mm 内的混凝土，骨料最大粒径不大于 40mm 时，其混凝土拌和物用维勃稠度仪［见图 2 - 19（b）］测定维勃稠度值。维勃稠度的测试方法是将混凝土拌和物装入坍落度筒内，按一定方法捣实，装满刮平后，将坍落度筒垂直向上提起，把透明圆盘转到混凝土截头圆锥体顶面，开动振动台，同时计时，记录当圆盘底面布满水泥浆时所用时间，超过所读秒数即为该混凝土拌和物的维勃稠度值。混凝土拌和物流动性按维勃稠度大小，可分为4级：超干硬性（≥31s）、特干硬性（30～21s）、干硬性（20～11s）、半干硬性（10～5s）。

2. 混凝土工作度测定工具及测定方法

将200mm×200mm×200mm的铁模（与坍落度试验的圆锥筒相似）固定在标准振动台上，在模内放入圆锥筒，然后按坍落度试验方法将混凝土分三层装入圆锥筒内，每层振动25次，刮平后取出圆锥筒，再开动振动台，并以秒表计时，振动至混凝土填满铁模四角，表面平整并呈现水泥浆时为止，记录所需时间，即为混凝土工作度。

凡工作度大于30s的称为干硬性混凝土。工作度小于30s，坍落度小于1cm者，称为半干硬性混凝土。

另外，为了有效解决新拌混凝土工作度现场快速检测的技术难题，同时解决现代施工中大流动性混凝土缺乏有效检测手段的问题，目前已研制出混凝土工作度快速测定仪。该测定仪是一种便携式快速检测混凝土工作度、坍落度、温度的智能化检测仪器，它是通过分析混凝土的黏稠度实现对新拌混凝土工作性能指标快速检测的仪器。

3. 混凝土强度检测工具及检测方法

混凝土强度的非破损检测，即利用仪器检验混凝土强度。这种检测在不破坏试件或制品、结构的情况下，检验试件或制品、结构的强度及其他物理力学性能。

（1）回弹仪检测混凝土强度。当回弹仪的弹击锥被一定的弹力打击在混凝土表面时，混凝土的反力使弹击锥回弹，其回弹高度（通过回弹仪读出）与混凝土硬度成一定的比例，从而通过检测得到的回弹值及混凝土的碳化深度可推求出混凝土抗压强度。

常用回弹仪有数字回弹仪、混凝土超声回弹仪等。

数字回弹仪由数字回弹仪主机、回弹仪单机传感器、电脑数据处理软件、现场打印机和适配电源盒（选配）组成，具有自动记录、自动存储、自动计算、自动处理数据功能，大幅度提高了检验检测、数据计算处理、报告编制的工作效率，降低了检测人员的劳动强度。

HT225-V型一体式数显语音回弹仪［见图2-21（a）］，可用于检测10～60MPa范围内的混凝土抗压强度。

混凝土超声回弹仪［见图2-21（b）］，利用超声波在混凝土中传播时，其纵声传播速度的平方与混凝土的弹性模量成正比，与混凝土的密度成反比进行混凝土强度检测。声波振幅随传播距离增大而减弱；当声波遇空洞、裂缝时，界面产生波的折射，反射边缘产生波的绕射，使接收的声波振幅变小，传播时间偏长，产生畸形波等。

（2）钢球撞痕检验。用一个标准钢球从一定高度落到混凝土表面，根据撞痕直径的大小来估算混凝土强度的大约数值。

五、模板

模板是浇制混凝土的模型，其作用是成型、支承、改善混凝土表面质量及保护混凝土。

模板结构包括模板面板、支承件和连接件等。在混凝土结构施工中要耗用大量的模板。

1. 木模板

木模板以钉结合，即由面板和串用圆钉钉制而成，并以散装、散拆为主要的施工方式。施工单位大多根据自己的支模习惯和工程的实际情况将木材制成一定的模板标准件，供周转使用。

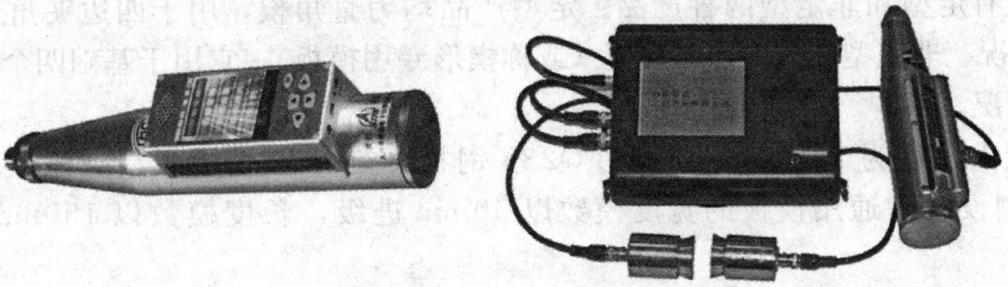

(a)　(b)

图 2－21　回弹仪

(a) HT225-V 型一体式数显语音回弹仪；(b) 混凝土超声回弹仪

模板的设计按施工图要求进行配板和计算，复杂的工艺需放大样。

木模板面板厚度一般采用 30mm，当承受的荷载较小时，也可采用厚度为 15、20mm 或 25mm 等的木板。串是将单块木板连成整体的条形构件，其尺寸应根据面板幅面的大小选用，一般串的断面为 60mm×90mm、50mm×70mm、30mm×40mm 等。

2. 钢模板

钢模板（见图 2－22），又称免拆模板，是用于混凝土浇筑成型的钢制模板，可替代木模板。

钢模板以其多次使用、混凝土浇筑成型美观等特点被广泛应用于输电线路基础工程中，它具有尺寸精确、表面光滑、模板吸附性小、脱模容易、接缝严密等优点，可满足阶梯式基础成型，且组合装拆方便，周转次数可达 50 次，大大提高现场施工效率。

(a)　(b)　(c)　(d)

图 2－22　钢模板

(a) 阳角钢模板；(b) 平面钢模板；
(c) 圆形钢模板；(d) 圆锥形钢模板

钢模板既可以在安装钢筋之前放置，也可以在安装钢筋之后放置。如果在安装钢筋之前放置，则安装方便简易；可以对混凝土的浇筑过程进行可视化监控，从而降低出现孔隙和蜂窝状结构等现象的风险。图 2－23 所示为钢模板在输电基础施工中的应用实景。

图 2－23　钢模板在输电基础施工中的应用实景

钢模板有定型和非定型两种产品。定型产品均为直角模，用于四边夹角互相为直角（90°）的情况。非定型产品均为斜角模（或称楔形专用模板），它用于基础四个边的夹角不是直角的情况。

钢模板由厚度为 2.3、2.5mm 的 Q235 钢板冷轧冲压成槽板后，组装焊接成型；采用模数制设计，通用模板的宽度模数以 50mm 进级，长度模数以 150mm 进级，见表 2-5。

表 2-5　钢模板规格

mm

<table>
<tr><th colspan="2">名　称</th><th>宽　度</th><th>长　度</th><th>肋　高</th></tr>
<tr><td colspan="2">平面模板（P）</td><td>300、250、150、100</td><td rowspan="9">1500、1200、900、750、600、450</td><td rowspan="15">55</td></tr>
<tr><td colspan="2">阳角模板（Y）</td><td>100×100、50×50</td></tr>
<tr><td colspan="2">阴角模板（E）</td><td>150×150、100×150</td></tr>
<tr><td colspan="2">连接角模（J）</td><td>50×50</td></tr>
<tr><td rowspan="2">倒棱模板</td><td>角棱模板（JL）</td><td>17、45</td></tr>
<tr><td>圆棱模板（YL）</td><td>R20、R35</td></tr>
<tr><td colspan="2">梁腋模板（LY）</td><td>50×150、50×100</td></tr>
<tr><td colspan="2">柔性模板（Z)）</td><td>100</td></tr>
<tr><td colspan="2">搭接模板（D）</td><td>75</td></tr>
<tr><td colspan="2">双曲可调模板（T）</td><td>300、200</td><td rowspan="2">500、900、600</td></tr>
<tr><td colspan="2">变角可调模板（B）</td><td>200、160</td></tr>
<tr><td rowspan="4">嵌补模板</td><td>平面嵌板</td><td>200、150、100</td><td rowspan="4">300、200、150</td></tr>
<tr><td>阴角嵌板</td><td>150×150、100×150</td></tr>
<tr><td>阳角嵌板</td><td>100×100、50×50</td></tr>
<tr><td>连接角板</td><td>50×50</td></tr>
</table>

定型组合钢模板（Typified form）由定型钢模板和配件两部分组成。

配件又称支模工具。当需将钢模板拼接成大模板时，除了用 U 形卡及 L 形插销外，在侧模板外侧要用钢棱（圆形钢管、矩形钢管、内卷边槽钢等）加固，钢棱与钢模板间用钩头螺栓及扣件、蝶形扣件连接。钢模板的连接件如下：

（1）U 形卡（俗称钩子），用于钢模板与钢模板间的拼接，其安装间距一般不大于 300mm，即每隔一孔插一个卡，安装方向一顺一倒相互错开。

（2）L 形插销，用于两个钢模板端肋相互连接。将 L 形插销插进钢模板板端部横肋的插销孔内，以增加两相邻模板接头处的连接刚度和保证接头处板面平整。

（3）钩头螺栓，是连接模板与支承系统的连接件。

（4）紧固螺栓，用于内、外钢棱之间的连接件。

（5）对拉螺栓，又称穿墙螺栓，用于连接墙壁两侧模板，保持墙壁厚度，承受混凝土侧压力及水平荷载，使模板不致变形。

图 2-24 所示为钢模板连接件，其规格见表 2-6。

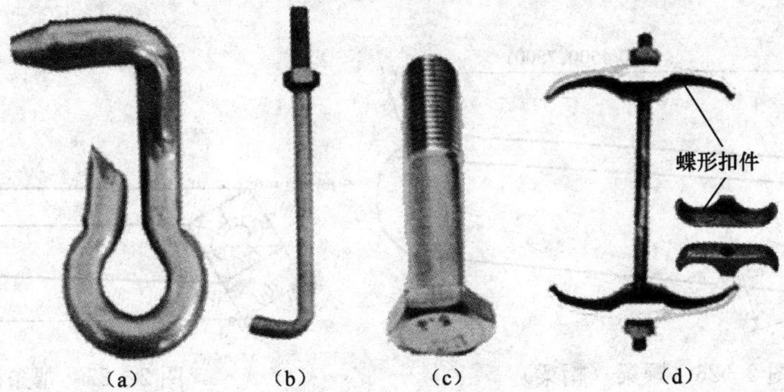

图 2-24　钢模板连接件

(a) U形卡；(b) 钩头螺栓；(c) 紧固螺栓；(d) 对拉螺栓

表 2-6　　钢模板的连接件规格

名称	规格（mm）	名称		规格（mm）
U形卡	$\phi 12$，$L=345$	对拉螺栓		M12、M14、M16
L形插销	$\phi 12$，$L=345$	扣件	3形扣件	26型、12型
钩头螺栓	$\phi 12$，$L=205$、180			
紧固螺栓	$\phi 12$，$L=180$		蝶形扣件	26型、182型

（6）扣件。应与相应的钢棱配套使用。按钢棱的不同形状，分别采用蝶形扣件和3字形扣件（见图2-25）。

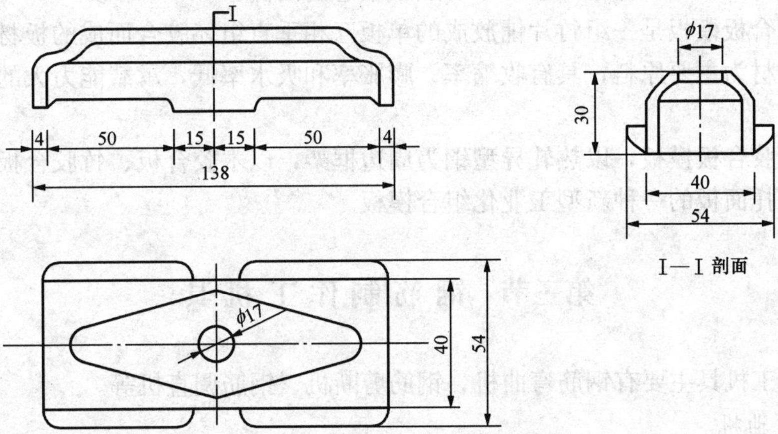

图 2-25　扣件（3字形扣件）

（7）支承件。支承件包括钢棱、柱箍、梁卡具、圈梁卡、钢管架、斜撑、组合支柱、钢管脚手支架、可调桁架。

（8）抬木、抬架。在现浇混凝土基础的支模中，为了固定模板和搭设浇制混凝土平台，还要使用抬木及抬架。

1）抬木，即木支承件，用来保证模板面板的形状位置并承受模板传来压力的临时性结构，一般用方木或圆木制成，常用的木支承件有立柱、顺梁、帮条棱、帽梁及围令木等，如图2-26～图2-28所示。

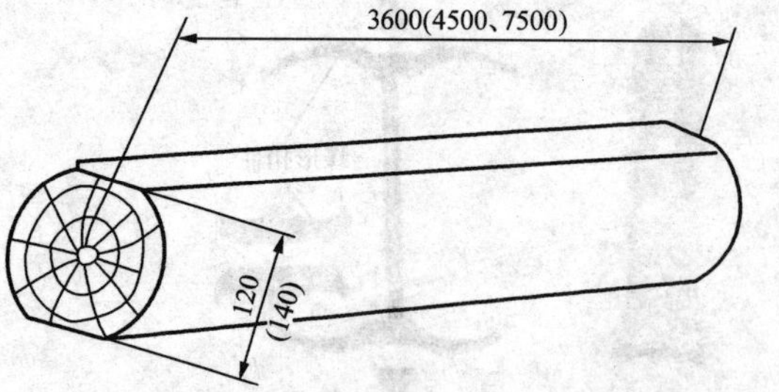

图 2-26 顺梁（帽梁）

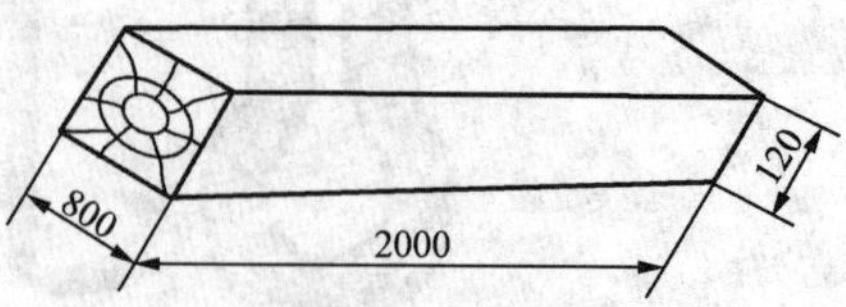

图 2-27 帮条棱

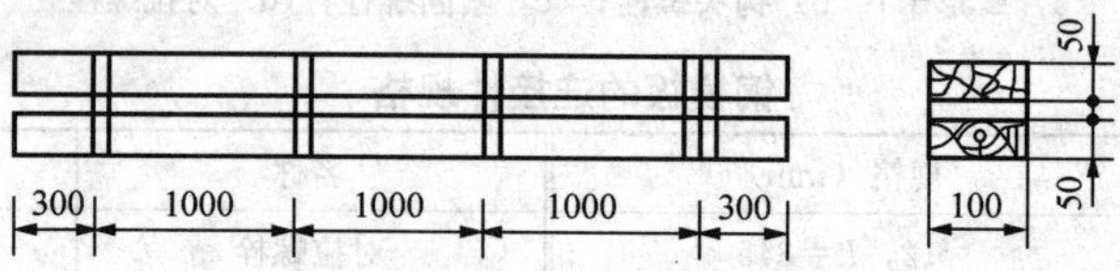

图 2-28 围令木

2）抬架，一般用角钢或圆钢管焊接成格构形状，分段连接而成。

3. 胶合模板

用作模板的胶合模板有木胶合板模板、竹胶合板模板和钢框胶合板模板三种。

（1）木胶合板模板是一组单板（薄木片），按相邻层木纹方向互相垂直组坯胶合而成的板材，其面板和内层板对称地配置在中心层或板芯的两侧。

（2）竹胶合板模板是一组竹片铺放成的单板互相垂直组坯胶合而成的板材。竹胶合板模板以速生的竹材为主要原料，具有收缩率、膨胀率和吸水率低，承载能力大的优点，有很大的发展前途。

（3）钢框胶合板模板，以热轧异型钢为周边框架，以木胶合板、竹胶合板作面板，并加焊若干钢筋承托面板的一种新型工业化组合模板。

第三节 钢筋制作工机具

钢筋制作工机具主要有钢筋弯曲机、钢筋剪断机、钢筋调直机等。

1. 钢筋弯曲机

钢筋弯曲机是钢筋加工机械之一，适用于输电线路工程、建筑工程上的各种普通碳素钢、螺纹钢等加工成工程所需的各种形状。

钢筋弯曲机根据使用条件，可分为便携式、固定式。

（1）便携式钢筋弯曲机，如图 2-29 所示。具有质量轻、耗能少、操作方便、工作可靠、效率高等特点，多用于各种工程施工现场。

（2）固定式钢筋弯曲机（见图 2-30）。它的工作机构是一个在垂直轴上旋转的水平工作圆盘。如图 2-30（b）所示，把钢筋置于图中虚线位置，支承销轴固定在机床上，中心销轴和压弯销轴装在工作圆盘上，圆盘回转时便将钢筋弯曲。为了弯曲各种直径的钢筋，在工作盘上有几个孔，用以插压弯销轴，也可相应地更换不同直径的中心销轴。

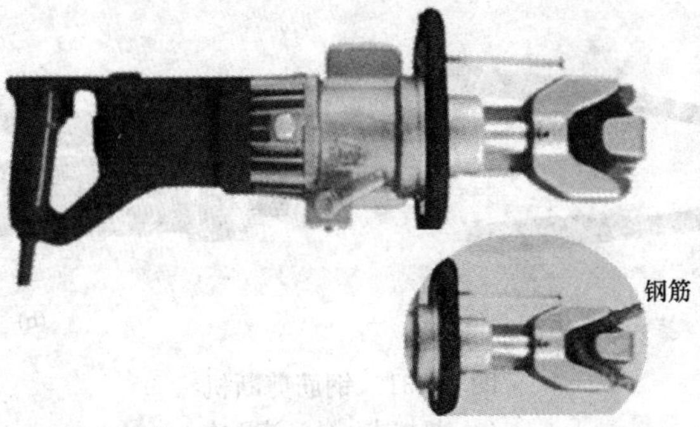

图 2-29　便携式钢筋弯曲机

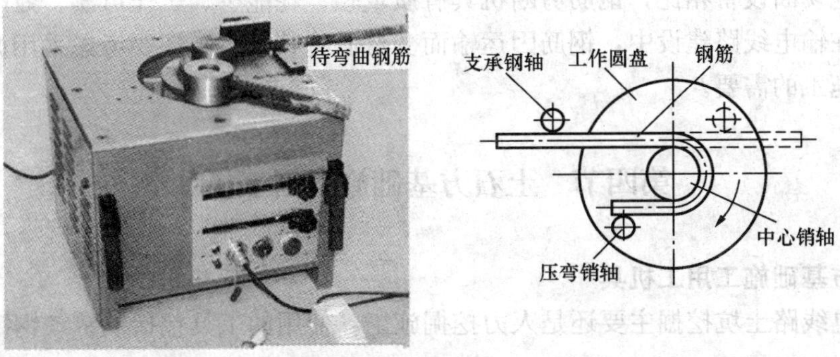

(a)　(b)

图 2-30　固定式钢筋弯曲机加工实景及钢筋弯曲原理
(a) 钢筋弯曲机；(b) 工作原理图

使用钢筋弯曲机时，应首先检查其机械性能是否良好，工作台和弯曲机台面是否保持水平，并准备好各种芯轴工具挡后，再按加工钢筋的直径和弯曲机的要求装好芯轴、成型轴、挡铁轴或可变挡架，芯轴直径应为钢筋直径的 2.5 倍；再检查芯轴、挡铁、转盘有无损坏和裂纹，防护罩紧固是否可靠，经空机运转确认正常方可作业。作业时，应注意以下事项：

(1) 将钢筋需弯的一头插在转盘固定备有的间隙内，另一端紧靠机身固定并用手压紧，检查机身固定情况，确实安在挡住钢筋的一侧方可开动。

(2) 作业中严禁进行更换芯轴和变换角度以及调速等作业，也不得加油或清除。

(3) 弯曲钢筋时，严禁钢筋超过机械规定的直径、根数及转速。

(4) 弯曲高硬度或低合金钢筋时，需根据钢筋直径调整弯曲力。

(5) 严禁在弯曲钢筋的作业半径内和机身不设固定的一侧站人。弯曲好的半成品应堆放整齐，弯钩不得朝上。

(6) 转盘换向时，必须在停稳后进行。

(7) 作业完毕，清理现场、保养机械、断电锁箱。

2. 钢筋剪断机

钢筋剪断机，是主要用来剪断钢筋的机具，可分为电动式、液压式、机械式等，如图

2-31所示。

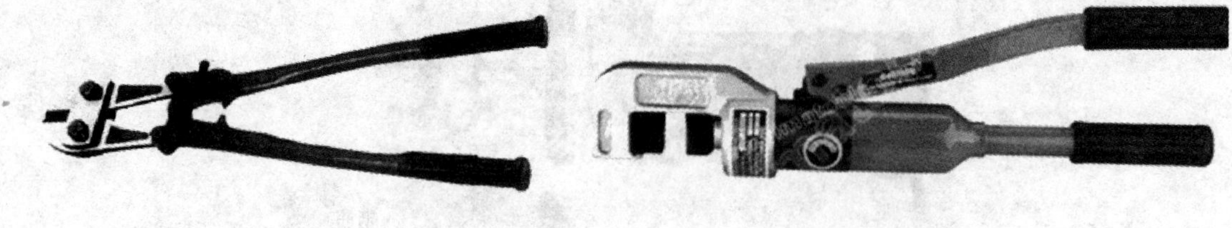

(a)　　　　　　　　　　　　(b)

图 2-31　钢筋剪断机

(a) 机械式；(b) 液压式

钢筋切断机由手柄、底座、刀头组成，通过手柄上下移动，由连接杆连接刀头工作剪断钢筋。与其他切断设备相比，钢筋剪断机具有质量轻、耗能少、工作可靠、效率高等特点。

另外，在输电线路建设中，钢筋因运输而变弯需将其调直，还要考虑采用调直钢筋的机具，以满足施工的需要。

第四节　土石方基础施工用工机具

一、土方基础施工用工机具

国内输电线路土坑挖掘主要还是人力挖掘施工，使用的工具包括铁铲（钢锹）、十字镐、钢钎等。

1. 常用铁铲尖锹、方锹

尖锹分 1 号锹、2 号锹、3 号锹。方锹有 F 型和 H 型。常用的铁铲基本尺寸参数见表2-7。

表 2-7　常用的铁铲基本尺寸参数

名称	长×宽（mm）	名称	长×宽（mm）
1 号锹	260×460	F 型方锹	230×415
2 号锹	235×425	H 型方锹	170×355
3 号锹	220×380		
图例	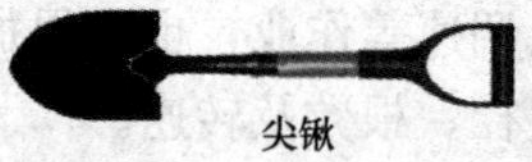 尖锹	图例	 方锹

2. 十字镐

十字镐有 4 个种类，即 4 种型号，见表 2-8。

3. 钢钎

钢钎主要用于冲击土坑内较硬的石块，规格按六角对边距可分为 25、30、32mm，长度有 1200～1800mm 不等。

表 2-8　　十字镐的种类及型号

种 类	型号	质量（不连柄，kg）/总长（mm）	种 类	型号	质量（不连柄，kg）/总长（mm）
双尖A型	SJA	1.5/450，2/500，2.5/500，3/560	尖扁A型	SJA	1.5/450，2/500，2.5/500，3/560
双尖B型	SJB	3/500，3.5/520，4/540	尖扁B型	SJB	1.5/420，2.5/520，3/550
图例	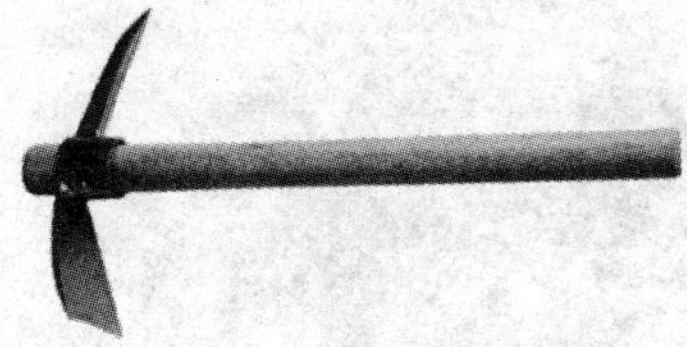				

4. 挖勺

在配电线路施工建设开挖圆形基础坑施工中还要使用挖勺，即挖到深处土块不易取出，可将土块铲入挖勺，然后取土出坑。

5. 其他机械设备

（1）挖坑机。图 2-32 所示为用于任何土层的电线杆的挖坑机，或称钻坑机、钻眼机。它配备的合金钻头对细小的小卵石也能畅通无阻，在正常的情况下两个人操作在 10min 左右可钻孔 2.5m 深，直径为 430～500mm。钻眼机以拖拉机作动力，由液压泵、分配器带动减速机和钻杆进行工作，操作简单，越野能力强；主要参数：钻杆长度为 2.5m，钻杆直径为 430mm，钻杆材质为合金钢。

图 2-32　电线杆挖坑机

（2）螺旋打洞锹。它主要配合施工立锚桩或爆扩桩使用，只能用于软土地带。使用时，两手握住木把旋转螺旋挖土锹，即可打成孔洞，并取出挖土，继续旋转使用，孔洞直径可达 200mm，最大旋入深度可达 2.6m（从柱管内抽出方钢调节）。

（3）挖掘机。当输电线路土方基础工程开挖量及运输量比较大时，可考虑使用挖掘机等工程机械施工。图 2-33 所示为某输电线路杆塔基础采用挖掘机开挖基坑实景。

二、岩石钻孔机具及爆破作业

利用岩石的整体性和坚固性做成的基础，称为岩石基础。这类基础的开挖多采用爆破作业方式。

1. 凿岩机

基坑石方的开挖一种是人工打孔，另一种是凿岩机钻孔。岩石锚杆基础一般采用凿岩机钻孔。用于凿岩石的钻孔机常用内燃凿岩机及手持气腿式凿岩机。在施工条件允许的情况下，应尽可能地采用机械凿眼、装炸药放炮施工。岩石基础凿眼，必须使用凿眼设备。

凿岩机，按动力来源可分为风动凿岩机、内燃凿岩机、电动凿岩机和液压凿岩机等。

（1）风动凿岩机。它以压缩空气为动力，利用配气阀来改变压缩空气进入气缸的方向，从而使缸内活塞往复运动冲击钢钎凿击碎石。风动凿岩机主要由气缸、活塞组件、配气装置、钢钎回转机构、操纵阀及冲洗吹风机构等组成。

图 2-34（a）所示为手持风动凿岩机。它具有操作方便、转移较轻便、有利于野外分

散作业等特点，适宜在中硬或坚硬岩石上干式或湿式钻凿水平孔和倾斜孔，凿孔直径为32～38mm，有效钻孔深度可达4m。

图 2-33 某输电线路杆塔基础坑采用挖掘机开挖基坑实景

(a) (b)

图 2-34 手持风动凿岩机及空气压缩机

(a) 手持风动凿岩机；(b) 矿用小型活塞式空气压缩机

风动凿岩机的配套设备为空气压缩机。图 2-34（b）所示为矿用小型活塞式空气压缩机。

使用风动凿岩机时，应首先了解其性能，并根据产品说明书要求，注意以下事项：

1）使用时，要求风动凿岩机进风口处压缩空气干燥，风压应保持500kPa，最低不得低于400kPa；要求使用洁净的软水，在不得已使用酸性或碱性水时，风动凿岩机工作完毕后应及时注入一些润滑油，关水空运转稍许时间。

2）启用新机器时要进行清洗重装，重装后应开一下空车，检查运转是否正常，但空车时间不能超过2～3min，时间过长，气缸气垫区温度过高，容易产生研缸现象。

3）做好管道清洗和例行的拆卸检修工作，使机器经常处于良好的工作状态，并应经常加润滑油，严禁无油作业。

4）操作上应注意先开风后开水，先关水后关风，并注意水压应低于风压，防止水倒流至风动凿岩机气缸内部，破坏机器正常润滑，影响机器正常运转。

5）工作完毕后，关闭水阀以小风让凿岩机短时间空运转，排除积水，防止锈蚀。

6）风动凿岩机较长时间停止使用时，应及时将其拆洗干净，并涂上防锈油，放干燥处保存。

(2) 内燃凿岩机。按使用燃料分汽油凿岩机、柴油凿岩机两种。为便于山区输电线路岩石基础施工，可采用汽油凿岩机。

汽油凿岩机（见图 2－35）一般由一只二冲程单缸汽油机、空气压缩机和凿岩装置三部分组成。

(3) 液压凿岩机。主要由供油及配油系统、贮能系统、能量转换系统、减振及支承系统，以及作业工具系统等组成。

液压凿岩机有手持式液压凿岩机和可行走轮式液压凿岩机两种。

图 2－35　汽油凿岩机

2. 岩石爆破作业常识

在输电线路基础的爆破开挖一般爆破面积较小，作业点相对分散，不适合用大型打眼机械（或空气压缩机）打眼，大都采用凿眼机打眼，有时也采用人工打炮眼。

(1) 施工准备，包括技术准备、人员组织准备和施工工器具及材料准备。

(2) 炮眼位置的选定和布置。合理适当地选定和布置炮眼，是爆破效果好坏的关键。爆破开挖一般要求坑的四周及底面的岩石不受或少受破坏，石方的超挖量也不要太多。为达到此目的，通常采用边线控制浅孔爆破法。

炮眼的布置一般有梅花式和星罗式两种，如图 2－36、图 2－37 所示。星罗式炮眼，多用于开挖基坑较大的场所。

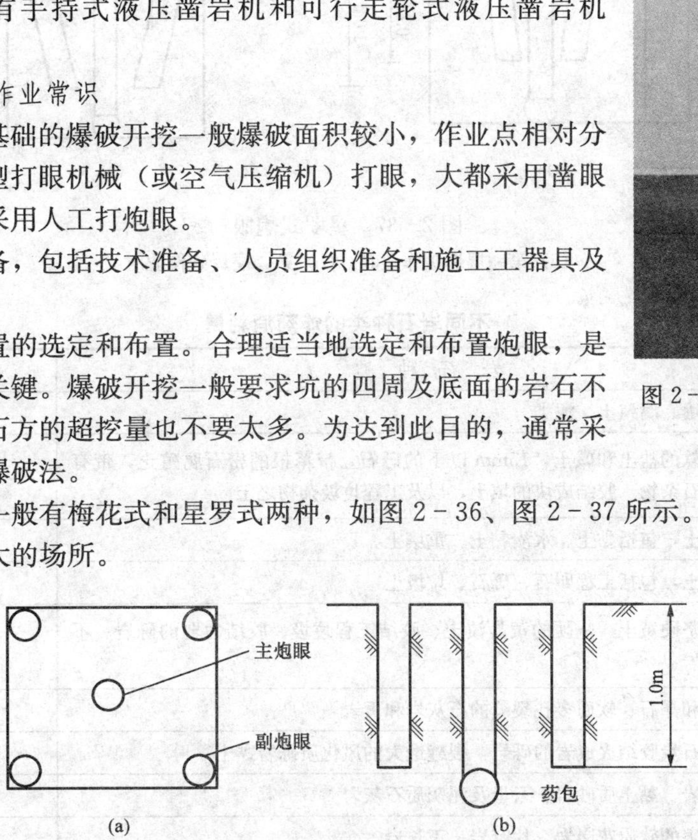

图 2－36　梅花式炮眼

(a) 俯视图；(b) 侧视图

(3) 装填药包及爆破开挖装药量计算。在装药前，检查炮眼深度是否符合要求，如有石粉或杂物，则应清除干净。先在炮眼底部用铁皮或马粪纸做成三角形，使底部留有空底，或者放置一个短木块，以形成聚能药包，提高爆破效果。

爆破开挖装药量，一般按加强标准抛掷爆破计算，主炮眼的装药量 Q 按式（2－2）计算，即

$$Q=(0.4+0.6n^3)qW^3e \tag{2-2}$$

式中：Q 为装药量，kg；q 为单位岩石炸药消耗量，kg/m³，见表 2－9；W 为从药包中心到临空面的距离，m；e 为炸药换算系数，见表 2－10。

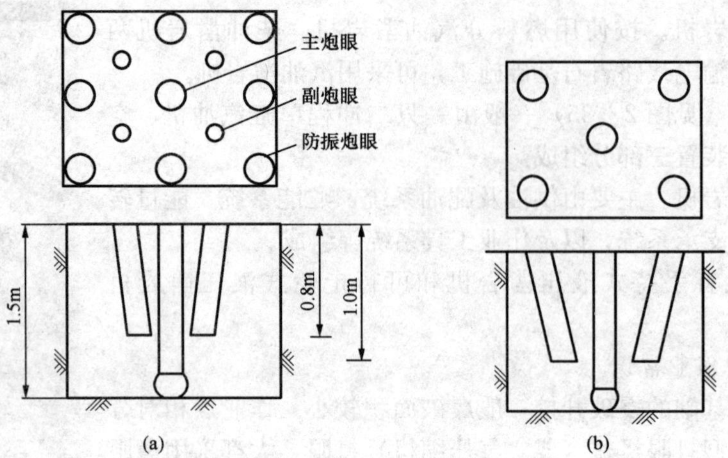

图 2-37 星罗式炮眼

(a) 第一层爆破作业时；(b) 第二层爆破作业时

表 2-9 **不同岩石种类的炸药消耗量**

分类	岩石种类	q (kg/m^3)
Ⅰ	砂质土壤、腐殖土、泥类	0.5～0.9
Ⅱ	黄土，软的盐土和碱土，15mm 以下的砾石，带草根的密石腐殖土，带有卵石、碎石杂物、胶结成块的填土，以及工程垃圾杂物之土	0.6～1.1
Ⅲ	肥熟黏土，包括黏土、水渍黏土、重壤土	0.9～1.3
Ⅳ	重碎黏土，包括工程卵石、砾石、垃圾土	1.2～1.5
Ⅴ	密实的坚硬黄土、坚硬的黄盐渍土、胶结工程垃圾、胶结力弱的砾岩、不坚硬的页岩	1.4～1.6
Ⅵ	火山灰和浮石、软而多孔裂缝的石灰岩和页岩	1.5～1.65
Ⅶ	砂，由石炭胶结火成岩的砾岩，裂缝最大的风化质砾岩黏土	1.6～1.7
Ⅷ	砾花岗岩、黏土质砂岩、云母及泥灰质石灰岩	1.65～1.75
Ⅸ	风化厉害的软质花岗岩、片麻岩、正长岩	1.75～1.85
Ⅹ	白云石、坚硬石灰石、大理石、坚硬的砂质页岩	1.8～2.0

表 2-10 **常用炸药及炸药换算系数**

炸药种类	炸药换算系数	炸药种类	炸药换算系数
硝铵	1.06	三硝基甲苯	0.86
1、2 号露炸药	1.00	苦味酸	0.9
1 号岩石炸药	0.8	二硝基	0.75
2 号岩石炸药	0.88	梯恩梯	0.92～1.0
铵油炸药	1.0～1.2	黑火药	1.0～1.25

副炮眼的装药量为主炮眼装药量的 40％。

【例 2-1】 在密实的坚硬黄土上打炮眼，设计要求炮孔的直径为 40mm，孔深

2000mm，从药包中心到临空面的距离 W 为 1000mm，采用硝铵炸药爆破，试问设计使用加强标准抛掷爆破所需炸药用量是多少？

解　查表 2-9，取 $q=1.5\text{kg/m}^3$，查表 2-10 知 $e=1.06$，根据式（2-2），强抛掷爆破所需炸药用量为

$$Q=(0.4+0.6n^3)qW^3e=(0.4+0.6\times1.0^3)\times1.5\times1.0^3\times1.06=1.59\ (\text{kg})$$

（4）填塞炮泥及起爆。炮眼内炸药装好后，其余空隙部分用炮泥填起来。炮泥可用一份黏土、两份粗砂及适量水混合而成。炮泥要分层装入炮眼内，第一层 20cm 的炮泥可轻轻压紧，以后各层可用木棍捣实，必须使炮泥和眼壁紧密接触，不得有空隙，直至炮眼填满为止。

为使炸药全部发挥作用，雷管安装的位置应在炸药的中部或底部。装药时，药包和雷管要轻填、轻放，用木棒轻轻压紧，以免药卷和药室间构成空隙面影响爆破威力。在填塞过程中，要注意保护导火索不致折断、碰破，如电爆，则要保证导线绝缘良好。

起爆前应对爆破线路进行检查，当确认无误时，按规定发出起爆信号，现场人员全部撤离警戒危险区后，方可起爆。如遇个别瞎炮，则应由原装炮人员当班处理。

第五节　灌注桩基础施工机具

灌注桩基础施工机械及设备用于在地层桩位上成孔。灌注钻孔机分螺旋式、冲击式、潜水式和振动式四种，前三者属取土成孔，后一种属挤土成孔。

一、螺旋式灌注钻孔机

螺旋式灌注钻孔机工作原理与麻花钻相似，钻具旋转，利用钻具下部切削刃切土成孔。其钻杆可分段接长，达到要求的深度，故无须安装很高的桩架。

螺旋式灌注钻孔机根据施工方法可分为机械螺旋钻孔机和人工螺旋钻孔机。

1. 机械螺旋钻孔机

机械螺旋钻孔机主要有长螺旋钻孔机、短螺旋钻孔机、振动螺旋钻孔机、加压螺旋钻孔机、多轴螺旋钻孔机、凿岩螺旋钻孔机、套管螺旋钻孔机、锚杆螺旋钻孔机等。机械螺旋钻孔机，还分自行式和悬挂式两种。自行式螺旋钻孔机的工作装置是装在通用的或专用的履带式或轮胎式底盘上。

图 2-38 所示为螺旋式钻孔机（履带式），最大钻孔深度为 25m，最大钻孔直径为 800mm，电动机功率为 80～110kW，主卷扬机单绳最大拉力为 5t，副卷扬机单绳最大拉力为 2t，下压力为 46t，最大扭矩为 45.38kN·m，转速为 20.5～41r/min（工作状态可变速），提升力为 30t，工作状态时整机质量为 42t。

图 2-38　螺旋式钻孔机（履带式）

（1）长螺旋钻孔机，通常由钻具和底盘桩架两部分组成。长螺旋钻孔机钻具的驱动动力分电动机、内

燃机或液压马达，钻杆的全长上都有螺旋叶片，底盘桩架有汽车式、履带式和步履式钻孔机。采用履带式钻孔机打桩时，和柴油锤等配合使用，在立柱上同时挂有柴油锤和螺旋钻具，通过立柱旋转，先钻孔，后用柴油锤将预制桩打入土中，这样可以降低噪声，提高施工进度，同时又能保证桩基础质量。钻孔时，钻具的中空轴允许加注水、膨润土或其他液体进入孔中，并可防止提升螺旋时由于真空作用而塌孔和防止泥浆附在螺旋叶片上。

长螺旋钻孔机工作时，切下的土沿钻杆上的螺旋叶片上升，排到地面，成孔速度很快，适用于直径小的钻孔作业。

(2) 短螺旋钻孔机。与长螺旋钻孔机的结构类似，由于该钻孔机钻杆的大部分没有螺旋叶片，因此其结构简单，接长方便迅速，使钻孔在运输状态时，整机长度可缩小；但在钻进时自重较小，故需对钻杆施加推力，而在提升钻杆时，又由于螺旋叶片塞满土，因而需要较大的提升力。工作时，短螺旋钻孔机叶片不能像长螺旋钻孔机叶片那样，直接把土输送到地面上来，而是采用断续的工作方式，即钻进一段，提出钻具卸土，然后再钻进。此种钻孔机也分为汽车式底盘和履带式底盘。

短螺旋钻孔机，一般可钻桩孔直径为400、800mm，桩孔深可达8m，起重吊钩的起重量为3t。

2. 人工钻孔机

人工钻孔机主要设备有钻架、钻头、钻杆和起吊设备等，如图2-39所示。

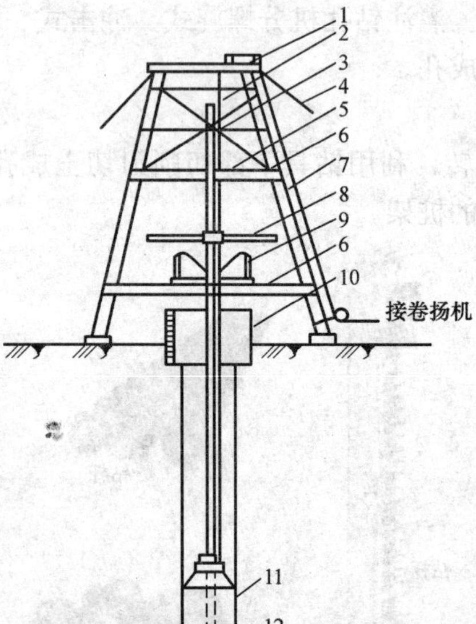

图2-39　人工钻孔机

1—导向滑轮；2—钻杆；3—提升钢丝绳；4—拉线；5—上门洞；6—工作台；7—钻架；8—把手；9—下门洞；10—护筒；11—钻头土筒；12—销钉

施工时，在桩位上竖起钻架，扶直钻杆，将钻头土筒对准桩孔，操作人员站在下层工作台上，用管钳使钻杆转动，当钻头土筒盛满土时，反转钻杆，使销钉上的螺纹与钻头土筒上的螺母脱开，用绞磨机（或绞车）提升钻头土筒（沿钻杆上升），通过打开了的下门洞，将土卸在下层工作台上，然后放下钻头土筒继续施钻，直到钻到要求的坑深为止。

(1) 钻架，用来控制钻头、钻杆，使之在桩基础的位置上垂直地钻孔，作为起落钻头，吊装钢筋骨架的支架和浇筑混凝土施工设备的吊装支架等。要求钻架有足够的强度和稳定性（最大起重量为2～3t）；同时，还要求钻架本身质量较轻，搬运方便。送电线路一般采用方锥形装配式钻架，钻架底部净宽4m×4m，可容纳10人推钻。钻架材料为ϕ80mm无缝钢管或木杆。起吊设备可用人工绞磨机或手动绞车。

(2) 钻头，是人工钻孔机最重要的部件之一。钻头的类型很多，视钻孔深度和土质条件选用。当土中夹杂有碎石或卵石，用一般钻头很难甚至无法钻进时，可采用特殊形式的钻头。

锥式钻头用Q245钢制成，齿尖处镶有硬质合金刀头，能把碎砖破成小块。

平底钻头，遇条石、大卵石时，可将石块钻进，被钻出的碎石挤满钻头土筒内，提钻时，便可将土一起提出孔外。人工钻孔的孔径一般为200～400mm，最大可达600mm。

（3）钻杆，每节长度可取4m，总长度为最大钻孔深加8m。为便于管钳卡住钻杆，钻杆应配有两根长度分别为2.5m和3m的方形断面钻杆，也可以按照推绞磨机的原理加工套具。套具可沿钻杆上下滑动，磨杠插入套具内即可推动钻杆旋转。

（4）护筒，用来保护孔口的设备。护筒的高度一般为1.5～2m，直径宜比钻头最大直径大10cm。筒内盛水，使用足够的水头压力来固壁和固定孔位孔口，兼作模板。护筒构造形式宜采用半开式，材料可用6mm厚的钢板或木材制成，应坚实不漏水。

除上述螺旋灌注钻孔机外，还有循环水钻机，分正循环水钻机和反循环水钻机，它们的主要区别在于水的流动方向不同。正循环水钻机用高压泥浆泵输运压力泥浆，通过空心钻杆，从钻头底部射出，然后和钻渣一起上升至孔顶溢出。反循环水钻机中的泥浆由导流沟流入孔内，然后和钻渣一起吸入钻头由钻杆拨出孔外，泥浆既能护壁，又可把钻头切削出的土粒不断地从孔底涌向孔口流出。

二、冲击式钻孔机

冲击式钻孔机（见图2-40）是灌注桩基础施工的一种重要钻孔机械，它能适应各种地质情况，特别是在卵石层中钻孔。冲击式钻孔机较之其他形式钻孔机适应性强。

冲击式钻孔机的冲锥式钻头，主要用于在岩土层中成孔，成孔时将冲锥式钻头提升一定高度后以自由下落的冲击力来破碎岩层，然后用掏渣筒来掏取孔内的渣浆。

由于冲击式钻孔机的钻进，是将岩石破碎成粉粒状钻渣，功率消耗很大，钻进效率很低，因此，除在卵石层钻孔时采用外，其他地层中已被其他形式的钻孔机所取代。

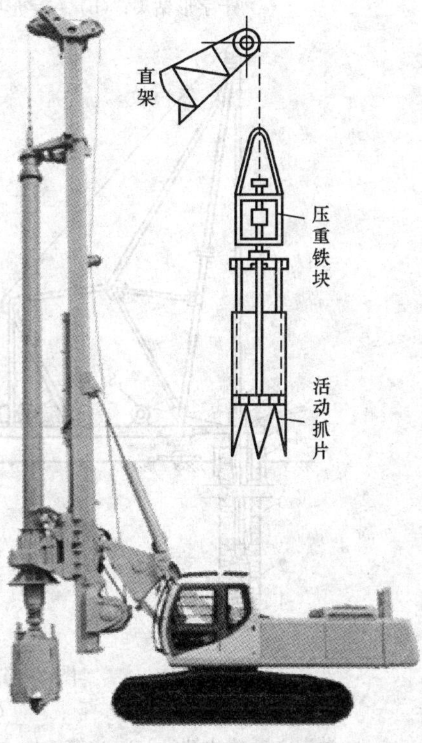

图2-40　冲击式钻孔机

冲击式钻头还有一种是冲抓锥，锥头内有重铁块和活动抓片，下落时松开卷扬机刹车，抓片张开，锥头自由下落冲入土中，然后开动卷扬机拉升锥头，此时抓片闭合抓土，将冲抓锥整体提升至地面卸土，依次循环成孔。根据桩孔的土质不同，抓片可以更换不同的结构形式，如图2-41所示。

三、潜水式钻孔机

潜水式钻孔机（见图2-42）是一种旋转式钻孔机械，其动力、变速机构和钻头连在一起，加以密封，因而可以下放至孔中地下水位以下进行切削土壤成孔，用正循环工艺输入泥浆，进行护壁和将钻下的土渣排出孔外。泥浆具有保护孔壁、防止塌孔、排出土渣以及冷却与润滑钻头的作用。泥浆一般需专门配制，当在黏土中成孔时，也可用孔内钻渣原土自造泥浆。

潜水动力装置，由潜水电动机通过减速器将动力传至输出轴，带动钻头切削岩土，工作时动力装置潜入孔底直接驱动钻头回转切削，钻杆不转只起连接传递抗扭输送泥浆

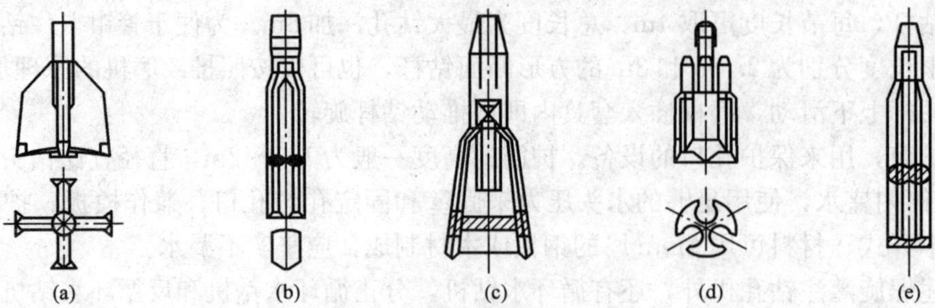

图 2-41 冲击式钻头

(a) 十字形钻头；(b) 一字形钻头；(c) 工字形钻头；(d) Y 形钻头；(e) 圆形钻头

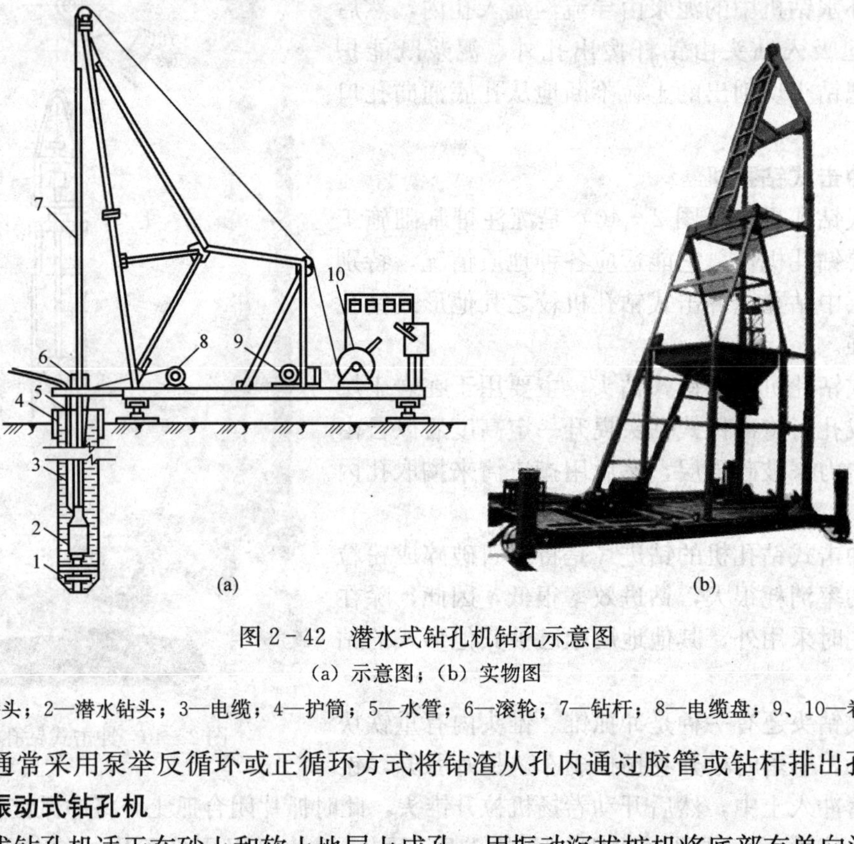

图 2-42 潜水式钻孔机钻孔示意图

(a) 示意图；(b) 实物图

1—潜头；2—潜水钻头；3—电缆；4—护筒；5—水管；6—滚轮；7—钻杆；8—电缆盘；9、10—卷扬机

的作用。通常采用泵举反循环或正循环方式将钻渣从孔内通过胶管或钻杆排出孔外。

四、振动式钻孔机

振动式钻孔机适于在砂土和软土地层上成孔，用振动沉拔桩机将底部有单向活门的桩管沉入土中，达设计深度后，边借振动力将桩管逐渐拔出，边通过活门灌注混凝土；也可利用落锤或汽锤将桩管打入土中成孔，利用拔桩机拔出桩管，然后灌注混凝土成桩，但效率低。

五、灌注桩基础施工用钻孔机钻孔要求

1. 钻孔技术要求

(1) 钻杆要始终保持垂直，在钻孔过程中应随时检查、校正钻杆的位置。钻斜的桩孔时，钻杆下应设斜底板，并在钻杆上安设导向筒，钻孔时，导向筒应随钻头深入桩孔中。

(2) 在钻孔过程中，要保持水满井口，要经常检查泥浆的密度，并设专人负责往孔内加入泥浆，停钻时应将钻头提出孔口外，并刷洗干净，严禁将钻头放在孔内，以防塌孔或泥浆沉淀将钻头埋住。

(3) 随时掌握钻进中发生的各种情况，找出原因，以便采取相应措施。如钻进困难，则可能是遇到了较硬土层，这时如系人力推杆，可在推杆时下压，或更换特殊钻头；也可能是钻头被胶泥黏附，这时应将钻头提出，刮除黏泥。如遇钻进太快，则可能是土质松软，这时应放慢速度，或提起钻头空转，加强保护层，防止塌孔。

(4) 钻孔时，如发生轻微塌孔现象，则应立即提出钻头，并调整水头和泥浆密度；若塌孔严重，则可向桩孔内填砂或填黏土，再重新钻孔。

(5) 钻孔完成后，应用测孔器检查桩孔直径，吊重锤检查孔壁和孔底情况。

2. 螺旋灌注钻孔机安全操作要求

(1) 钻孔机作业区内应无高压线路，且作业区应有明显的标志或围栏，非工作人员不得进入。

(2) 机组人员登高检查或维修时，必须系安全带；工具和其他物件应放在工具包内，高空人员不得向下随意抛物。

(3) 使用钻孔机的现场，应按钻孔机说明书的要求清除孔位及周围的石块等障碍物。

第六节　打桩机械、抽水设备

一、打桩机械

打入桩基础易实现机械化施工，施工速度快，将打入桩基础与少量混凝土灌注相结合，可方便地制成满足输电线路所需要的基础。

输电线路所用打入桩基础有木桩、H截面钢桩、钢管桩、钢筋混凝土预制桩等。打入桩基础的桩埋设必须选用打桩机械施工。输电线路打入桩基础施工常用打桩机械类型较多，根据预制桩贯入的方法，有如下一些打桩机械，可供选用。

1. 冲击作用的打桩机

(1) 落锤打桩机，利用桩锤被提升到一定高度后自由下落时对桩产生冲击作用，如图2-43所示，冲孔直径为0.6～3.5m，深度可达100多米。

(2) 柴油桩锤打桩机，工况类似二冲程柴油发动机，是目前最常用的打桩机械。

(3) 蒸汽空气锤打桩机，以蒸汽或压缩空气为动力，推动活塞往复运动，而对桩产生冲击作用。

(4) 液压桩锤打桩机，利用液体压力的作用来实现桩锤冲击部分的运动。

2. 拧桩机和压桩机

(1) 拧桩机，是用以将螺旋桩拧入土中的打桩机械。这种机械利用倒拔钢桩产生的反作用力，可将20～30m高的钢桩插入地下，在施工过程中不会产生大的声响和振动，并且因施工占用空间小，甚至可以在已有建筑物旁进行零距离打桩。具体操作是，用起重机将钢桩吊起来，然后用拧桩机将钢桩下部卡住，以巨大的反作用力将钢桩插入地下。

(2) 压桩机。依靠持续作用静压力，将桩压入或拔出的打桩机械，称为静力压桩机。静力压桩机可分为机械式和液压式

图2-43　落锤打桩机

两种。机械式压桩机的压桩力由机械方式传递，适合在黏土、淤泥土和砂土中压设混凝土桩和钢桩。液压式压桩机是用液压缸产生的静压力来压桩或拔桩。液压式压桩机，适于在回填土、淤泥、黏土等场地压设型钢或工字钢桩，宜于城市施工；最大的优点是在施工中无振动、噪声、污染，对周围环境无影响，不会引起邻近建筑物开裂。如图 2-44 所示为压桩机进行静压桩施工实景，该工程设计为 400mm×400mm 方形预制桩，桩长 11.60m，实际最大压桩力为 3400kN。

图 2-44　压桩机进行静压桩施工实景

二、水坑、泥水坑、流砂坑施工用设备

水坑、带有泥土的泥水坑及流砂坑的开挖方式取决于水坑渗水量。当开挖底面低于地下水位的基坑时，雨水也会涌入坑内，甚至有可能造成坑壁坍塌，因此要排水，否则无法施工。常用排水方法分明排水法和暗排水法两类。常用的排水设备为泵。

1. 混凝土沉井管

明排水基础坑的开挖可采用挡土板法、铁沉箱法、混凝土沉井法（或混凝土护筒法）等方法开挖，以防止土壤塌方。

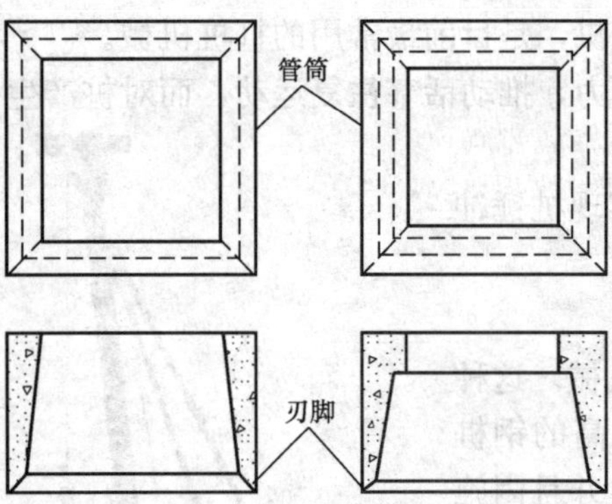

图 2-45　混凝土沉井管

明排水基础坑开挖施工，采用方形截面混凝土沉井管（见图 2-45）。它由管筒、刃脚组成。井筒在施工过程中是挡砂土的围壁，同时也是基础的一部分，因此沉井井筒的尺寸应与基础最下层台阶长宽一致，其高度根据基础深度和地下水位高度确定，可略低于地下水位。刃脚在井筒的最下端，形成刀刃，在下沉时起切到土中作用，有利于沉井管的下沉。因此，要求刃脚内侧的斜面倾角为 45°～60°，沉井管的自重 G 应能克服土壤壁的摩擦力 F

$$F = UHf$$

$$G \geqslant (1.15 \sim 1.25)F$$

式中：U 为沉井管的周长；H 为沉井管入土部分高度；f 为土壤对沉井管壁的摩擦力，按实际资料确定，若无资料，砂土取 $f=12\sim25\text{kN/mm}^2$，软土取 $f=10\sim12\text{kN/mm}^2$，黏土取 $f=25\sim50\ \text{kN/mm}^2$，卵石取 $f=15\sim30\text{kN/mm}^2$。

2. 泵

通常把提升液体、输送液体或使液体增加压力，即把原动机的机械能变为液体能量，从而达到抽送液体目的的机械统称为泵。泵有离心泵、轴流泵和混流泵等类型，根据动力源，可分为电动式、内燃机式［见图 2-46（a）］。

图 2-46（b）所示为汽油机抽水泵工作实景。

图 2-46　水泵工作实景

（a）内燃机动力水泵；（b）汽油机抽水泵

离心泵是利用水的离心运动的抽水机械。它主要由泵壳、叶轮、泵轴、泵架等组成；另外，除泵身以外，还装有吸入管路、底阀、压水管等。

离心泵的特点是转速高，体积小，质量轻，效率高，流量大，结构简单，性能平稳，容易操作和维修。离心泵在开动以前，要先由充水栓往泵壳中注水，将吸水管与泵壳中充满水，然后起动泵。一般来说其流量范围通常为 $5\sim20000\text{m}^3/\text{h}$，扬程范围为3～280m。

（1）离心泵的工作原理（见图 2-47）。依靠旋转叶轮对液体一水的作用把原动机的机械能传递给水。由于离心泵的作用水从叶轮进口流向出口的过程中，其速度能和压力能都得到增加，被叶轮排出的水经过压出室，大部分速度能转换成压力能，然后沿排出管路输送出去，这时，叶轮进口处因水的排出而形成真空或低压，吸水池中的水在液面压力（大气压）的作用下，被压入叶轮的进口，于是，旋转着的叶轮就连续不断地吸入和排出水。

（2）离心泵的参数。

1）泵的扬程，又称泵的压头，是单位质量流体经过水泵后其能量的增加值。离心泵扬程，有时表示为泵出口的压力值，常用单位是 kPa、MPa，也有用非国标单位 kgf/cm^2 表示的。

泵的理论扬程，可按式（2-3）计算，即

$$H=\frac{p_2-p_1}{\rho g}+\frac{v_2-v_1}{2g}+h_2-h_1 \quad (2-3)$$

式中：p_1、p_2 为泵进、出口处液体的压力，Pa；v_1、v_2 为流体在泵进、出口处的流速，m/s；h_1、h_2 为进、出口高度，m；ρ 为液体密度，kg/m^3。

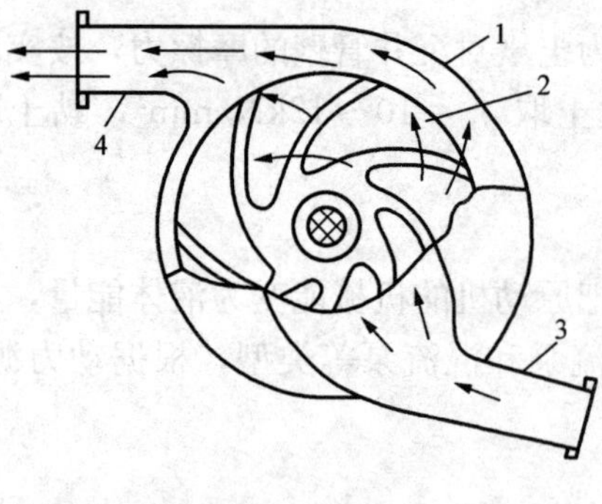

图 2-47　离心泵工作原理（三维图）
1—泵壳；2—叶轮；3—吸水口（管）；4—出水口（管）

2）水泵的轴功率 $P_{水泵}$。若知泵的流量 Q（单位：m^3/h），则根据式（2-3），有

$$P_{水泵}=\frac{0.0028QH}{\eta} \quad (2-4)$$

3）电动机功率

$$P_{电动机}=QH=Q(吸水扬程+压水扬程)$$

式中：吸水扬程由大气压决定，吸水扬程称第一级扬程，靠叶片旋转形成一个低压区，靠大气压把水压入低压区，而 1 个标准大气压能支持 10.336m 高的水柱，所以吸水扬程的极限值是 10.336m；压水扬程称第二级扬程，靠叶片旋转把水甩出去，水甩出去的速度越大，其扬程也越大。

（3）使用水泵应注意的事项：

1）水泵的安装位置应满足允许吸上真空高度的要求，基础必须水平、稳固，并能保证动力机械的旋转方向与水泵的旋转方向一致。

2）为确定保安全运行，用于防水电线连接应严实牢固防水。

3）一般水泵（除泥浆外）不得排放含泥量较高的水或泥浆水，以免泵叶轮被杂物堵塞。潜水泵潜入水下深度不超过 5m。

4）为防止机组运行时产生振动及轴承单面磨损，对防水泵和动力机采用轴连接时，其轴心必须在同一直线上；若采用胶带传动，则应使轴心相互平行，带轮对正。

5）运转时应注意观察是否有异常现象，如有不正常的噪声、撞击声或振动现象等异常，应立即停机检查。

6）运转时轴承温度一般不超过 50℃，最高不得超过 70℃，水泵每运行 1～2h，应暂停并检查一次。

7）若用于冬季施工，尤其是冰冻季节，停机后，一定要拧下放水螺栓，并打开底阀，把泵内和吸水管内存水放出。

8）施工使用后的离心泵在储存和搬运时，要放净电动机腔内的积水，表面擦干，轴头联轴器要涂防锈油脂，应竖立放置（以防转子变形），冬季存放时温度不低于－3℃。

思　考　题

1. 输电线路施工测量应使用哪些仪器和辅助工具？说明输电线路施工测量用仪器（如经纬仪、水准仪）的特点及用途。

2. 自落式混凝土搅拌机的工作原理及其特点是什么?

3. 使用强制式混凝土搅拌机时应注意哪些事项?

4. 混凝土搅拌机的投料方法有哪几种? 各种投料方法的投料顺序是怎样的?

5. 混凝土运输的基本要求有哪些?

6. 如何维护保养搅拌机?

7. 在进行混凝土浇筑时为什么要使用振捣器?

8. 使用插入式混凝土振捣器要注意些什么?

9. 模板的主要作用是什么? 钢模板与传统模板相比各有哪些优缺点?

10. 使用钢筋弯曲机前应进行哪些工作?

11. 使用风动凿岩机时应注意哪些事项?

12. 灌注桩基础施工常用哪些钻孔设备? 各设备有哪些技术及安全操作要求?

13. 水坑、带有泥土的泥水坑及流砂坑施工，如何考虑涌水排除问题? 采用水泵排水要注意哪些事项?

第三章　杆塔组立施工机器具

杆塔组立常用的机器具主要有抱杆，以及配套的绞磨机或卷扬机、滑车、索具（如钢丝绳、白棕绳）、桩锚等。

第一节　杆塔组立用抱杆

抱杆是输电线路组立杆塔（除完全倒装组塔外）施工中必不可少的工具。抱杆可按材质、组立杆塔固定方式、分解组立杆塔布置方式等进行分类。

一、按材质分类

1. 角钢组合抱杆

角钢组合抱杆一般都用 Q235 碳素结构钢组合成三角形或方形截面。为适应组立不同杆（塔）型的需要，通常在结构上做成分段式的格构（一般使用 3～5 段），用螺栓连接，以利于搬运和转移，并根据起重量制作不同截面，并在现场根据需要长度进行组合和装配。该抱杆强度高、耐久、取材容易，可做成单根抱杆或人字抱杆；但其质量较大，在使用中（装、运、卸）容易变形。

2. 铝合金抱杆

目前使用的铝合金抱杆有铝合金（LY12CZ）、铝镁合金等制成的分段式格构结构抱杆，它以螺栓连接，在现场能组合和解体，便于搬运和转移。铝合金抱杆的断面形式有三角形、方形、环形等多种。该抱杆显著特点是强度高、质量轻（国产 16 号硬铝的密度只为钢的 1/3，机械强度与 Q255 钢接近），很适合输电线路整立杆塔的需要；但因受材料供应等的限制，成本比较高。

3. 钢管抱杆

钢管抱杆是指用无缝钢管作为抱杆本体制作的抱杆。它一般也都设计成分段式的构件（常用的是两段），以套接（或内法兰）连接，在现场能组合和解体，质量较轻，便于搬运和转移；缺点是容易变形，在组装时要注意接点应严密牢固。

4. 薄壁钢板抱杆

用 Q235 碳素结构钢或低合金 Q255 薄钢板（厚度不超过 4mm），经弯卷后焊成薄壁圆筒状或拔梢圆锥状，制成薄壁钢板抱杆本体。它通常设计成分段式的，用内法兰连接，在现场能组合和解体，便于搬运和转移，多用作人字抱杆或内拉线抱杆。

目前在输电线路施工中多使用以上介绍的金属抱杆，用于外拉线、内拉线抱杆组塔，一般有卷板式、钢管式、金属格构式等。

抱杆的截面形状如图 3-1 所示，就方形抱杆而言，目前主要有边长为 400、500、600、700、900mm 等截面。

5. 玻璃钢抱杆

玻璃钢抱杆是指用玻璃纺织物（或玻璃纤维）和树脂制成的一种新型结构材料抱杆。它

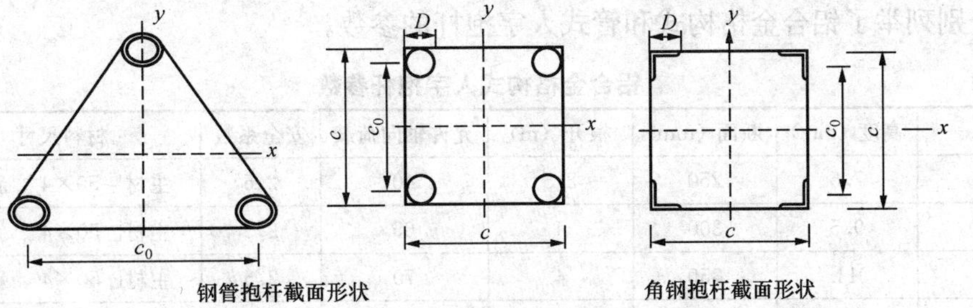

图 3-1 金属抱杆断面形状示意图

c—抱杆主材重心的距离；c_0—抱杆中部断面的边宽；D—抱杆直径（或角钢边宽）

具有质量轻（仅为钢管抱杆质量的 1/2）和很高的抗压、抗拉、抗剪及抗冲击性能，在各种气温条件下都不会产生变形，同时其抗蠕变和抗疲劳性能也较好；但刚度较低。

为了便于运输，玻璃钢抱杆也采用分段组装式结构，段与段之间的连接采用套接形式。

6. 木质抱杆

木质抱杆是用整根的圆木制成，一般采用梢径为 10～20cm、长 5～15m 的松木、杉木等材料，径缩率一般为 0.8%～1.0%。它具有经济、加工方便、取材容易、弹性好等优点；缺点是强度低、质量大、易损坏，内部有缺陷（烂心、虫害等）时不易检查，故目前在整立杆塔施工中已基本不提倡采用，只在配电线路分解组塔时采用。

为了保证施工安全，凡木质抱杆出现腐朽、裂缝损伤严重、弯曲过多及验算后强度不够等损伤，均严禁使用。

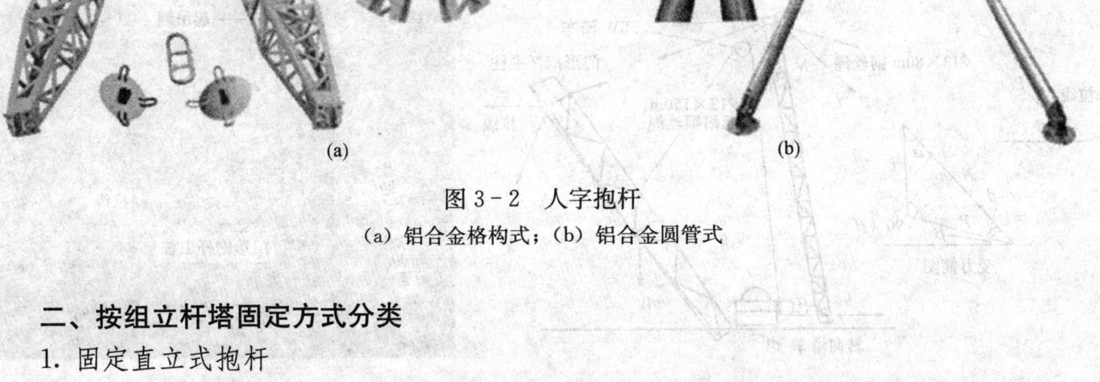

图 3-2 人字抱杆

(a) 铝合金格构式；(b) 铝合金圆管式

二、按组立杆塔固定方式分类

1. 固定直立式抱杆

固定直立式抱杆的基本特点是，抱杆头部打有拉线，抱杆与地面有一定的夹角。抱杆在组立杆塔全过程中是固定不动的，可分为单根抱杆、人字抱杆和门形抱杆。

固定人字抱杆（见图 3－2）和门形抱杆，实际上是固定单根抱杆的组合形式。表 3－1、表 3－2 分别列举了铝合金格构式和管式人字抱杆的参数。

表 3－1　铝合金格构式人字抱杆参数

型　号	高度（mm）	断面（mm）	根开（m）	允许轴向荷载	安全系数	材料尺寸（mm）
LRB-1	7.5	250	2.5	40	2.5	主材∟50×4、斜材∟25×3
LRB-2	9.5	300	4	65	2.5	主材∟50×4、斜材∟25×3
LRB-3	11	350	4	70	2.5	主材∟50×4、斜材∟25×3
LRB-4	13	400	4/5	80	2.5	主材∟50×4、斜材∟25×3
LRB-5	15	500	6	230	2.5	主材∟60×5、斜材∟30×3
LRB-6	17	500	7	170	2.5	主材∟60×5、斜材∟30×3
LRB-7	21	600	8	150	2.5	主材∟75×7、斜材∟40×4

表 3－2　铝合金管式人字抱杆参数

型　号	总长（m）	结构组合（m）	管径/壁厚（mm）	额定轴向承载能力（kN）	根开（m）	质量（kg）
LB150-8	8	5+3	150/7	31	2.8	152
LB150-9	9	6+3，5+4，5+2+2	150/7	28	3.1	171
LB150-10	10	4+3+3，5+2.5+2.5	150/7	14	3.5	190
LB150-11	11	4+3+4，5+2+4	150/7	20	3.8	209
LB150-12	12	4+4+4，6+6，6+3+3	150/7	16	4.2	228
LB180-11	11	5+3+3	180/8	30	3.8	253
LB180-12	12	5+2+5	180/8	26	4.2	276
LB180-13	13	5+3+5	180/8	22	4.5	298

图 3－3 所示为单根固定直立式抱杆组立拉门塔塔脚（主柱）施工布置及实景。抱杆为□380mm×380mm×13.5m 铁抱杆，其头部有四根临时拉线，采用 $\phi13\times80$m 的钢丝绳，待立主柱上布置三根临时拉线；起吊钢丝绳规格为 $\phi13\times150$m，拉线对地夹角一般取 45°，直立式抱杆的倾斜角一般取 5°～15°。

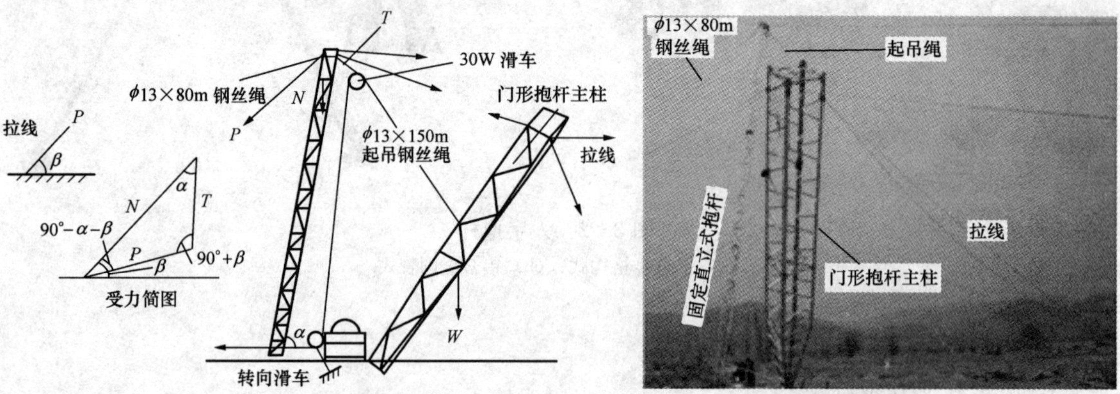

图 3－3　单根固定直立式抱杆组立拉门塔塔脚（主柱）施工布置及实景

2. 倒落式抱杆

倒落式抱杆整体立塔是一项工艺成熟的施工方法，由于施工设备简单，起立工程平稳可靠，高空作业少，用不太高的抱杆可立起2倍以上抱杆高度杆塔，且主要施工操作人员在倒杆的安全距离以外起吊安全，因此仍是目前国内施工单位使用比较多的一种立塔方法。其施工工艺流程如图3-4所示。

倒落式抱杆根据特点而得名，即在杆塔组立过程中随整体起立的杆塔不断绕着地面某一点转动，直到抱杆失效（起吊绳与牵引绳呈直线状态）、抱杆帽自动脱落（称脱帽），再由牵引绳直接将杆塔拉直调正，完成杆塔组立施工。

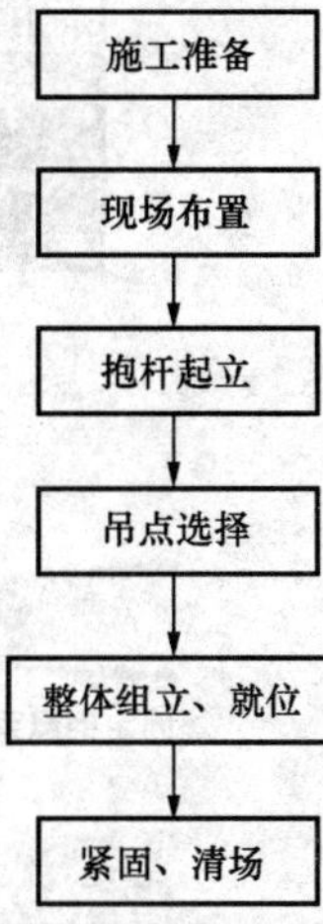

图3-4　倒落式抱杆整体立塔施工工艺流程

倒落式抱杆根据施工设计，同样分单根抱杆、人字抱杆整体立塔。图3-5所示为单根抱杆整体立塔施工布置。倒落式抱杆整体组立混凝土电杆实景，如图3-6所示。抱杆脱落与整体组立设备的连接构造实景，如图3-7所示。

倒落式抱杆基本组成结构如下：

(1) 抱杆帽，位于抱杆的顶部。它的作用：①固定钢丝绳和牵引绳；②方便脱帽。

倒落式抱杆施工时，头部打有拉线，抱杆与地面有一定的夹角，抱杆在组立杆塔全过程中要转动，杆塔组立到一定位置时，抱杆通过抱杆帽脱落。

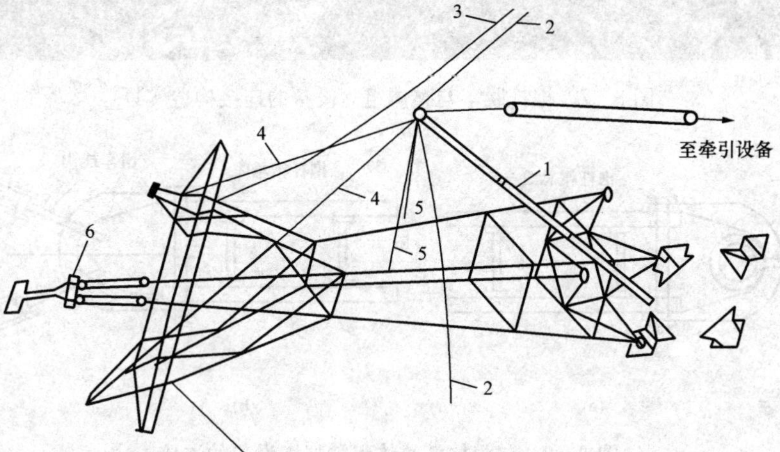

图3-5　单根抱杆整体立塔施工布置

1—单根抱杆；2—抱杆侧拉；3—调整绳；4—上吊点（第一吊点）绳；5—下吊点（第二吊点）绳；6—制动系统

图3-8所示为单根抱杆整体组立杆塔设备的连接。图3-8 (a) 所示为整体组立杆塔采用单吊点时，吊点绳通过卸扣直接与抱杆帽的卸扣连接方式；图3-8 (b) 所示为整体组立杆塔采用两吊点及以上吊点施工时，吊点绳或总吊点绳通过平衡滑车与抱杆的卸扣连接方式。

(2) 抱杆脚与抱杆鞋。在整立施工过程中，抱杆要承受很大的压力，为防止抱杆受力后下沉，需要增加抱杆脚与土壤的接触面积，同时还要保证抱杆在整立过程中，顺着接触土壁

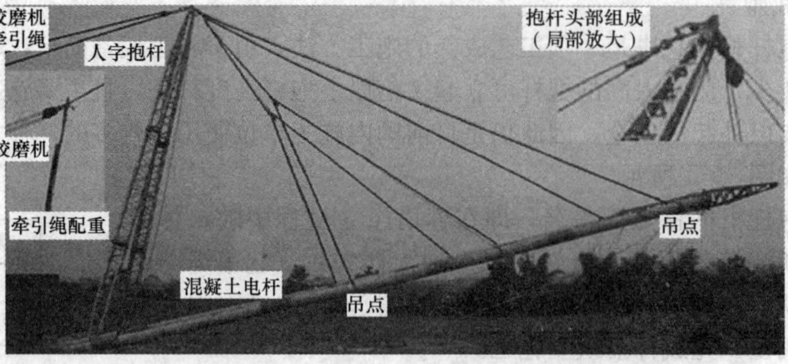

图 3-6 倒落式抱杆整体组立混凝土电杆实景

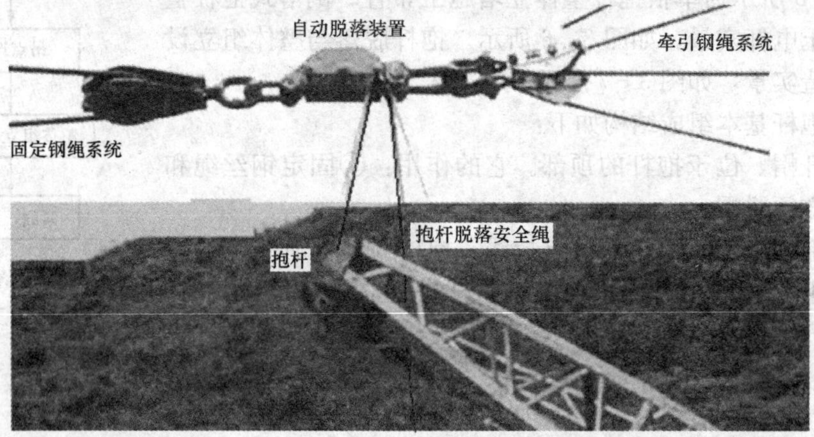

图 3-7 抱杆脱落与整体组立设备的连接构造实景

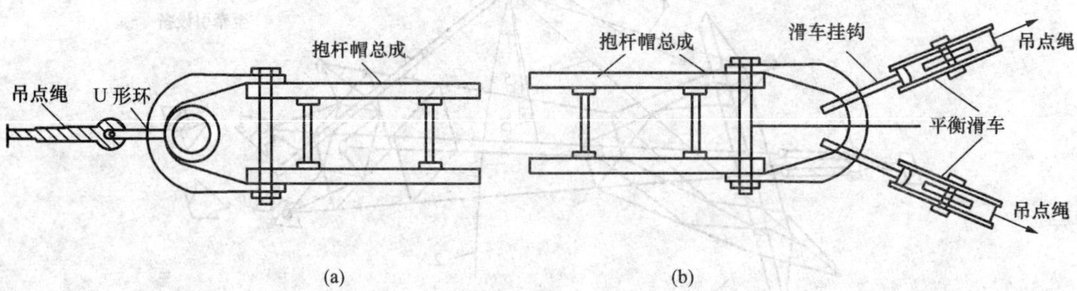

图 3-8 单根抱杆整体组立杆塔设备的连接

(a) 单点吊的吊点绳与抱杆帽的连接；(b) 多点吊的吊点绳与抱杆帽的连接

灵活地旋转。为此，可考虑：①抱杆脚与抱杆鞋固定成一整体，以此保证抱杆鞋顺着圆弧形土壁滑动；②抱杆鞋固定不动，通过活动铰链连接。

三、按组立杆塔布置方式分类

抱杆按分解组立杆塔布置方式，可分为外拉线抱杆、内悬浮抱杆、冲天抱杆以及摇臂抱杆等。

1. 外拉线抱杆

图 3-9 所示为外拉线抱杆分解组立杆塔施工布置。

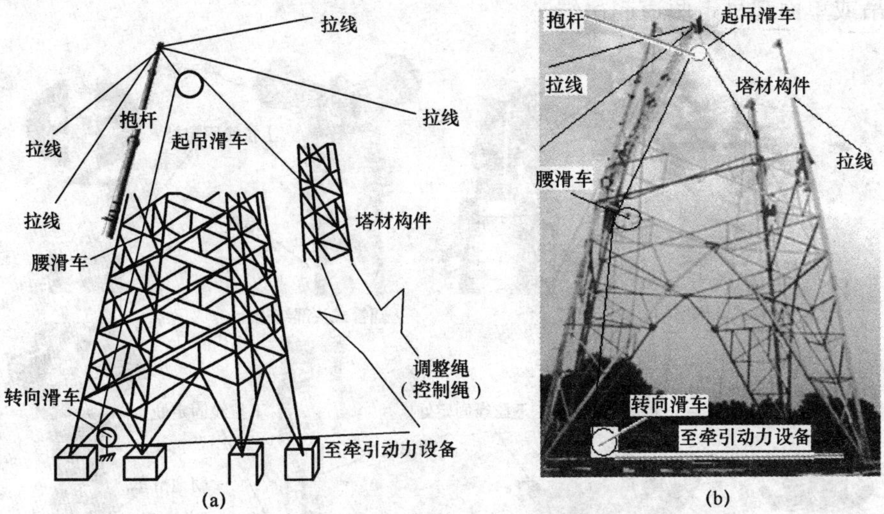

图 3-9　外拉线抱杆分解组立杆塔施工布置

(a) 施工布置；(b) 现场施工安装实景

(1) 确定抱杆长度。抱杆长度只要能满足吊装其杆塔最高的一段要求即可。根据施工经验，抱杆的有效高度 h 应满足 $h=(1.0\sim1.2)H$ 。式中 H 为全塔最长一段的高度。式中系数 1.0～1.2 的选取：对酒杯型、67 型、锚头型等杆塔，取 1.2；其他塔型受全塔身最长一段制约，考虑其重心比整段的高度为低，取 1.0。事实上，在工程实际施工中，组立几十米高的杆塔，通常抱杆长度为 7～8m，最长也不超过 11～13m。

(2) 劳动组织计划。为了安全、高效率地组立杆塔，应做好劳动组织工作。外拉线抱杆分解组立杆塔的劳动组织，可参考表 3-3。

表 3-3　外拉线抱杆分解组立杆塔劳动组织

序　号	名　称	电　工	普通工	合　计
1	地面组装	2	3	5
2	塔上作业	4		4
3	地面作业	6	6	12
4	指挥	1		1
合计		13	9	22

注　1. 普通工，含技术熟练及经上岗培训的民工。
　　2. 采用机动绞磨机时，可少减去 5～6 人。

2. 内悬浮抱杆

内悬浮抱杆在组立杆塔施工过程中始终处于悬浮固定状态，因此称为内拉线悬浮抱杆组塔，又因无摇臂也有称内抱杆无摇臂组塔。

内悬浮抱杆主要由抱杆本体、朝天滑车、上拉线、下托绳、朝地滑车以及腰环等部件组成。目前多采用金属格构式抱杆。为便于搬运，抱杆本体分几段组成，采用螺栓连接。

(1) 内悬浮抱杆头部（含朝天滑车）、底部（含朝地滑车）结构，如图 3-10 所示。

1) 朝天滑车，安装在抱杆顶端，有单轮和双轮之分。单轮只用于单面起吊，双轮可用于双面起吊或单面起吊走两道起吊绳。

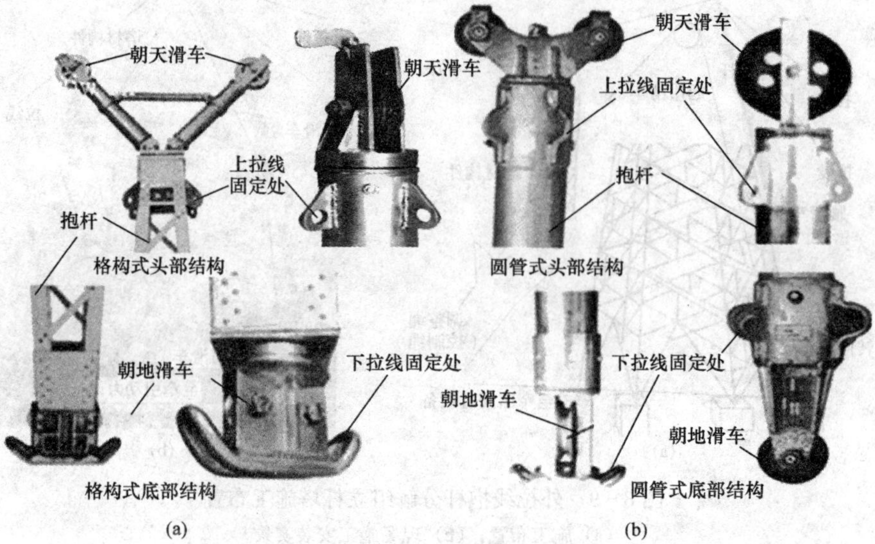

图 3-10　内悬浮抱杆头部、底部结构

(a) 格构式内悬浮抱杆头部、底部结构；(b) 圆管式内悬浮抱杆头部、底部结构

2）朝地滑车，安装在抱杆底部（抱杆脚），用于抱杆的提升。抱杆脚有六角盘形、圆盘形及船形，一般六角盘形比较实用。

(2) 腰环，用于抱杆的稳定，提升抱杆时不得少于两道腰环。利用朝地滑车提升抱杆时，为避免抱杆提升过程中发生倾倒现象，应使抱杆从腰环中间穿过。

腰环结构，如图 3-11 (a) 所示。杆塔组立抱杆腰环安装实景，如图 3-11 (b) 所示。

图 3-11　腰环结构及杆塔组立抱杆腰环安装实景

(a) 腰环结构；(b) 杆塔组立抱杆腰环安装实景

(3) 内悬浮抱杆长度。与外拉线抱杆长度确定基本相同，主要考虑杆塔的分段长度。根据内悬浮抱杆施工布置特性，内悬浮抱杆的根部采用悬浮固定，其抱杆上部外伸部分，才是起吊有效长度。从施工角度考虑，外伸部分越长，安装构件越方便，但这时上拉线与抱杆的

夹角相应减小，受力将增大；下拉线与抱杆的夹角越大，受力也越大；同时悬浮长度相应减小，会使抱杆的自身稳定性变差。

因此，内悬浮抱杆的总长度 L（见图 3-12），应按 $L=(1.5\sim1.75)H$ 确定，其中 H 为杆塔的分段高度（取其中最长的起吊段），对酒杯型、67 型、锚头型杆塔为颈部高度。由于抱杆的总长度由悬浮高度和起吊有效高度两部分组成，因此应保证抱杆有效长度和悬浮长度有一定的比例，同时应能保证满足吊装构件高度的需要。根据实践经验，一般认为抱杆有效长度和悬浮长度最佳比例为 $L_1/L_2=2.5$，则 $L=0.71H$（抱杆长度）。式中 L_1 为起吊构件的需要高度，按 $L_1=H_0+3$ 确定，其中 H_0 为起吊高度的重心高度；对酒杯型、67 型、锚头型杆塔，若抱杆的吊装需要长度受颈部限制，则 L_1 应按 $L_1=h_1+h_2+3$ 计算，其中 h_1、h_2 分别为杆塔的颈部高度、横担高度。事实上抱杆的悬浮长度决定其稳定性。若从稳定性考虑，悬浮长度越大，则四根下拉线受力可相应地减小，有利于抱杆稳定。但抱杆的总长度一旦被确定后，为保证起吊构件需要高度，悬浮长度就不能太大。

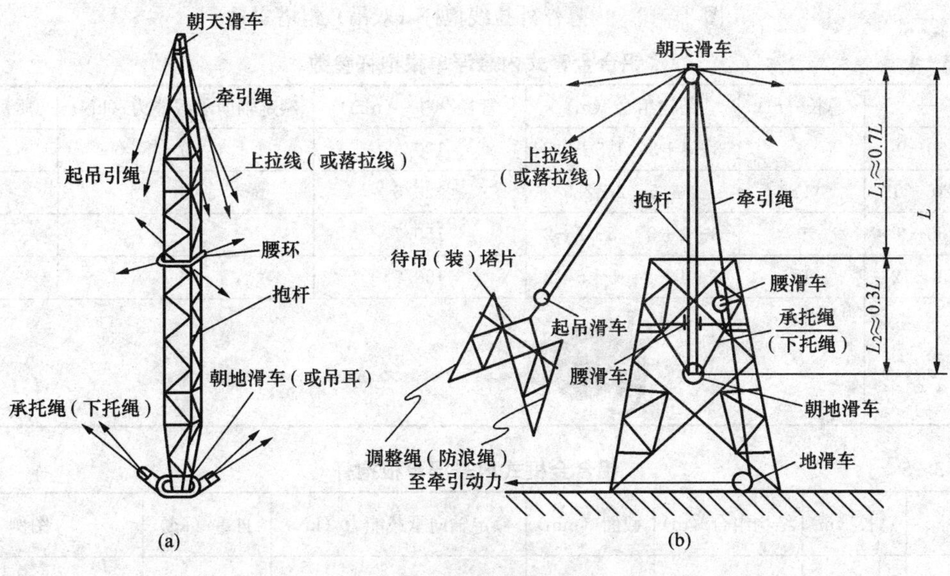

图 3-12　内悬浮抱杆基本结构及组塔现场布置图例

(a) 内悬浮抱杆基本结构；(b) 现场布置示意图

根据 220～750kV 输电线路杆塔用内悬浮抱杆组塔的实践经验，抱杆全长可取 10～18m。例如，某送变电建设公司在 750kV 输电线路示范工程中，采用内拉线悬浮抱杆组塔，即采用特种钢材断面为 380mm×380mm 的内悬浮钢质抱杆（15m 时重 380kg，18m 时重 450kg）。

又如，某送变电公司，组立全高 78.4m、重 55.6t 杆塔时，为了安全、优质地完成立塔任务，专门研制了高达 36m、横截面为 0.8m×0.8m 的内悬浮抱杆。

图 3-13 所示为内悬浮外拉线抱杆（双吊）组塔实景。

悬浮抱杆分解组塔与外拉线抱杆分解组塔一样，为了减少调整大绳的受力，便于杆塔构件的安装，施工时允许悬浮抱杆头部倾斜到吊装构件的平面上部，但其倾斜角不宜超过 15°。表 3-4、表 3-5 所示为铝合金管式、框式内悬浮单根抱杆参数。

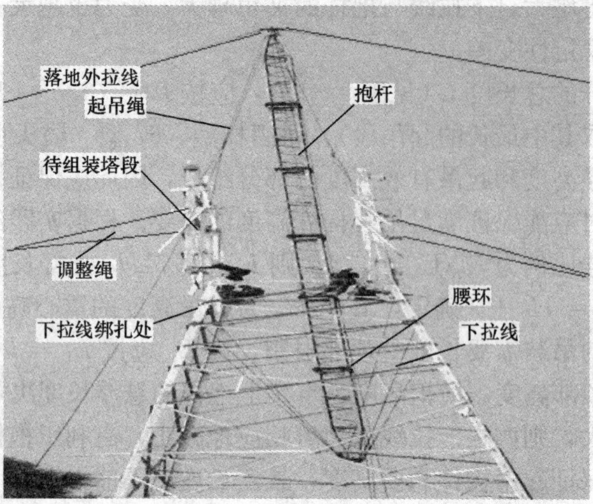

图 3-13 内悬浮外拉线抱杆（双吊）组塔实景

表 3-4 铝合金管式内悬浮单根抱杆参数

型号	总长（m）	结构组合（m）	管径/壁厚（mm）	额定轴向承载能力（kN）	质量（kg）
LBY120－9	9	3＋3＋3 4.5＋2.5	120/6	9	65
LBY120－11	11	4.5＋2＋2.5	120/6	6	80
LBY150－9	9	3＋3＋3 5＋2＋2	150/7	15	86
LBY150－12	12	4＋4＋4 5＋5＋2	150/7	10	114
图例					

表 3-5 铝合金框式内悬浮单根抱杆

型号	总长（m）	结构组合（m）	截面（mm）	额定轴向承载能力（kN）	自重（kg）	图例
LBN250-10	10	3＋4＋3	250×250	23	105	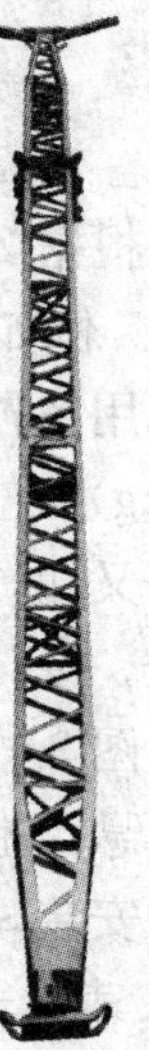
LBN400-12	12	5＋5＋2	400×400	42	178	
LBN400-13	13	5＋5＋3	400×400	38	190	
LBN400-14	14	5＋5＋4	400×400	36	204	
LBN400-15	15	5＋5＋5	400×400	30	210	
LBN400-16	16	5＋5＋2＋4	400×400	26	234	
LBN500-17	17	5＋5＋2＋5	500×500	60	298	
LBN500-19	19	5＋5＋2＋3＋4	500×500	48	333	
LBN500-21	21	5＋5＋2＋4＋5	500×500	40	368	

3. 摇臂抱杆

图 3-14 所示为铝合金双摇臂抱杆结构外形，抱杆顶段通过一转盘与下部抱杆相连，转盘两侧装有吊臂，转盘可转 180°，吊臂可调幅，主要技术参数：抱杆顶端长 2.5m，抱杆下段长 1.2m，臂长 2m，抱杆断面为 500mm×500mm；极限起吊负荷，双臂平衡吊时为 2×10kN，单侧吊时为 10kN；质量为 400kg。

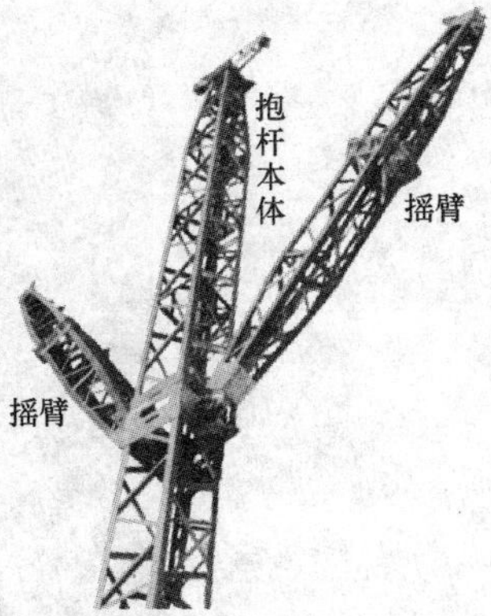

图 3-14　铝合金双摇臂抱杆结构外形

根据摇臂抱杆组塔的布置方式可分为落地式摇臂抱杆组塔和悬浮式摇臂抱杆组塔两种方式。

(1) 落地（或称座地）式摇臂抱杆组塔。落地式摇臂抱杆立于杆塔中心的地面上，抱杆高度随杆塔组立高度的增加而增高。在距抱杆顶部适当位置安装 4 副摇臂，摇臂顶部悬挂滑车组用于吊装塔片，也可用做平衡拉线。使用落地式摇臂抱杆组塔稳定性好，不用外拉线，能适应各种地形条件；抱杆带摇臂，起吊半径大，便于构件就位。

图 3-15 所示为落（座）地式摇臂抱杆组塔实景：抱杆高度及摇臂长度应满足塔片就位的要求。每副抱杆应设 2 台机动绞磨机，机动绞磨机可设在塔身构件副吊侧及非横担整体吊装侧，与杆塔中心的距离应不小于塔全高的 0.5 倍，且不小于 40m。

(a)　(b)

图 3-15　落（座）地式摇臂抱杆组塔实景
(a) 落（座）地式摇臂抱杆安装实景；(b) 落（座）地式摇臂抱杆吊装杆塔构件安装实景

图 3-16 所示为摇臂抱杆组立高塔实景，塔高 123m，塔材总质量达 2253t。

(2) 内悬浮式摇臂抱杆组塔。该组塔方式与内拉线悬浮抱杆组塔相似，实际上是内拉线抱杆组塔的进一步发展。

内悬浮式摇臂抱杆组塔除具有落地式摇臂抱杆组塔的优点外，还具有比其主抱杆长度短等的特性，故而也有不少电力建设单位采用。

例如，某送变电公司在长江大跨越工程施工中组立安装右岸 159m 直线塔（ZK 型），采用了内悬浮式摇臂抱杆组塔方式。悬浮抱杆全高 44.5m，摇臂长 15m，总质量为 17t（不含吊钩、钢丝绳）；抱杆中部断面为 1.6m×1.6m，顶端部断面为 0.4m×0.4m，转轴处断面为 1.2m×1.2m；摇臂中部断面为 0.5m×0.5m，端部断面为 0.3m×0.3m；抱杆标准节长度为 2.4m；双侧起吊最大荷载为 2×10t，牵引动力总功率为 40kW。

图 3-16 摇臂抱杆组立高塔实景

四、抱杆的选用

选用抱杆应经过计算或负荷校核，独立抱杆至少应有四根拉绳，人字抱杆至少应有两根拉绳并有限制腿部开度的控制绳，所有拉绳均应固定在牢固的地锚上，必要时经校验合格。

抱杆选用的注意事项：

（1）圆木抱杆木质腐朽、损伤严重或弯曲过大禁止使用。

（2）金属抱杆整体弯曲超过杆长的 1/600；局部弯曲严重、磕瘪变形、表面严重腐蚀、缺少构件或螺栓、裂纹或脱焊时禁止使用。

（3）抱杆脱帽环表面有裂纹或螺纹变形时禁止使用。

（4）抱杆的金属结构、连接板、抱杆头部和回转部分等，应每年对其变形、腐蚀、铆、焊或螺栓连接进行一次全面检查。每次使用前，也应进行检查。

（5）缆风绳与抱杆顶部及地锚的连接应牢固可靠。缆风绳与地面的夹角一般不大于 45°。缆风绳与架空输电线及其他带电体的安全距离应不小于表 3-6 的规定。

表 3-6　与架空输电线及其他带电体的最小安全距离

电压等级（kV）	1	1～10	35～63	110	220	330	500
最小安全距离（m）	1.5	3.0	4.0	5.0	6.0	7.0	8.5

（6）地锚的分布及埋设深度应根据地锚的受力情况及土质情况确定。地锚坑在引出线露出地面的位置，其前面及两侧的 2m 范围内不准有沟、洞、地下管道或地下电缆等。

地锚埋设后应进行详细检查，试吊时应指定专人看守。

（7）抱杆的基础应平整坚实、不积水。在土质疏松的地方，抱杆脚应用垫木垫牢。

第二节　杆塔组立配套滑车

一、起重滑车

输电线路施工用的滑车有两大类：①供起重和牵引用的滑车；②供放线用的滑车。由于技术要求不同，两者不能混用。

1. 滑车类型

（1）按轮数的多少可分为单轮滑车、双轮滑车和多轮滑车，基本形式如图 3－17 所示。

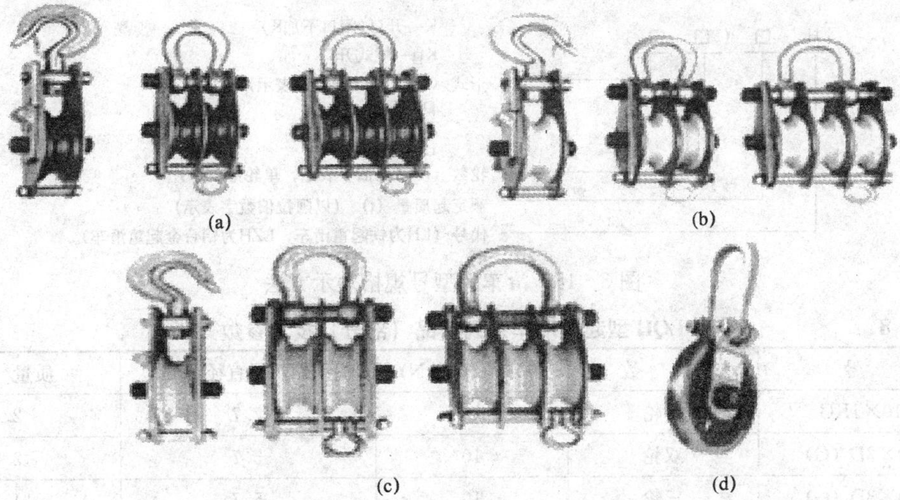

图 3－17　起重滑车（单轮、双轮、三轮）

（a）铁质系列滑车；（b）铝制系列滑车；（c）尼龙铁板（或铝板）系列滑车；（d）吊点滑车

（2）按滑车与吊物的连接方式可分为吊钩式、链环式、吊环式和吊梁式四种。一般中小型的滑车多属于吊钩式、链环式和吊环式，而大型滑车采用吊环式和吊梁式。

（3）按轮和轴的接触不同可分为轮轴间装滑动轴承及滚动轴承两种。

（4）按夹板是否可以打开来分，有开口滑车和闭口滑车。开口滑车的夹板是可以打开的，便于装绳索，一般的都是单门滑车，它常用于扒杆底脚处作导向滑车用。

（5）按制作材料可分为铁质滑车、铝质滑车、尼龙（MC）滑车。

（6）按使用的方式不同可分为定滑车和动滑车。

铁滑轮的材料，一般都采用铸铁，铸铁轮具有耐磨性、韧性和抗冲击能力；滑轮芯部采用未冶金含油轴套，不仅使滑车具有运转灵活、坚固、耐磨的优点，而且提高了产品的使用寿命。

除上述各种类型结构的起重滑车外，还有设计两侧都开口的起重滑车，采用弹簧插销，开门简单，装拆钢线绳方便，其型号及技术参数见表 3－7。

表 3－7　　双侧开口双轮起重滑车型号及技术参数

型　号	额定荷载（kN）	适用钢丝绳绳径（mm）	质量（kg）	图　例
YJS2-3	30	≤11	2.8	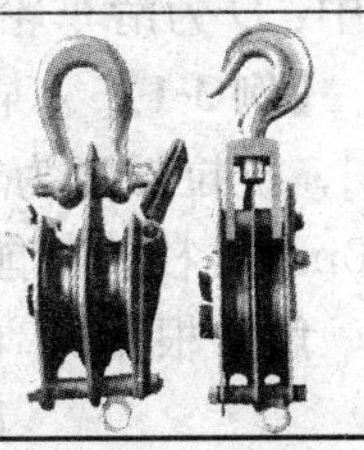
YJS2-5	50	≤12.5	2.8	
YJS2-8	80	≤15.5	4.1	
YJS2-0	10	≤15.5	4.2	

2. 起重滑车的型号规格

输电线路施工常用的起重滑车，除需要特殊加工外，一般都为国家标准设计，使用时可以采购定型产品。

滑车的型号规格均用一组文字代号表示，代号由四部分组成，如图 3-18 所示。表 3-8 所示为 LQH 型起重滑车系列产品技术参数。

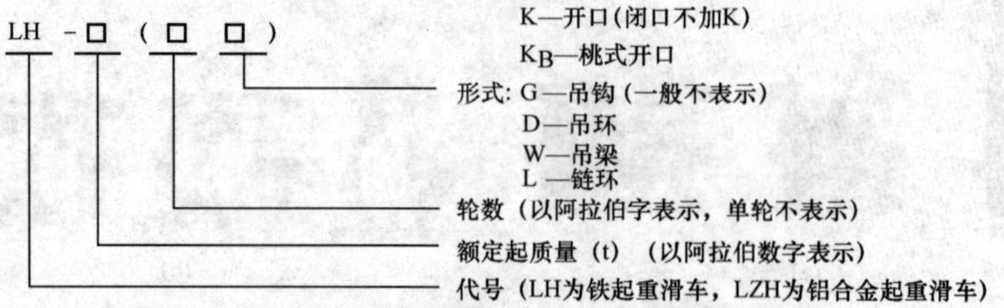

图 3-18 滑车的型号规格表示方法

表 3-8 **LQH 型起重滑车系列产品（部分）技术参数**

型　号	轮　数	额定荷载（kN）	适用钢丝绳直径（mm）	质量（kg）
LQH10×1KG	单轮	10	7.7	2.8
LQH10×2D（G）	双轮	10	5.7	2.8
LQH20×3D（G）	三轮	10	5.7	4.1
LQH20×1KG	单轮	20	11	4.2
LQH20×2D（G）	双轮	20	7.7	6.0
LQH20×3D（G）	三轮	20	7.7	7.0
LQH20×1KG	单轮	100	20	15
LQH20×2D（G）	双轮	100	15.5	20
LQH20×3D（G）	三轮	100	20	20

3. 起重滑车的选用

根据起重量和需要的滑轮数，按滑车铭牌上的允许吨位选用。为了延长钢丝绳的寿命和减小滑轮的阻力，应注意滑车轮径和滑轮槽直径与使用钢丝绳直径的比例关系。

滑轮槽的允许最小直径为 D，钢丝绳的直径为 d 时，则

$$D \geqslant (10 \sim 11)d \tag{3-1}$$

如果选用的滑车和钢丝绳不符合上述要求，则应选用大一号的滑车。如果现场遇到无铭牌的滑车，且不是特制的，则可按式（3-2）估算滑车的允许使用负荷 p，即

$$p = a \times \frac{D^2}{16} \tag{3-2}$$

式中：D 为滑车轮径，mm；a 为滑车的滑轮数。

【例 3-1】 某输电线路建设中选用普通结构钢丝绳［钢丝 6×19 股（1+6+12）绳纤维芯］，抗拉强度为 1400N/mm²，直径为 14.0mm，其最大破坏拉力为 86kN。若滑车轮径为 140mm，校验其能否满足要求，并用式（3-2）估算滑车的允许使用负荷。

解 根据式（3-1）知

$$D \geqslant (10 \sim 11)d = (10 \sim 11) \times 14 = 140\text{mm} \sim 154\text{mm}$$

由计算可知基本满足要求。

根据式（3-2）可估算允许使用负荷 p，此时假定滑车的滑轮数为 2，则

$$p = a \times \frac{D'^2}{16} = 2 \times \frac{140^2}{16} = 24.5\ (\text{kN})$$

二、绳索滑车

（1）吊绳滑车。主要用于施工中人力提升作业，在倒落式抱杆起吊杆塔中可代替吊点上的起重滑车，特点是安全可靠且轻便，其类型及主要技术参数见表3-9。

表3-9　吊绳滑车类型及主要技术参数

名　称	额定负荷（kN）	质量（kg）	图　例
带式吊绳滑车	0.6	0.6	
卡式吊绳滑车	2	0.65	
钩式吊绳滑车	5	1.0	
环式吊绳滑车	5	1.5	
钢轮小滑车	5	0.9	
铝轮小滑车	5	0.8	

（2）棕绳滑车。用于施工配套棕绳牵引、起吊，主体用铝合金和MC尼龙制成，具有轻便且不损伤棕绳等特点，其技术参数见表3-10。

表3-10　棕绳滑车技术参数

型　号	名　称	额定负荷（kN）	外径×轮宽（mm）	质量（kg）	图　例
YJ1GL-1	单轮开钩式	10	100×31	2.1	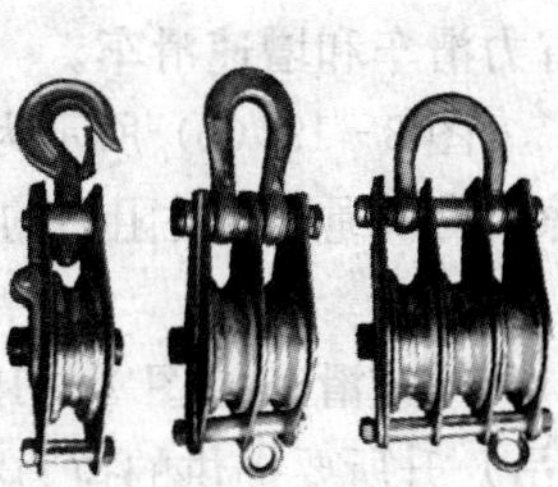
YJ2GL-1	二轮钩式	10	80×27	2.2	
YJ2HL-1	二轮环式	10	80×27	1.8	
YJ3GL-1.5	三轮钩式	15	100×31	3.1	
YJ3HL-1.5	三轮环式	15	100×31	2.7	
YJ3GL-2	三轮钩式	20	100×31	4.5	
YJ3GL-2	三轮环式	20	100×31	3.5	
YJ2GL-2	二轮钩式	20	100×31	3.7	
YJ2GL-2	二轮环式	20	100×31	3.1	
YJ1HL-2	单轮开口环式	20	120×35	3.5	

除上述滑车外，还有木滑车，主要用来起吊小工具。该型滑车夹板为木材制作，滑轮多为铝质的，额定负荷一般在5kN以下，本体质量约为2kg。

三、滑车组

滑车按工作方式不同，有定滑车和动滑车之分。在实际应用中，为了扩大滑车的效用，将一定数量的定滑车和动滑车组合起来使用，这就是滑车组。滑车组在输配电线路建设应用中极其广泛，例如，组立杆塔、架线以及其他需要起重作业的工序中，都要使用滑车组装置。

1. 定滑车

定滑车或称导向滑车，可改变绳索及作用力的方向，但不改变力的大小和速度。如图3-19（a）所示，在不考虑摩擦阻力与绳索刚性阻力的影响时，拉力 F 与荷载 Q 在理论上是相等的（$F=Q$）。

导向滑车的受力与进出滑车钢丝绳间的夹角 α 的大小有关。导向滑车的受力 p 计算方法为

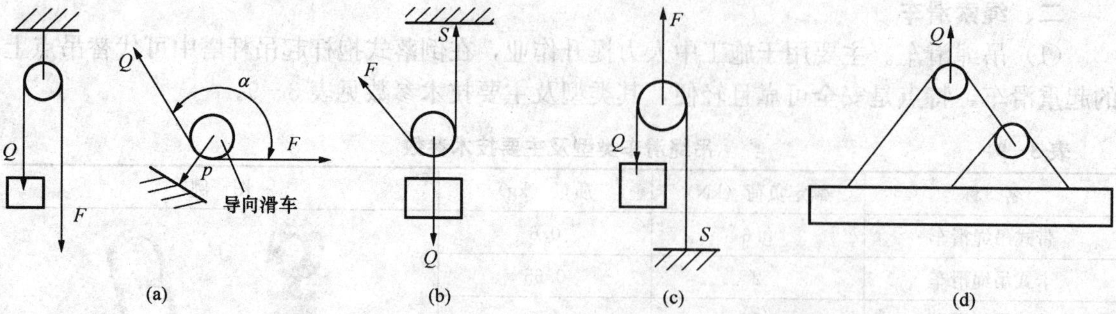

图 3-19　滑车组类型

(a) 定滑车；(b) 动滑车（省力滑力）；(c) 增速滑车；(d) 平衡滑车

$$p = CF \tag{3-3}$$

式中：F 为牵引绳所受拉力，N；C 为增力系数［与进出滑车钢丝绳间的夹角 α 有关，见图 3-20 (a)］，见表 3-11。

表 3-11　　导向滑车增力系数

夹角 α (°)	0	15	30	45	60	75	90	105	120
增力系数 C	2	1.98	1.93	1.85	1.73	1.59	1.41	1.22	1

2. 动滑车

动滑车随荷载的升降而升降，能改变力的大小和速度，不改变力的方向。动滑车可分为省力滑车和增速滑车。

图 3-19 (b) 所示为省力滑车。当牵引端施以拉力 F，荷载 Q 将随即上升。在不考虑摩擦阻力及绳索刚性阻力的影响时，根据图示，其动滑车上有 2 根钢丝绳，即每根钢丝绳受力为

$$F = S = 0.5Q \tag{3-4}$$

增速滑车如图 3-19 (c) 所示，拉力方向与提吊方向相同，速度增加 1 倍，此时提（吊）升所要提供的拉力将为 2 倍，即用 100N 的力才能将 50N 的提吊物吊起，而速度将快 1 倍，即提吊 1m，物体移动 2m。

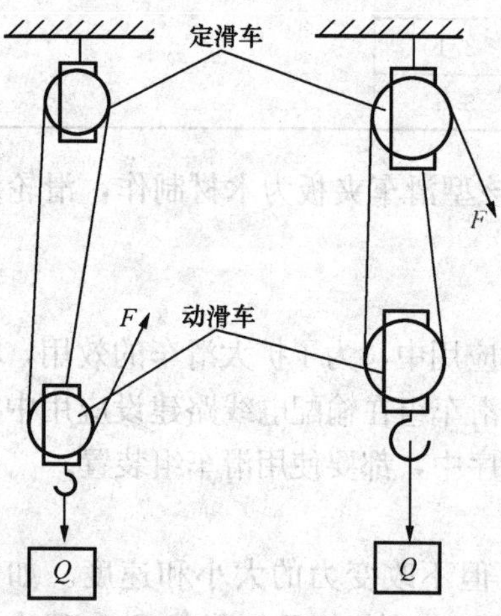

图 3-20　滑车组

(a) 三根绳滑车组；(b) 两根绳滑车组

最简单的滑车组，应由动滑车与定滑车及绳索所组成：从滑车上钢丝绳的引出端称为“跑头”（或称绳头），固定在夹板上的一端称为“死头”。跑头和死头既可从自定滑车引出，也可自动滑车引出。

如图 3-20 (a) 所示，动滑车上系吊（绕过）钢丝绳数是 3 根，即 $n=3$。如图 3-20 (b) 所示，动滑车组系吊（绕过）钢丝绳数是 2 根，即 $n=2$。

综上所述，动滑车上系吊（绕过）的绳子为 n 根时，则绳头就要走 n 倍距离才能将重物提起 $1/n$ 的距离（也是说绳头走 nm，重物才提起 1m）。

3. 考虑滑车阻力系数后的滑车效率

从滑车上引出的钢丝绳由于有抵抗弯曲的力和轴承处的摩擦阻力的存在，使得绕出滑车的钢丝绳受到上述

力（这里称滑车阻力）的作用必定减小。该滑车阻力的大小，用一个阻力系数 ε 来表示，可理解为绕出滑车的力（实际绳头提升力）与绕入滑车的力之比。阻力系数 ε 与绳索的软硬、滑车中的轴承类型（如滚动轴承、滑动轴承）和轴承的润滑程度有关。如绳索种类为钢丝绳，滑车的种类是铁滑车用滚动轴承，则阻力系数取 1.02；铁滑车用青铜套轴承，则取阻力系数取 1.04～1.05。

根据上述考虑滑车阻力系数的影响，此时定滑车和动滑车的效率计算方法如下。

（1）单个定滑车的效率（用 η 表示），可按下述方法确定，即

$$\text{定滑车效率 } \eta=\frac{\text{荷载}}{\text{绳头拉力}}=\frac{1}{\text{滑车阻力系数 }\varepsilon} \tag{3-5}$$

即

$$\eta=\frac{1}{\varepsilon} \tag{3-6}$$

（2）动滑车。单个动滑车的效率为

$$\eta=(1+\varepsilon)/2\varepsilon \tag{3-7}$$

（3）滑车组的效率 η_Σ。计算比较复杂，推荐按式（3-7）计算，即

$$\eta_\Sigma=\varepsilon^n/n\varepsilon^a(\varepsilon-1) \tag{3-8}$$

式中：ε 为滑车的阻力系数；a 为滑车组的滑轮数；n 为有效工作绳数，可从动滑车上数得。

为了方便现场计算，现以不同的阻力系数 ε 值，考虑钢丝绳牵引端从定滑车绕出的滑车组和钢丝绳牵引端从动滑车绕出的滑车组，列出滑车组的综合效率 η_Σ 和绳索拉力 F 与 Q 的关系，见表 3-12 和表 3-13。

表 3-12　牵引端从定滑车绕出的滑车组的主要性能

滑车组的滑轮数 a	2	3	4	5	6	7	8
滑车组的连接方式	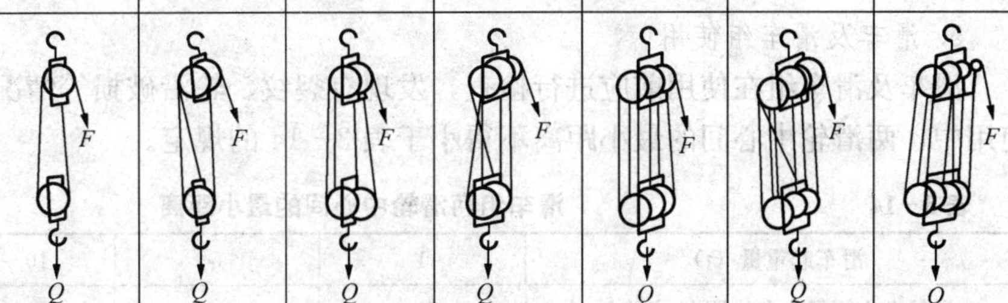						
单滑车的阻力系数 ε	1.06	1.06	1.06	1.06	1.06	1.06	1.06
滑车组的综合效率 η_Σ	0.916	0.883	0.860	0.834	0.810	0.786	0.766
牵引端的拉力 F	$0.540Q$	$0.378Q$	$0.290Q$	$0.240Q$	$0.206Q$	$0.180Q$	$0.164Q$

表 3-13　牵引端从动滑车绕出的滑车组的主要性能

滑车组的滑轮数 a	2	3	4	5	6	7	8
滑车组的连接方式	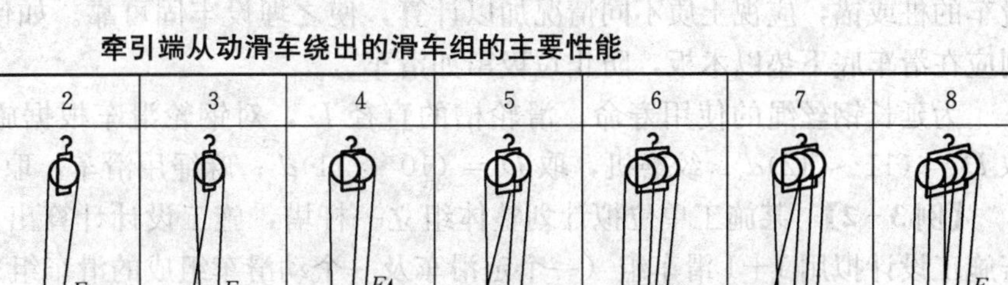						

续表

滑车组的滑轮数 a	2	3	4	5	6	7	8
单滑车的阻力系数 ε	1.05	1.05	1.05	1.05	1.05	1.05	1.05
滑车组综合效率 η_Σ	0.954	0.925	0.904	0.883	0.863	0.842	0.822
牵引端的拉力 F	0.350Q	0.260Q	0.220Q	0.189Q	0.166Q	0.148Q	0.135Q
单滑车的阻力系数 ε	1.02	1.02	1.02	1.02	1.02	1.02	1.02
滑车组综合效率 η_Σ	0.983	0.976	0.960	0.950	0.943	0.932	0.922
牵引端的拉力 F	0.340Q	0.256Q	0.208Q	0.176Q	0.150Q	0.134Q	0.120Q

4. 滑车的容许荷载计算

滑车的容许荷载，主要与滑轮直径大小、轴的直径大小、支架铁板的厚度和宽度、支架宽度、吊钩的尺寸以及制作部件所用材料的强度有关。一般标准滑车，其尺寸比例是确定的，可从厂家产品说明书及铭牌标示中得到。

为此，为保证施工安全，使用时应根据标定的容许荷载选用。滑车的容许荷载 $[Q]$，可按式（3－8）计算，即

$$[Q]=\frac{a[\sigma]\times 0.6d^3}{L} \tag{3-9}$$

式中：d 为滑车轴直径，cm；$[\sigma]$ 为材料的弯曲应力，N/cm²，对于优质碳素钢（如 Q240、Q245）取 12000～14000N/cm²，一般可取 8000～1000N/cm²，对于现场所用滑车看不清或无铭牌的滑车及不是标准的钢质滑车，可取 7000N/cm²；L 为滑车两侧护夹板间中心距，cm。

5. 滑车及滑车组使用

滑车及滑车组在使用前应进行检查，发现有裂纹、轮沿破损等情况，不得使用。滑车组使用中，两滑轮中心间的最小距离不得小于表 3－14 的规定。

表 3－14　滑车组两滑轮中心间的最小距离

滑车起重量（t）	1	5	10～20	32～50
滑轮中心间最小允许距离（mm）	700	900	1000	1200

输电线路作业中使用的滑车应有脱钩的保险装置，否则必须采取封口措施；使用开滑车时，应将开门勾环扣紧以防绳索自动跑出。滑车必须拴挂在牢固可靠的结构物上；拴挂固定滑车的桩或锚，应视土质不同情况加以计算，使之埋设牢固可靠。如使用的滑车可能着地，则应在滑车底下垫以木板，防止垃圾窜如滑车。

为延长钢丝绳的使用寿命，滑轮槽的直径 D，对钢轮滑车根据施工经验：起重滑车，取 $D=(11\sim12)d$；绞磨机，取 $D=(10\sim11)d$；麻绳用滑车，取 $D\geqslant d$（麻绳直径）。

【例 3－2】 某施工单位拟计划整体组立一杆塔，施工设计计算出总牵引力 $F=3000$N，若施工设计拟用 1+1 滑车组（一个定滑车及一个动滑车组成的滑车组），牵引端从动滑车引出后，再通过导线滑车。牵引动力为人力绞磨机。试拟选滑车组、导向滑车及牵引钢丝绳规格。

解　(1) 根据题意，查表 3－12 得：单滑车的阻力系数 $\varepsilon=1.06$，滑车组的综合效率

$\eta_{\Sigma}=0.954$，则牵引端的拉力 F 为

$$F=0.350Q=0.350\times3000=1050(\mathrm{N})$$

选用 3t 导向滑车一个。根据总牵引力 $F=3000\mathrm{N}$，选 3t 单滑车 2 个（一个为动滑车、一个为定滑车）。

（2）牵引绳通过滑车组，用人力绞磨机牵引，根据钢丝绳的安全系数选用原则，取安全系数 $K=5$。根据容许拉力 $F=1050\mathrm{N}$，$K=5$，查相关钢丝绳产品样本选用 6×19+1−140 钢丝绳，其直径为 11mm。

（3）根据对滑轮槽底直径的要求，对绞磨机有 $D=(10\sim11)d$，则

$$D=(10\sim11)d=10\times11\sim11\times11=11.0\sim12.1(\mathrm{mm})$$

于是选用直径为 12.5mm 的钢丝绳较好。

第三节 杆塔组立配套绳索

一、钢丝绳

钢丝绳是一种具有强度高、弹性好、自重轻及挠性好的重要构件，安全可靠性高，破断前有断丝的预兆等优点；在输电线路施工中常用作固定系统、牵引系统、制动系统中的受力绳，也是起重、绑扎、临时拉线等工作中不可缺少的索具。

1. 钢丝绳的组成及捻向

钢丝绳是由多层钢丝捻成股，再以绳芯为中心，由一定数量股捻绕成螺旋状的绳索，基本组成结构如图 3-21（a）所示：中间的纤维绳称绳芯，捻在绳芯周围的钢丝叫绳股。

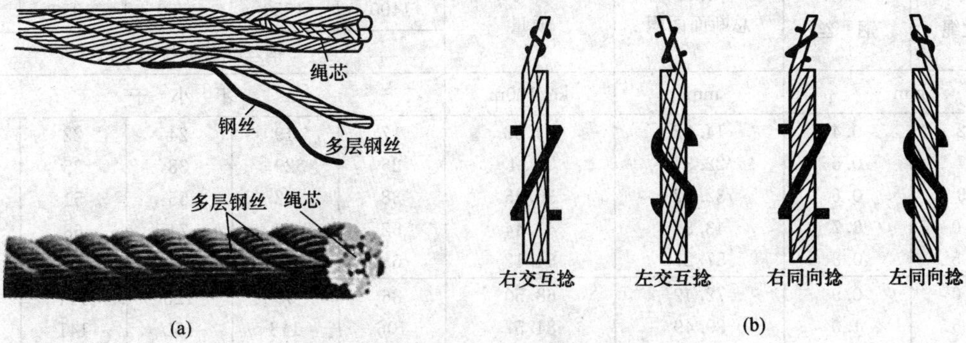

图 3-21 钢丝绳的组成及捻向区分

（a）钢丝绳结构；（b）钢丝绳的捻制方法

（1）钢丝。用碳素钢或合金钢通过冷拉或冷轧而成的圆形（或异形）丝材，具有很高的强度和韧性，并根据使用环境条件不同对钢丝进行表面处理。

钢丝绳直径一般为 3.15～65mm，最粗可达 120mm，非捻制钢丝绳直径可达 1000mm；所用钢丝的直径为 0.4～3mm，钢丝的抗拉强度为五级：140、155、175、185、200N/mm²。

相同直径的钢丝绳，绳股内钢丝越多，钢丝直径越细，钢丝绳的挠性也就越好，但钢丝绳易磨损，反之亦然。因此，不同型号的钢丝绳，其使用范围也是有区别的。例如，6×19（6 股，每股 19 丝）钢丝绳质地比较硬，适宜于不受弯曲或可能遭受到磨损的地方，如拉

线、制动绳等；6×37 股和 6×61 的钢丝绳，股内钢丝多而细，比较柔软，常用作牵引绳和固定绳。

（2）绳芯。用来增加钢丝绳弹性和韧性，润滑钢丝，减轻摩擦，提高使用寿命。钢丝绳绳芯的材料有天然纤维芯、合成纤维芯和钢丝芯。其中，天然纤维芯使用量最大。钢丝绳绳芯中的润滑油是起减小每股绳及钢丝之间的摩擦和防腐蚀作用的。

（3）钢丝绳的捻向。各种钢丝绳的捻制方法见图 3－21（b）、表 3－15。钢丝绳捻制方向表示：用两个字母（Z 或 S）表示钢丝绳的捻向，“Z”表示右捻向，“S”表示左捻向。

表 3－15　　钢丝绳的捻制方法

名　称	字母	说　明
右交互捻	ZS	股捻的方向与股内钢丝捻的方向相反称交互捻：股向右捻，丝向左捻
左交互捻	SZ	股向左捻，丝向右捻
右同向捻	ZZ	股捻的方向与股内钢丝捻的方向相同，称同向捻：股和丝均同向右捻
左同向捻	SS	股和丝均同向左捻
混合捻		相邻两股或相邻两层的捻向相反

2. 钢丝绳的技术参数及标记方法

（1）钢丝绳的技术参数。钢丝绳的技术参数主要有公称直径、质量、公称抗拉强度、最小破断力四个指标，但主要取决于钢丝和绳芯的直径和材质，见表 3－16 和表 3－17。

表 3－16　　普通结构钢丝绳［钢丝 6×19 股（1＋6＋12）绳纤维芯］技术参数

直径		钢丝总断面面积	参考质量	钢丝绳公称抗拉强度（N/mm²）				
				1400	1550	1700	1850	2000
钢丝绳	钢　丝			钢丝绳破坏拉力（kN）				
mm		mm²	kg/100m	不　小　于				
6.2	0.4	14.32	13.53	17	19	24	22	24
7.7	0.5	22.37	21.4	25	29	38	35	38
9.3	0.6	32.22	30.45	38	42	55	51	55
11.0	0.7	43.85	41.44	52	53	74	68	74
12.5	0.8	57.27	54.12	68	75	97	90	97
14.0	0.9	72.49	68.50	86	95	123	114	123
15.5	1.0	89.49	84.57	106	118	152	141	152
17.0	1.1	108.28	102.3	129	142	184	170	184
18.5	1.2	128.87	121.8	1530	170	219	202	219
20.0	1.3	151.24	142.9	1798	199	257	238	
21.5	1.4	175.40	165.8	208	231	298	275	
23.0	1.5	201.35	190.3	239	265	342	316	
24.5	1.6	229.09	216.5	272	302	339	360	
26.0	1.7	258.63	244.4	308	340	439	403	
28.0	1.8	289.95	274.0	345	382	492	455	
31.0	2.0	357.96	838.3	428	471	608	593	
34.0	2.2	433.3	409.3	515	570	736		
37.0	2.4	515.46	487.1	613	879			
40.0	2.6	604.95	571.7	719	797			
43.0	2.3	704.60	603.0	885	992			

表 3-17　普通结构钢丝绳［钢丝 6×37 股（1+6+12+18）绳纤维芯］

直径		钢丝总断面面积	参考质量	钢丝绳公称抗拉强度（N/mm²）				
				1400	1500	1700	1850	2000
钢丝绳	钢丝			钢丝绳破断拉力（kN）				
mm		mm²	kg/100m	不小于				
8.7	0.4	27.88	36.21	32.0	35.0	39.0	42.0	46.0
11.0	0.5	43.57	40.69	50.0	55.0	61.0	66.0	71.0
13.0	0.6	62.74	58.98	72.0	80.0	87.0	95.0	102.5
15.0	0.7	85.39	80.27	98.0	108.0	129.0	129.0	140.0
17.5	0.8	111.53	104.8	128.0	141.0	105.0	169.0	182.5
10.5	0.9	141.16	132.7	162.0	179.0	196.5	214.0	231.5
21.5	1.0	174.27	163.8	200.0	221.0	242.5	204.0	285.5
24.0	1.1	210.87	198.2	242.0	268.0	293.5	320.0	346.0
20.0	1.2	250.95	235.9	288.0	318.0	340.5	380.0	416.0
28.0	1.3	294.52	276.8	338.0	374.0	416.5	440.0	484.0
30.0	1.4	341.57	321.1	392.0	434.0	476.0	518.0	560.0
32.5	1.5	392.11	368.6	450.0	498.0	546.5	594.0	643.0
34.5	1.6	448.13	419.4	512.0	567.0	621.5	677.0	732.0
36.5	1.7	503.64	473.4	578.0	640.0	702.0	764.0	825.0
39.0	1.8	564.63	530.8	648.0	717.0	786.0	853.0	922.0
43.0	2.0	697.08	655.3	800.0	886.0	971.5	1052.0	1140.0
47.5	2.2	843.47	792.9	968.0	1070.0	175.0	1290.0	
52.0	2.4	1003.80	943.6	1152.01	1275.0	1400.0	1521.0	
56.0	2.6	1178.07	1107.4	1349.0	1497.0	1640.0	1782.0	
60.5	2.8	1366.28	1284.3	1566.0	1735.0	1902.0	2070.0	

（2）钢丝绳技术参数的标记方法。例如：

6	×	37	—15.0—	1550—	Ⅰ	—甲	—镀—	右交
①	②	③	④	⑤	⑥	⑦	⑧	⑨

标记中：①表示钢丝绳的股数。②表示钢丝绳的结构形式，点接触普通型，标记“×”；线接触瓦林吞型（粗细式），标记“W”；线接触西尔型（外粗式），标记“X”；线接触填充型（密集式），标记“T”。③表示每股钢丝数。④表示钢丝绳的直径（单位：mm）。⑤表示钢丝的公称抗拉强度（单位：N/mm²）。⑥表示钢丝的韧性等级，根据钢丝的耐弯折次数分为三级。特级：用于重要场合，如载客电梯；Ⅰ级：用于起重机的各工作机构；Ⅱ级：用于次要场合，如捆绑吊索等。⑦、⑧表示钢丝表面镀锌处理，根据钢丝镀层的耐腐蚀性能分为三等级。甲级：用于严重腐蚀条件；乙级：用于一般腐蚀条件；丙级：用于较轻腐蚀条件。钢丝表面不做处理的，标记“光”，或不加标记。⑨表示钢丝绳的捻制方法。右捻绳标记“右”；左捻绳标记“左”；交互捻标记“交”；同向捻标记“同”。

3. 钢丝绳计算

（1）钢丝绳的有效破断拉力。钢丝绳的拉断力总和，称破断拉力，用 R_C 表示，它与钢丝绳的直径、结构及钢丝的强度有关。R_C 值可根据相关资料查钢丝绳技术数据得到。

钢丝绳实际拉断时的拉力，则称有效破断拉力，用 R 表示。事实上，钢丝绳由于捻搓等影响而使其强度降低，也就是说有效破断拉力永远小于破断拉力（$R < R_C$）。破断拉力

R_C 也可根据钢丝绳的公称抗拉强度按式（3-10）计算，即

$$R_C = A\sigma_b \tag{3-10}$$

式中：A 为钢丝绳的钢丝断面积总和，mm^2；σ_b 为钢丝绳的公称抗拉极限强度，MPa。

钢丝绳的有效破断拉力 R 可由试验确定，方法是先通过拉力试验求出单根钢丝的破断拉力 R_n，则 R 为

$$R = nR_nK \tag{3-11}$$

式中：n 为整个钢丝绳中钢丝总数，根；R_n 为单丝的破断拉力，MPa；K 为钢丝绳有效破断拉力换算系数（见表 3-18）。

表 3-18　　钢丝绳有效破断拉力换算系数

钢丝绳结构	6×19	6×37	6×19	8×37	18×7
换算系数 K	0.85	0.82	0.85	0.82	0.85

（2）钢丝绳的拉应力计算。钢丝绳的拉应力 σ_L，可按式（3-12）计算，即

$$\sigma_L = \frac{Q}{A} = \frac{Q}{n\frac{\pi d^2}{4}} \approx 1.273\frac{Q}{nd^2} \tag{3-12}$$

式中：Q 为作用于钢丝绳的拉力，N；A 为钢丝绳的有效断面积（即全部断面积的总和），mm^2；n 为钢丝绳中钢丝总数，根；d 为单根钢丝的直径，mm。

4. 钢丝绳的选用

根据不同的工作情况，正确地选择钢丝绳的形式是很重要的，不仅能提高钢丝绳的使用寿命，也是保证输电线路施工安全的重要措施之一。

输电线路施工中起重、提升和牵引设备基本属于轻级使用条件。因此，常用的钢丝绳，一般多采用 6 股 37 丝 [见图 3-22 (a)]，个别固定钢丝绳采用 6 股 19 丝 [见图 3-22 (b)]，使用起来比较柔软，不容易磨损破断。近年来市场上出售的钢丝绳其公称抗拉强度多为 1700N/mm^2。当选择钢丝绳时，因抗拉强度不明或钢丝绳陈旧，可按 155kN/mm^2 抗拉强度计算。

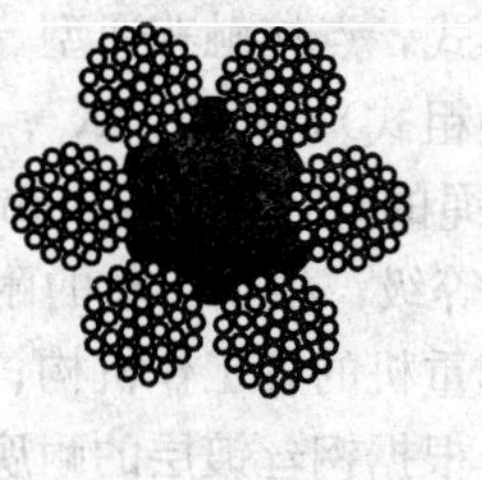

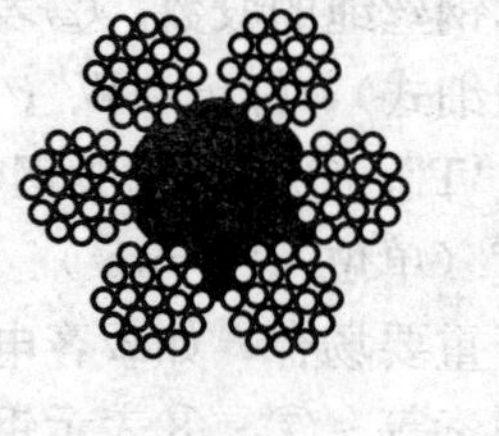

图 3-22　普通结构钢丝绳

（1）钢丝绳的容许最大拉力。钢丝绳的容许最大拉力，按式（3-13）计算，即

$$[T] = \frac{T_b}{KK_1K_2} = \frac{T_b}{K_\Sigma} \tag{3-13}$$

式中：$[T]$ 为钢丝绳的容许最大拉力，N；K 为钢丝绳有效破断拉力换算系数（见表 3-18）；T_b 为钢丝破断拉力总和，N，镀锌钢丝绳因退火原因，其破断拉力比光面钢丝绳降低约 10%；K_1、K_2 为动荷系数和不平衡系数；K_Σ 为施工中钢丝绳安全系数（见表 3-19）。

应用上述计算方法应考虑几点：①钢丝绳的有效破断拉力，应按制造厂家的技术规定使用。如无出厂证明，则应进行单根钢丝试验，钢丝绳的有效破断拉力等于单根钢丝破断拉力的总和，再乘上换算系数。②钢丝绳的动荷系数 K_1 、不平衡系数 K_2 、安全系数分别不得小于国家标准的规定。

表 3－19　　钢丝绳安全系数

使用情况	使用条件		K	K_1	K_2	K_{Σ}
起立杆塔或收紧导、地线时牵引绳，作其他起吊、牵引用的牵引绳	通过滑车组用人力绞磨机		4	1.1	1	4.5
	直接用人力绞磨机		4	1.2	1	5
	通过滑车组用机动绞磨机、电动绞磨机		4.5	1.2	1	5.5
	直接用机动绞磨机、电动绞磨机、拖拉机或汽车		4.5	1.2	1	6
起吊杆塔时的固定绳	单杆		4.5	1.2	1	5.5
	双杆		4.5	1.2	1.2	6.5
制动绳	通过滑车用制动器制动	单杆	4	1.2	1	4.8
		双杆	4	1.2	1.2	5.76
	直接用制动器制动	单杆	4	1.2	1	5
		双杆	4	1.2	1.2	6
临时固定用拉线	用手扳葫芦或人力绞磨机		5	1	1	3

（2）钢丝绳吊索（千斤）的受力计算。除可按以上钢丝绳的容许拉力计算外，还与钢丝绳吊索各分支的受力与各分支所形成的夹角 α 的大小有关，如图 3－24 所示。此时，每分支吊索拉力 T 按式（3－14）计算，即

$$T=\frac{F}{n\sin\alpha} \qquad (3-14)$$

式中：n 为吊索的分支数目；F 为作用于钢丝绳的拉力。

【例 3－3】 某线路吊装（见图 3－23）混凝土电杆，电杆重力为 1000kN，分支吊索拉力夹角 α 为 30°，试计算每分支吊索拉力。

解 由题意条件，取吊索的分支数目 $n=2$，作用于钢丝绳的拉力等于电杆重力，根据式（3－14），可计算出每分支吊索拉力为

$$T=\frac{F}{n\sin\alpha}=\frac{1000}{2\times\sin30^{\circ}}=1000(\text{kN})$$

（3）钢丝绳的报废规定。钢丝绳应定期浸油，遇有下列情况之一者应予以报废：①钢丝绳在一个节距中断丝根数超过表 3－20 者；②钢丝绳的磨损或腐蚀达到原来钢丝直径的 40%及以上，或钢丝绳受过严重退火局部电弧烧伤者；③绳芯损坏或绳股挤出；④笼状畸形、严重扭结或弯折；⑤钢丝绳压扁变形及表面起毛刺严重者；⑥钢丝绳断丝数量不

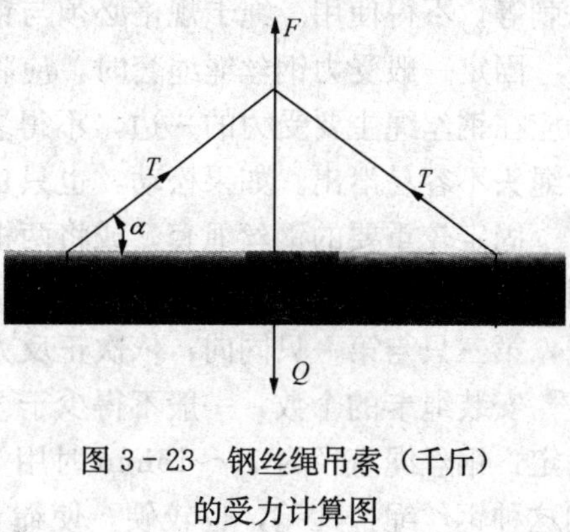

图 3－23　钢丝绳吊索（千斤）的受力计算图

多，但断丝增加很快者。

表 3-20　　钢丝绳报废断丝数

最初的安全系数	钢丝绳的结构							
	6×19=114+1		6×37=222+1		6×61=366+1		6×19=342+1	
	左捻	右捻	左捻	右捻	左捻	右捻	左捻	右捻
小于 6	12	6	22	11	36	18	36	18
6～7	14	7	26	13	38	19	38	19
大于 7	16	8	30	15	40	20	40	20

（4）通过滑车及卷筒的钢丝绳选用。根据电力安全规定，通过滑车及卷筒的钢丝绳不准有接头。滑轮、卷筒的槽底或细腰部直径与钢丝绳直径遵守下列规定：

起重滑车：机械驱动时不应小于 11mm，人力驱动时不应小于 10mm。

绞磨机卷筒：不应小于 10mm。

5. 钢丝绳卡的选用

（1）钢丝绳卡的类型。常用的有臼齿形、L 形和 U 形。另外，还可按结构形状分马鞍螺栓、线卡子、臼齿形索卡等。图 3-24 所示为常用钢丝绳卡。

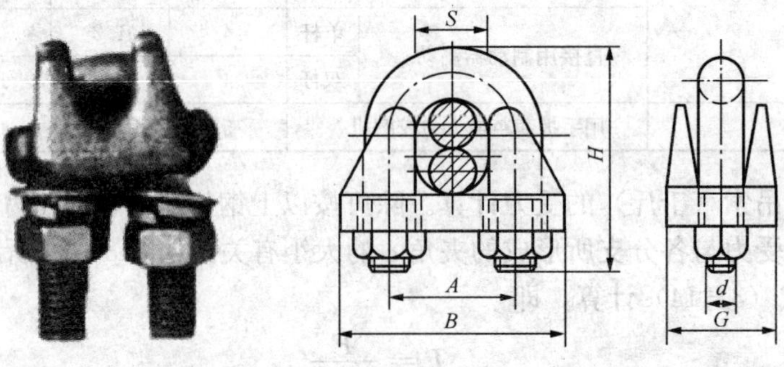

(a)　　(b)

图 3-24　钢丝绳卡

(a) 绳卡实物；(b) 形状示意图

（2）钢丝绳卡的使用。钢丝绳卡使用前应进行外观检查，凡损伤、变形、断裂、表面有毛刺等，不得使用。绳卡规格必须与钢丝绳规格相配合，不得混用。

固定一般受力钢丝绳绳套时，应将绳卡的 U 形螺杆弯环一律压在短头侧，即绳卡连接板应在钢丝绳主要受力的一边，不得装反，因为 U 形环对钢丝绳卡的接触面小，绳卡压紧后绳头不容易滑出。如果松动，也只是马鞍座与主绳间滑动，不至于脱开。

固定较重要的钢丝绳套，或将两根钢丝绳相接时，应将绳卡正、反方向交错夹紧。如果用于绳头，则靠近绳套端的第一个绳卡，其 U 形螺杆压在活头侧，第二只压在着力的主绳侧，第三只与第一只同向，依次正反方向安装。

安装绳卡的个数，一般不得少于 3 个，见表 3-21。若无资料可查，也可根据施工经验确定：钢丝绳直径为 70～16mm 时用 3 个，17～25mm 时用 4 个。如采用防捻钢丝绳，考虑到这种钢丝绳挠性差，也较硬，使绳卡和钢丝绳的接触面相应减少，要求按上述数目增加

2个。

表3-21　钢丝绳端部固定用绳卡数量

钢丝绳直径（mm）	7～18	19～27	28～37	38～45
绳卡数量（个）	3	4	5	6

利用绳卡连接重要钢丝绳时，当受力后应对绳卡逐个进行检查，如果发现滑动或U形螺杆两侧受力不均等，应重新拧紧。

6. 钢丝绳的端部固定和连接

钢丝绳端部固定又称做绳套，它有插接法、挤压法和卡接法固定三种方法。在输电线路施工中，最常用的是在钢丝绳端部上插接绳套。

（1）插接法。因钢绳不够长，则将两根钢丝绳插接在一起，这种操作方法就叫插接法，也称编接法。

在钢丝绳端头上插接绳套分小接法和大接法，一般采用小接法。

1）小接法，是将两根钢丝绳的绳头按股拆开，按一定的方式把两个绳头的绳股编接到一起，这样编成的接头绳段比较粗，不宜通过滑车。

采用小接法插接绳套时，在工程实际操作中，可根据绳套的不同用途确定其插接长度，一般应不小于钢丝绳直径的15倍，且不得小于300mm。

插接绳套的预留长度（见图3-25），可按经验公式计算，即

$$n=(20\sim24)d\ ,m=(45\sim48)d\ ,l=(18\sim24)d$$

式中：d为钢丝绳直径。

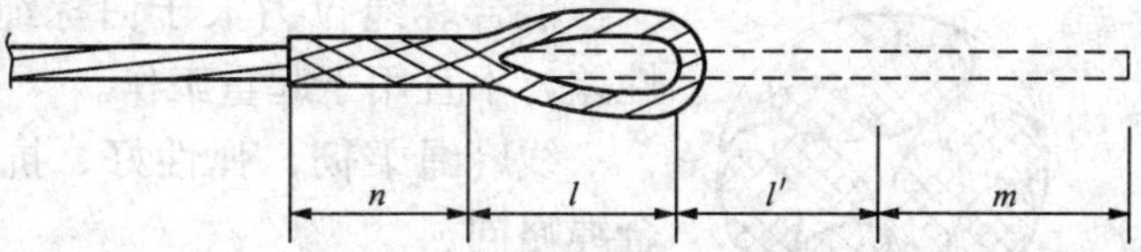

图3-25　采用插接法的绳套及接绳套预留长度

2）大接法，是将两根钢丝绳的绳头按股拆开，把两根钢丝绳的绳股分别割掉一半，再将两根钢丝绳余下的绳股对插在一起，即甲绳余下的绳股编插在乙绳内，乙绳余下的绳股编插在甲绳内。这样插接后的接头绳段粗细不变，能通过滑车。但大接法的强度不如小接法，且插接复杂，接头过长，在输电线路施工中一般很少采用。

（2）挤压法。钢丝绳的一端绕一套环后，把端部和钢丝绳自身用特殊的压管挤压固定在一起，如图3-26所示。这种方法挤压处的强度可以接近或等于钢丝绳的强度，但它必须要有专门的挤压设备和模具。

图3-26　采用挤压法的绳套

(a) 铝合金压接锥形软索；(b) 铝合金压接软索；(c) 铝合金压接套环

（3）卡接法。将钢丝绳的一端绕一套环后，端部一定长度内同自身钢丝绳用U形螺杆

卡子固定在一起。采用这种方法时，卡子固定处的强度可以按钢丝绳强度的80%～90%考虑。如卡子装反（螺母在上部），则强度会降低到原来的75%以下。

二、防扭钢丝绳、迪尼玛绳

防扭钢丝绳，又称编织防扭钢丝绳，也称无扭钢丝绳、不旋转钢丝绳或方绳，在张力放线施工中用作导引绳、牵引绳等，以及用于电力、电信线路普通放线施工。

迪尼玛绳，具有优异的耐用性，耐酸碱、抗紫外线、耐高温不融化、拉力好，是强度最高的缆绳。

三、麻绳及吊装带

1. 麻绳

麻绳是起重时常用的绳索之一，目前除用于输电线路施工的白棕绳外，还有合成纤维绳。

麻绳，按原材料不同可分为印度绳、白棕绳、混合绳和线麻绳四种。

麻绳按捻成的股数还可分常用的3、4、9股三种。

印度绳拉力、扭力强、抗腐蚀好，滤水快，耐摩擦，有弹性，受突然增加的拉力时不易折断，适用于起重作业、船锚揽及拖锚、陆上起重及吊物用绳。

白棕绳用途与印度绳相似，质量稍次。根据麻股的数量和绞捻的次数分索式和缆式两种，如图3-27所示。前者用高级麻捻制的，起重用的麻绳即属此种；后者采用普通麻捻制的。根据抗潮措施的不同，又分为浸油麻绳和不浸油麻绳。前者采用松脂浸透，抗潮能力和防腐能力均较好，而机械强度比不浸松脂的约减低10%。后者在干燥状态下，强度和弹性系数均较好，但受潮后的强度减低30%～50%。

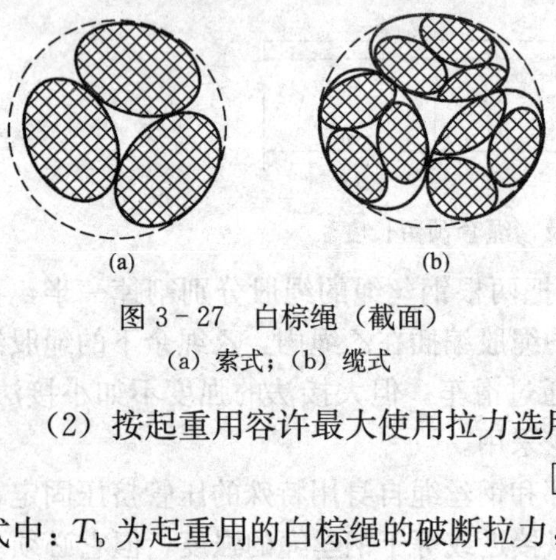

图3-27 白棕绳（截面）
(a) 索式；(b) 缆式

混合麻绳拉力大于白棕绳，但耐久、耐腐蚀性差，不宜用于起重工作。

线麻绳柔韧、弹性好、抗拉力大，用途与混合绳略同。

(1) 白棕绳。输电线路工程施工使用的均属白棕绳，由抗拉、耐磨不易腐蚀的龙舌（或称剑麻）等高级麻的茎纤维制造，其加工过程是用机械进行，故又称机制麻绳。

(2) 按起重用容许最大使用拉力选用的白棕绳。容许最大使用拉力[T]为

$$[T]=T_b/K \tag{3-15}$$

式中：T_b 为起重用的白棕绳的破断拉力，kN，见表3-22；K 为安全系数，一般起吊取 $K\geqslant 3$，缆风绳用取 $K\geqslant 6$；绑扎绳（千斤绳）取10。

表3-22 白棕绳规格标准

绳直径（mm）		6	8	10	12	14	16	18	20	22
质量（kg/m）		0.02	0.06	0.08	0.11	0.14	0.18	0.23	0.28	0.34
最小破断拉力（kg）	Ⅰ级	405	666	920	166	1630	1960	2460	3120	3700
	Ⅱ级	268	440	610	775	1090	1340	1660	2110	2540
	Ⅲ级	176	290	400	509	722	871	1100	1390	1680

续表

绳直径（mm）		24	26	28	30	32	34	36	40	44
质量（kg/m）		0.40	0.48	0.55	0.63	0.72	0.81	0.91	1.12	1.36
最小破断拉力（kg）	Ⅰ级	4380	4970	5710	6620	7440	8240	90000	10970	12010
	Ⅱ级	2960	3380	3890	44S0	S010	5560	6090	7440	8100
	Ⅲ级	1960	2230	2560	2990	3370	3940	4100	5010	54900

（3）绳索的使用。根据电力安全工作规程要求：①麻绳、纤维绳用作吊绳时，其许用应力应大于 0.98N/mm^2。②用作绑扎绳时，许用应力应降低 50%。有霉烂、腐蚀、损伤者不准用于起重作业，纤维出现松股、散股、严重磨损、断股禁止使用。③纤维绳在潮湿状态下的允许荷载应减小一半，涂沥青的纤维绳应降低 20%，一般纤维绳禁止在机械驱动的情况下使用。④切断绳索时，应先将预定切断的两边用软钢丝扎结，以免切断后绳索松散，断头应编结处理。

在现场用于穿绕滑车时，滑轮的直径应大于麻绳直径的 10 倍，麻绳有结时，应严禁穿过滑车狭小之处；为避免损伤麻绳发生事故，长期在滑车上使用的白棕绳，应定期改变穿绳方向，使绳磨损均匀。当绳不够长时，不宜打结接长，应尽量采用编接接长。

另外，使用中应严禁在粗糙的构件上或地上拖拉麻绳，并严防砂、石屑嵌入绳的内部而磨伤麻绳。麻绳捆绑有棱角的物体时，必须垫以木板或麻袋等物。编接绳头、绳套时，编接前每股头上应用细绳扎紧，编接后相互搭接长度：绳套不能小于麻绳直径的 15 倍，绳头接长不小于 30 倍。

2. 合成纤维吊装带

合成纤维吊装带按类型主要分为扁平吊装带和圆形吊装带两大类。

扁平吊装带主要由尼龙纤维（聚酰胺合成纤维）、涤纶纤维（聚酯合成纤维）和丙纶纤维（聚丙烯合成纤维）制成。扁平吊装带可分为 EB 扁平吊装带、EB-B 扁平吊装带。

圆形吊装带的材质主要是涤纶合成纤维（聚酯），外层用涤纶圆套管作为保护层，而内芯用连续的 100%的涤纶芯纱作为承受吊装负荷。圆形吊装带又可分为 EA 圆形吊装带、EA-A圆形吊装带。

合成纤维吊装带，与钢丝绳或链条类索具相比具有轻便柔软，不导电，易于操作、搬运、储存，不腐蚀等优点，广泛使用于起重作业中。

图 3-28 所示为吊装带、吊装带索卡及吊装施工。

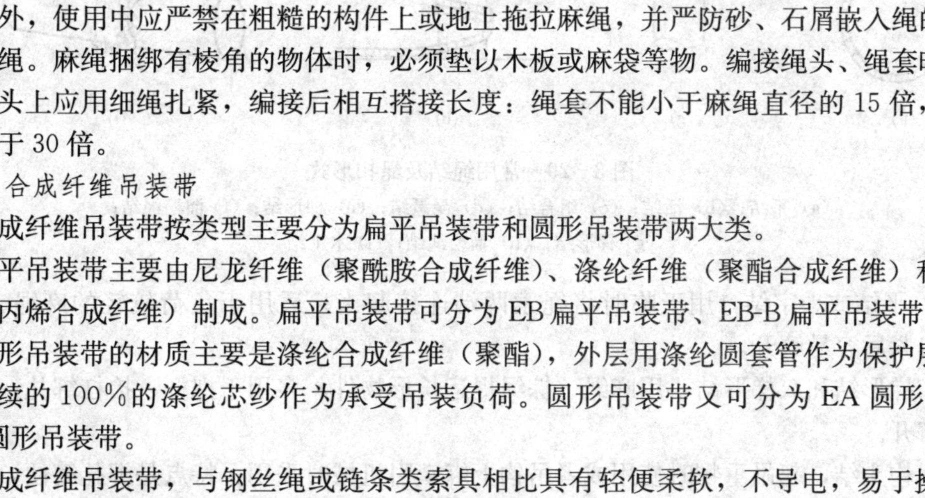

图 3-28　吊装带、吊装带索卡及吊装施工

除合成纤维吊装带外，也可采用钢丝编制的吊装带。

合成纤维吊装带，使用中应避免尖锐麟角接触，如无法避免应加装必要的护套；使用环境温度为－40～100℃；用于不同承重方式时，应严格按照标签给予的定值使用；发现外部护套破损显露出内芯时，应立即停止使用。

四、常用绳结及绳扣形式

在输电线路施工现场常用的绳结如木工结（背扣）、活结（别扣）、梯形结（猪蹄扣）等，如图 3－29 所示。

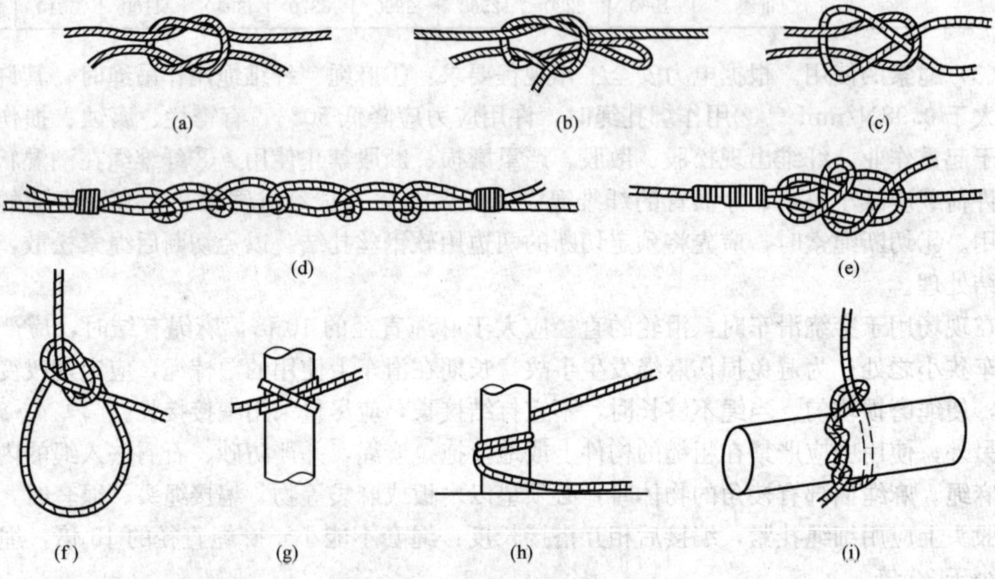

图 3－29　常用绳结及绳扣形式

(a) 平结；(b) 活结；(c) 组合结；(d) 琵琶结；(e) 梯形结；(f) 溜松绳结；(g) 梯形结；(h) 溜松绳结；(i) 木工结

(1) 平结或十字结，用于临时将绳索两端连接起来；适用于负荷较轻的麻绳、棕绳；特点是自紧后容易解开。

(2) 梯形结和双梯形结，用麻绳、棕绳提运长形物件，多用于抱杆、抬杠绑扎；特点是易扎紧解开。

(3) 钩头结，起吊重物时使用或者吊钩上绑牵引机械时采用；特点是绑扎简便，受力后能压紧，不受力时即可松开，在绳索的任何部位上都能使用。

(4) 抬运结，用于麻绳、棕绳抬运物件；特点是绑扎牢固，能自紧，易解开，且可按照要抬起的高度，任意调整长度。

(5) 溜松绳结，用于绳索受力后，移动物体。

第四节　杆 塔 组 立 用 卸 扣

卸扣，主要用于钢丝绳之间的连接和固定、钢丝绳与滑车及各种物件之间的连接和固定，它是输电线路施工中使用最广泛的连接工具，起着不可或缺的重要作用。

一、卸扣的种类

常用的卸扣种类很多，如图 3－30 所示，主要由弯环和横销两个构件组成。

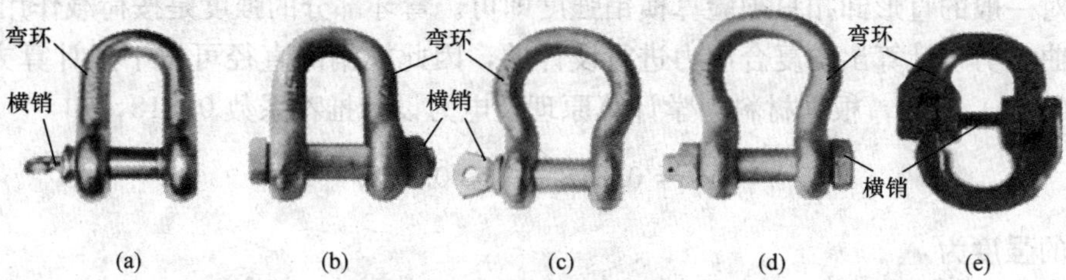

图 3-30　卸扣

(a)、(b) 美标 D 形卸扣；(c)、(d) 美标弓形卸扣；(e) 链条卸扣

卸扣按开口形状分，有直形卸扣（或称 D 形卸扣）和环形卸扣（或称弓形卸扣）两种。按横销与弯环连接方式可分为螺旋式和销孔式。在螺栓销中有直接拧在有螺纹的弯环销孔中的，也有销孔中无螺纹，而在销子上另加一个螺母固定的，光销则是利用开口销固定的。

卸扣一般都是锻造的，不能用铸造的方法制造。锻造卸扣的材料，常用 20 号优质碳素钢（平炉钢），锻造后必须经退火处理，消除残存的内应力，以增加其韧性。高强合金钢卸扣的承载能力较大，如 DG1 高强合金钢卸扣，额定负荷可达 10kN；DG50 高强合金钢卸扣，额定负荷可达 500kN。

二、卸扣的强度验算

现场根据已有尺寸验算卸扣的容许荷载时，都以单绳套垂直拴连方式为计算的依据。因卸扣荷载时，对其弯环中的实际弯矩作精确计算是复杂的，所以一般都用近似计算方法确定。

1. 卸扣各部分尺寸的配合关系

卸扣各部分尺寸的配合关系，如图 3-31 所示。直形卸扣，其弯环圆截面直径 d、卸扣高度 H、开档 B（卸扣横销计算跨度，即弯环直杆部分的中心距）以及横销圆截面的直径 D 应满足以下配合关系

$$H \leqslant 3d\ ,\ B \leqslant 5d\ ,\ D = (1.1 \sim 2)d$$

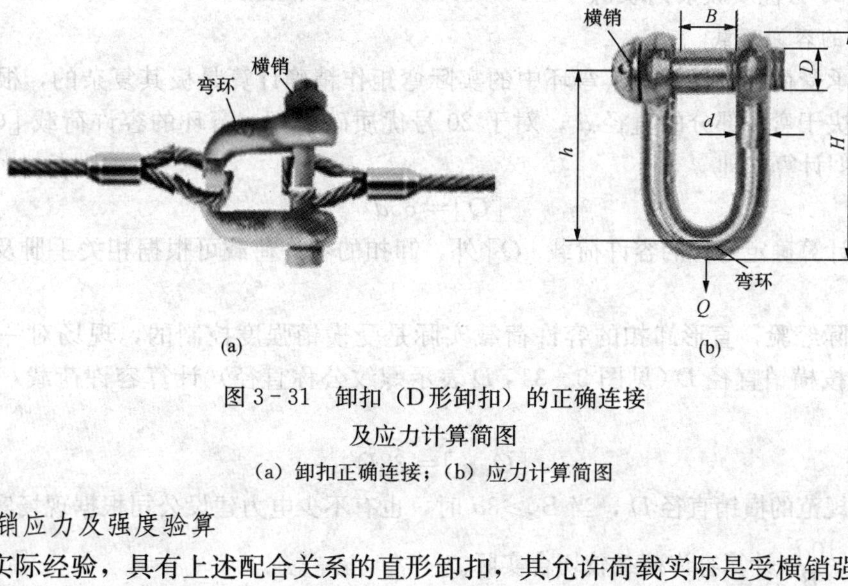

图 3-31　卸扣（D 形卸扣）的正确连接及应力计算简图

(a) 卸扣正确连接；(b) 应力计算简图

2. 横销应力及强度验算

根据实际经验，具有上述配合关系的直形卸扣，其允许荷载实际是受横销强度控制的。

所以现场对一般的直形卸扣只须验算横销强度即可。弯环部分的强度是按荷载作用于中点的曲梁受弯曲与剪切计算出的复合应力进行设计的，因此横销的直径可按下述计算方法考虑。如图 3-31（b）所示，根据材料力学计算原理及电力设计推荐系数 0.318，知

$$M = 0.318\frac{QB}{4} \approx 0.1QB \tag{3-16}$$

横销的强度为

$$\sigma_w = \frac{M}{W} = \frac{M}{\frac{\pi}{32}d^3} \approx \frac{M}{0.1d^3} \tag{3-17}$$

于是，可计算出横销的直径 d 为

$$d = \sqrt[3]{\frac{M}{0.1[\sigma_w]}} \tag{3-18}$$

式中：$[\sigma_w]$ 为受弯曲与剪切计算出的复合应力，取 $[\sigma_w]=155\sim160\text{N/mm}^2$。

为此，横销的复合应力按下述方法计算

$$\left.\begin{aligned}\sigma_R &= \sqrt{\sigma_w^2+3\tau^2} \leqslant [\sigma_R]\\ \sigma_w &= \frac{M_2}{W_2}\end{aligned}\right\} \tag{3-19}$$

$$M_2 = \frac{1}{4}Ql^2 = 0.25Ql^2 \tag{3-20}$$

$$\tau = \frac{Q}{A} = \frac{Q}{\frac{3}{4}d^2} \approx 1.33\frac{Q}{d^2} \tag{3-21}$$

式中：σ_w 为横销中点截面的弯曲应力，N/mm^2；M 为横销中点的弯矩，kN·m；W 为横销中点的抗弯截面系数，mm^3；l 为横销的计算跨度，mm；τ 为横销中点截面的剪切应力，N/mm^2；Q 为横销的中点施加荷载，kN；A 为横销的圆截面积，mm^2；σ_R 为允许复合应力，N/mm^2，对于 20 号优质碳素钢取 $\sigma_R=1000\times9.807=9.81\text{N/mm}^2$。

3. 卸扣的容许荷载

当卸扣承受荷载时，要对其弯环中的实际弯矩作精确计算是极其复杂的，根据经验可知，强度取决于弯环部分的直径 d，对于 20 号优质碳素钢，弯环的容许荷载 $[Q]$ 可按式（3-22）近似计算，即

$$[Q] = 55d \tag{3-22}$$

除上述计算确定弯环的容许荷载 $[Q]$ 外，卸扣的容许荷载可根据相关手册及生产厂家产品查取。

根据实际经验，直形卸扣的容许荷载实际是受横销强度控制的，现场对一般规格的直形卸扣可按横销直径 D（见图 3-31，D 表示螺纹公称直径）计算容许荷载，其计算公式为

$$[Q_{横销}] = 38D^2 \tag{3-23}$$

对于不规范的横销直径 D，当 $B \geqslant 3d$ 时，也有不少电力建设公司根据现场实际经验推荐按 $[Q]=\frac{10d^2}{B}$ 计算容许荷载较切合实际。

三、卸扣使用注意事项

钢丝绳用卸扣有普通卸扣、合金钢卸扣等。合金钢卸扣体积小、质量轻，受到施工人员的欢迎。使用卸扣应注意如下事项：

（1）卸扣使用前，必须进行外观检查。凡表面有裂纹或严重伤痕、变形、销钉损坏或拧不到位者均不得使用。

（2）卸扣不得超载使用，应按标记的额定负荷使用，且不得横向受力，不得处于吊件的转角处。

（3）销子不能扣在能活动的索具内。

（4）利用钢丝绳捆绑松散物件（如毛竹、木树等）时，要注意其安装方向，并注意受力绳在U形环弯环内，切不得在销钉上受力。

（5）高空用卸扣时，应考虑销钉的安装方向，并保证拆装方便及防止突然拔出而落下伤人。

（6）工作完毕，要将卸扣收回擦干净，放在干燥处，以防表面生锈，影响使用。

第五节　杆塔组立用绞磨机和卷扬机

绞磨机和卷扬机是输电线路施工中，起重和牵引工作必不可少的施工机具。目前使用的牵引绞磨机有手推绞磨机和机动绞磨机。

一、手推绞磨机

手推绞磨机（见图3-32），由卷绕钢丝绳的磨芯、磨轴、磨杠及支承磨芯与磨轴的支架等几个主要部分组成。手推绞磨机是用人力推动磨杠并利用磨杠与磨芯的传动半径差以使磨芯在圆周上产生牵引力，目前虽大量使用机动绞磨机，但在小荷载牵引中，它仍被普遍使用。

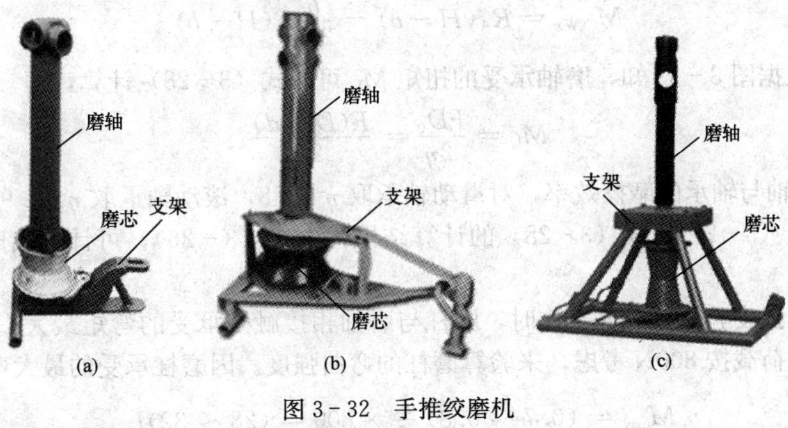

图3-32　手推绞磨机

1. 手推绞磨机规格举例

如图3-32（c）所示为ST型手推绞磨机，固定在地面上，是以人工推动磨杠为动力的绞磨机，用于输电线路工程中吊装牵引及起吊杆塔等作业。手推绞磨机采用装棘轮结构，自锁可靠。

手推绞磨机分为3t和5t，额定负荷不超过30kN和50kN，整机质量大约为55kg

和 70kg。

2. 手推绞磨机强度验算

（1）磨芯卷绕钢丝绳部分最小外径按式（3-24）确定，即

$$D \geqslant (9 \sim 10)d \tag{3-24}$$

式中：d 为钢丝绳直径，mm。

（2）挤压强度计算。磨芯表面挤压强度可按式（3-25）验算，即

$$\sigma_{\mathrm{P}} = \frac{Q}{\sigma d} \leqslant [\sigma]_{\mathrm{P}} \tag{3-25}$$

对于 3～5 号普通碳素钢，取 $[\sigma]_{\mathrm{P}} = 160\mathrm{N/mm^2}(160\ \mathrm{MPa})$。

（3）磨轴强度验算。绞磨机卷绕钢丝绳时，磨轴同时承受弯曲和扭转作用，因此需根据强度理论验算其复合应力，按式（3-26）计算，即

$$\sigma_{\mathrm{R}} = \frac{\sqrt{M_{\mathrm{W}}^2 + M_{\mathrm{M}}^2}}{W_{\mathrm{W}}} \leqslant [\sigma]_{\mathrm{R}} \tag{3-26}$$

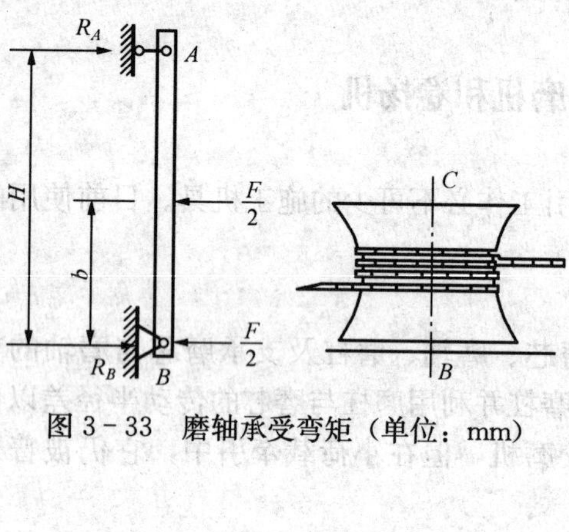

图 3-33 磨轴承受弯矩（单位：mm）

对于 Q235、Q245、Q55 普通碳素钢，取 $[\sigma]_{\mathrm{R}} = 900\ \mathrm{N/mm^2}$。

磨轴承受弯矩，可用图 3-33 表示：当磨芯 B、C 两端与磨轴焊接时，如略去尾绳端钢丝绳拉力作用后，则牵引力 F 通过磨芯平均分配于磨轴的 B、C 两处，各为 $F/2$。设 A、B 两支点的反力分别为 R_A、R_B，由此可见磨轴的最大弯矩在 C 点，由 $\sum M_{\mathrm{B}}=0$ 知，$R_A H - \frac{F}{2}b = 0$；$R_A = \frac{F}{2H}b$，则 C 点的最大弯矩 $M_{C(\mathrm{W})}$ 为

$$M_{C(\mathrm{W})} = R_A(H-b) = \frac{b}{2H}F(H-b) \tag{3-27}$$

同理，根据图 3-33 知，磨轴承受的扭矩 M_{L} 可按式（3-28）计算，即

$$M_{\mathrm{L}} = \frac{FD_0}{2\eta} = \frac{F(D+d)}{2\eta} \tag{3-28}$$

式中：η 为磨轴与轴承的摩擦效率，对滑动轴承取 $\eta=0.8$，滚动轴承取 $\eta=0.96$。

于是将式（3-27）、式（3-28）的计算结果代入式（3-26），可计算出磨轴复合应力 σ_{R}。

（4）磨杠强度验算。磨杠工作时，磨杠与磨轴相接触处承受的弯矩最大，计算弯矩时，磨杠上一侧的荷载按 800N 考虑，来验算磨杠的弯曲强度。因磨杠承受的最大弯矩为

$$M_{\max} = (0.7 \sim 0.8)\frac{L}{2} \times 800 = (28 \sim 32)L \tag{3-29}$$

则磨杠最大弯曲应力 $\sigma_{\max}$ 为

$$\sigma_{\max} = \frac{M_{\max}}{W} \leqslant [\sigma]_{\mathrm{W}} \tag{3-30}$$

式中：W 为磨杠的抗弯截面系数，即 $W = 0.1 \times \frac{D_2^4 - d_2^4}{D}$，其中 d_2、D_2 分别为磨杠的内、外

径；$[\sigma]_W$ 为磨杠材料的许用抗弯模量，对于 Q235、Q245 等普通碳素钢，取 $[\sigma]_W=100\sim120N/mm^2$。

3. 手推绞磨机使用注意事项

手推绞磨机使用前必须进行外观检查，凡有磨轴磨损严重、磨架变形、焊缝裂纹等缺陷的，不得使用。绞磨机放置要平稳，地面要事先进行平整，不应放在坑洼不平或泥泞不堪的地面上。具体使用注意事项如下：

(1) 使用前应检查绞磨机的棘轮停止器是否灵活、有效。同时在使用过程中随时注意棘轮停止器的动作情况。在牵引绳受力暂停工作时，绞磨机应使用棘轮停止器给以制动，并用铁棍别住磨杠在木桩弧地锚上，操作人员应手扶磨杠，以防绞磨机倒转丧失牵引力。

(2) 安装绞磨机时要分清正反方向，磨架上固定磨轴的开口应在尾绳侧，严禁反装。

牵引绳应从卷筒下方卷入，排列整齐，并与卷筒垂直。磨绳在磨芯上缠绕圈数不得少于5圈（卷扬机不准少于 3 圈)，拉绞磨机尾绳不得少于两人，并保证距离绞磨机不少于2.5m，同时不得站在尾绳圈中间。

(3) 进入绞磨机的牵引绳应靠近地面，并与地面平行使磨芯保持水平。如果与地面有一定的角度或可能使绞磨机上扬，则应在绞磨机的前方设置导向滑车。靠近地面的牵引绳受力后，不得被障碍物卡住或埋入土中，以免使牵引绳发生折弯磨损。

(4) 绞磨机受力后，推磨作业人员不得离开磨杠，不得被悬空抬起。如果被抬起，则应立即调整导向滑车的位置，并将地面垫高，以防翻倒。如果受地形影响，绞磨机前侧被抬起，后侧着地，而抬起高度不超过 10cm，且磨身不晃动，则可不作处理，超过 10cm 时，应将绞磨机垫稳。

(5) 锚固绞磨机的钢丝绳套必须可靠，与绞磨机连接时，最好用两根钢丝绳套成 V 字形，两端用卸扣固定在磨架角上预留孔内，不得穿入磨架内固定，以防窜动和卡住。如果用一根钢丝绳套，中间在锚桩上至少缠绕两道，两边等长，使受力后不窜动。钢丝绳套不宜过长，过长会影响绞磨机的稳定性，也不宜过短；过短会妨碍推磨操作。一般绞磨机到锚桩的距离为 1m 左右。锚固钢丝绳套不得使用棕绳或铁线代替。

二、机动绞磨机

机动绞磨机可分为柴油机动绞磨机、汽油机动绞磨机和拖拉机机动绞磨机。

机动绞磨机按照结构形式可分为传动轴式机动绞磨机、皮带传动式机动绞磨机，如图 3-34 所示。

按照负荷可分为 3t 绞磨机、5t 绞磨机、8t 绞磨机。该类机动绞磨机，具有结构合理、体积小、质量轻、功率大、操作灵活、搬运方便等优点；广泛用于电力、邮电线路施工中，能在各种复杂条件下顺利、方便地进行组立杆塔、架设导（地）线，也可在建筑、码头等场所吊装及牵引重物。

1. 汽油机动绞磨机、柴油机动绞磨机使用时应注意的问题及维护要求

(1) 凡是从事机动绞磨机的操作人员应经过专业培训并持证上岗。

(2) 每次使用机器前，应检查机身有无杂物，周围有无影响机器正常运转的障碍，同时应检查各传动机构，一切正常后方可使用。机器每次使用完毕后，应及时清除机器上的灰尘、油污等脏物，所有清洁工作应在机器停止运转后进行。

变速箱内必须保持 1/4 的润滑机油。

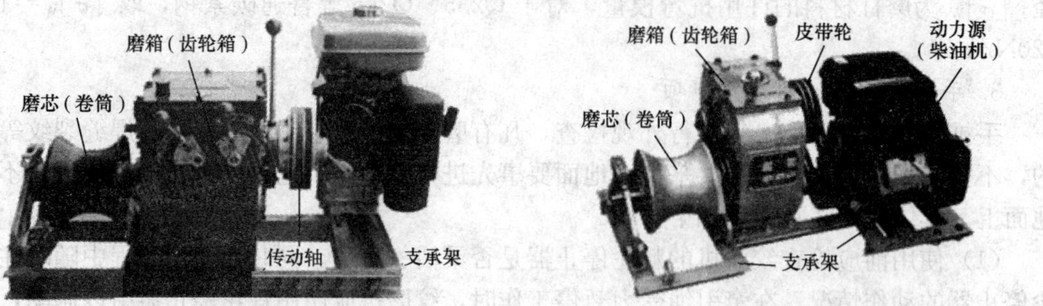

传动轴式机动绞磨机　　皮带传动式机动绞磨机

图 3－34　机动绞磨机

（3）安放绞磨机必须平整摆正，使卷筒对准牵引方向，即卷筒在导向滑车与锚桩的直线上。如果绞磨机向左偏，牵引绳容易在卷筒外面的空隙内卡死。如果绞磨机向右偏，牵引绳容易在磨芯上被压死，使磨芯无法转动，且易发生事故。

图 3－35　机动绞磨机上正确缠绕牵引绳做法实景

（4）磨绳的选择及磨绳的绕法。磨绳的直径不应大于磨芯最细腰部的 1/10，一般用直径为 12～13mm 的钢丝绳，过粗的磨绳会降低磨绳与磨芯的摩擦力而发生危险。

牵引绳在磨芯上的缠绕方法，应从卷筒下方卷入（见图 3－35），排列整齐，缠绕不少于 5 圈，受力绳在下面，并注意牵引端靠近磨箱，尾端靠近支承架磨绳尾端，应保持至少 2 个人拽拉。

（5）锚固绞磨机必须将钢丝绳套连接在卷筒两侧轴承支座的拉板上，钢丝绳套最好采用两根，分别与一根锚桩固定，呈 V 字形。采用一根钢丝绳套锚固时，钢丝绳套至少在锚桩上缠绕一圈，两边等长，以防受力不均或窜动。

（6）磨绳的安全保证缠绕圈数。磨绳的缠绕圈数为 5～6 圈。缠绕方法是从牵引侧起，由卷筒下面向上面穿，以顺时针方向缠绕 3 圈，受力牵引绳靠近变速箱，并在卷筒的下面。当牵引绳绕好后，再将拉板和箍套恢复原位，并将拉板穿钉装好，顶部螺栓拧紧。

（7）收尾绳应在锚固侧（即后侧），不得在前面侧拉。收尾绳人应站在锚桩的后面，尾绳圈应堆在人身外面，人不得站在尾绳圈堆内或锚固钢丝绳上，以防跑线或锚桩被拔出而将人带走受伤。

（8）回松牵引绳时，应回转绞磨机进行回松；不得采用松磨绳尾绳的方法卸荷或无控制地进行回松。

（9）受力的绞磨机因故需要长时间停留或过夜，应将绞磨机封死。

（10）换挡操作。操纵离合器的离合动作应迅速快捷，但不可用力过猛。动作过缓会烧损离合器，也可能出现刹车不灵的现象；用力过猛则可能造成离合器分不开的问题。遇有换挡困难应轻微合一下离合器再试。

(11) 自动刹车装置在变速箱内，在吊起时，自动刹车齿轮发出“哒、哒、哒”响声，证明齿轮工作正常，回松时则没有此响声。

2. 拖拉机绞磨机

拖拉机机动绞磨机，为行走式机动绞磨机，又称拖拉机绞磨机。主要用于输电线路中机械放线或牵引、吊装作业，杆塔整体竖立时的牵引，也可提升重物；后部可挂拖箱运输工具。

拖拉机绞磨机的性能与机动绞磨机基本相同，只是比机动绞磨机牵引速度快，马力大，它主要用于荷载大的起吊和牵引，如重型杆塔起吊和放线紧线牵引，目前在输电线路施工中使用较为普遍。

拖拉机绞磨机，除原机外，还加装了减速齿轮箱及绞磨卷筒，装有卷筒前后支架等。图3-36所示（a）所示为手扶拖拉机绞磨机（技术参数见表3-23），配有两只卷筒、七轮槽，牵引方便，能保护钢丝绳，特别用于施放光缆牵引无扭钢丝绳。

(a)

(b)

图3-36　拖拉机绞磨机

(a) 手扶拖拉机绞磨机；(b) 轮式拖拉机绞盘

表3-23　手扶拖拉机绞磨机技术参数

型号	额定牵引力（kN）	牵引速度（m/min）	原动机	质量（kg）
JMJS-5 (JMJ-5)	10	37	东风-12型手扶拖拉机	650（550）

除上述机动绞磨机外，还有电动机动绞磨机，主要用在有电源的地方。下面，仅介绍手扶拖拉机绞磨机使用注意事项：

(1) 安置拖拉机绞磨机时，机身要摆正，卷筒要对准牵引方向，否则牵引绳容易吊槽或压死。两个轮胎要相平，轮胎前后要掩牢，受力后不得下沉和移动。机身前后的支架和支脚要撑好，前支架下面要用道木顺向垫实，后支脚要成八字形，着地点要相平，使受力后不下沉或前后移动。

(2) 在牵引过程中，操作人员要握住扶手，不得脱手，以防受力不均突然转身。运转时机身两侧不得有人，以防转动伤人。

(3) 往卷筒内缠绕钢丝绳时，先将钢丝绳绕入卷筒上，再将卷筒外侧的拉板与锚固钢丝绳连牢。

(4) 牵引绳在机身下面进入卷筒受力后，其高度以不磨损机件为准，否则应调整机身或导向滑车的位置。

(5) 拖拉机绞磨机的两轮胎应在同一水平面上，前后支架均应受力。

三、卷扬机

卷扬机分为手动卷扬机和电动卷扬机两种。

1. 手动卷扬机

手动卷扬机又叫手摇绞车，是以人力作为动力，驱动卷筒、卷绕绳索来完成牵引工作的装置，如图 3－37 所示。

手动卷扬机用于输电线路工程施工，主要作为收紧导线或提升构件等作业。

图 3－37　手摇绞车

2. 电动卷扬机

电动卷扬机，由电动机、联轴节、制动器、齿轮箱和卷筒组成，共同安装在机架上。对于起升高度和装卸量大、工作频繁的情况，调速性能好，能令空钩快速下降。

图 3－38　电动卷扬机

电动卷扬机是目前使用最多的卷扬机，如图 3－38所示。

输电线路在组立高塔，以及采用塔吊等组塔技术时，要用到电动卷扬机。

对电动卷扬机安装，应考虑的基本要求如下：

(1) 电动卷扬机应安装在操作人员工作时能看到吊装物件的地方，安装位置不能离吊装物件太远。

(2) 卷扬机前安装的第一部转向滑车中心线应与卷筒中心线垂直，并与卷筒相隔一定距离。钢丝绳在卷筒上的圈数，除连接板固定钢丝绳圈数外，至少要留 5 圈。

(3) 要在电动卷扬机底座下垫枕木，枕木不能伸出脚踏制动器底座，以免妨碍操作。

(4) 电动卷扬机应固定在符合设计要求的地锚或角钢桩上：尾部采用钢丝绳闭销固定(如要固定在建筑物埋体上，则必须经技术人员确认后方可进行)。受载后，卷扬机不应有移动或倾覆现象发生。

(5) 所用电气开关、隔离开关等设备应与卷扬机电动机相配套，要求安全可靠。

第六节　双钩紧线器、起重葫芦

一、双钩紧线器

双钩紧线器（简称双钩），是用以收紧或松出钢丝绳、钢绞线的调节工具，在输电线路施工中主要用来调节临时拉线、杆塔补强、稳固抱杆、高空组装、安装附件及更换绝缘子等。

1. 类型、结构及工作原理

双钩紧线器是由一对钩头螺杆（一只为右旋螺纹矩形丝扣，另一只为左旋螺纹矩形丝扣）、螺母杆套、棘轮扳手和换向爪等主要构件组成（见图 3－39），其技术参数见表 3－24。

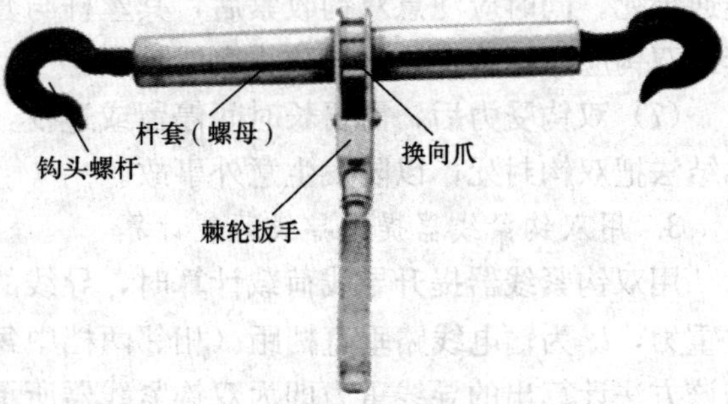

图 3－39　双钩紧线器

表 3－24　双钩紧线器技术参数

产品编号	型号	额定负荷（kN）	极限负荷（kN）	最大中心距（mm）	调节距离（mm）	自重（kg）
HD105-01	SJS-1	10	30	840	260	3.5
HD105-02	SJS-2	20	60	1030	330	3.8
HD105-03	SJS-3	30	90	1350	460	5.7
HD105-04	SJS-5	50	125	1440	400	8.1
HD105-05	SJS—8	80	160	1660	580	8.5

根据制造材料的不同，双钩紧线器可分为钢质双钩紧线器和铝合金双钩紧线器，前者应用较多。另外，还有一种套式双钩紧线器，在收紧状态下，其长度较小，便于携带。

双钩紧线器的工作原理：工作时将挂钩挂好，只要调整换向爪的位置，即往复摇动扳手，两端螺杆同时向杆套内收紧或向杆套外伸出，以达到收紧或放松的目的。

2. 使用注意事项

使用双钩紧线器前应进行外观检查。凡表面裂纹或严重损伤，套筒丝扣及挂钩变形，丝扣过松或过紧，受力时丝扣倒转，换向爪失灵，两端螺杆无保险螺栓等，均不得使用。注意铭牌上的额定允许荷载，不得超载使用。

使用一段时期后的双钩紧线器，应进行润滑保养，保证经常处于润滑状态，存放时挂在空气流通的库房内。具体注意事项如下：

（1）使用时应按额定负荷控制应力，严禁超载使用。例如，钢质双钩，型号为 SJS-1，额定负荷为 10kN，使用时最大负荷应控制在 10kN 以下；套式双钩，型号为 SJST-1，使用时最大负荷应控制在 10kN 以下。同时应注意双钩只应承受拉力，不得代替千斤顶使之承受压力。

（2）使用、搬运等作业严禁抛掷，从杆塔上拆除后应用麻绳绑牢再送至地面。

（3）使用时，先将螺杆松出两端，松出的长度应基本相等，保留在螺母套内的丝扣长度不得少于 10cm。

（4）操作双钩时，应将两端挂钩撇住，不使其扭转，将换向爪定好位置，上下摇动扳手，使两端螺杆同时收短或放长。如果扳手摇不动，则不得强摇或将扳手接长使用。

（5）对受力的双钩进行回松，事先应量好螺杆上的丝扣长度，以防保险螺栓失灵而使螺杆突然脱出。

（6）双钩收紧后要防止因钢丝绳自身扭力使双钩倒转，一般应将双钩上下端用钢丝绳套连通绑死。同时应注意双钩收紧后，其丝杆与套管的单头连接长度不应小于50mm，尤其是套式双钩应注意接合长度，防止突然松脱。

(7) 双钩受力后，需要长时间停留或过夜，应用钢丝绳卡或用8号铁线钢丝绳使用吊钩扣结法把双钩封死，以防发生意外事故。

3. 用双钩紧线器提升导线荷载计算

用双钩紧线器提升导线荷载计算时，导线的重力为 $P=l_v\times W$，其中 W 为每米导线单位重力，l_v 为输电线路垂直档距（相邻两档中每一档离地最近的两点之间的垂直距离）。根据该方法计算出的导线重力即为双钩紧线器所承受的荷载。

二、起重葫芦

起重葫芦的类型较多，在输电线路施工中主要用于升降或牵引重物，以及架线施工中收紧钢绞线、铝绞线。另外，也用于设备的锚固等工作。

用人力拉动链条或扳动手柄来提升或牵引重物的轻小型起重葫芦（见起重机械），分手拉葫芦和手扳葫芦两种。

手扳葫芦可分为环链式手扳葫芦、钢丝绳式手扳葫芦，主要用于物品起吊及机件牵引，以及架线施工中收紧钢绞线、铝绞线。该类葫芦起重量一般不超过3t，起升高度通常为1.5m。人在地面上即可直接扳动手柄，操纵重物的升降。空载时，吊钩能快速下降，可缩短返程时间。

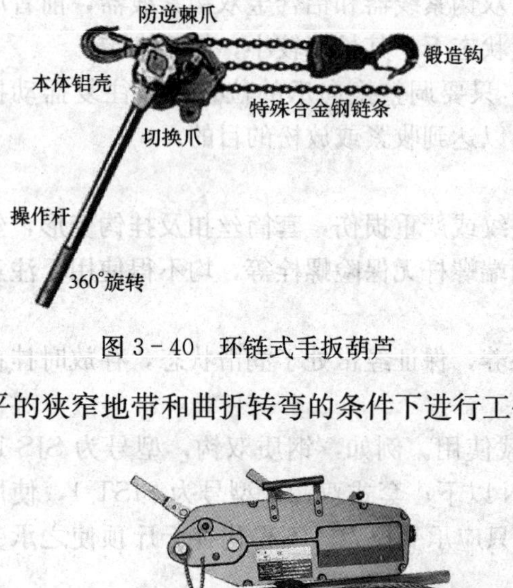

图3-40　环链式手扳葫芦

(1) 环链式手扳葫芦（见图3-40）。靠扳动手柄，通过传动机构带动起重链条升降重物。环链式手扳葫芦是设备安装、货物起吊、物体固定、绑扎和牵引的理想工具，尤其是任意角度的牵引和在场地狭小、露天作业及无电源的情况下，更显示其优越性。

(2) 钢丝绳式手扳葫芦。钢丝绳式手扳葫芦（见图3-41），又称横向牵引机，它不但能作一般牵引、卷扬、起重工作，而且还能在倾斜高低不平的狭窄地带和曲折转弯的条件下进行工作。

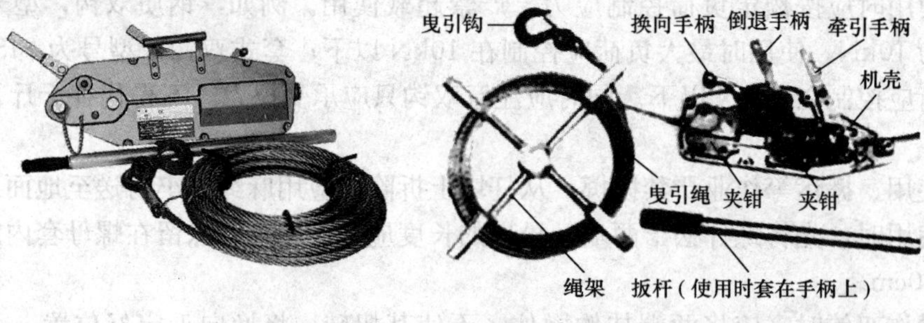

图3-41　钢丝绳式手扳葫芦

1) 钢丝绳式手扳葫芦的工作原理。从结构上看有两个夹钳，往复扳动手柄时，一个夹钳夹紧钢丝绳往后运动，同时松开的另一个夹钳往前运动。接着，第一个夹钳松绳往前，第二个夹钳夹绳往后，如此交替动作，使钢丝绳牵引的重物随之向操纵者移动或提升。扳动换向手柄到反向位，再扳动手柄，则夹钳的动作相反，使重物反向沿斜面退去或垂直下降。

2）钢丝绳式手扳葫芦的优点。轻便灵活，高效、安全、使用安全牵引距离长、耐用，具有起重、牵引、张紧三大功能，安全系数高，使用寿命长，起重量或牵引能力一般在30000N以下；钢丝绳调节长度范围较大，并可在垂直、水平、斜向牵引，用途十分广泛。

(3) 手扳葫芦注意事项。使用前应检查吊钩、链条、传动装置是否良好。凡部件不全，吊钩、链条、转轴及制动装置有损伤或变形，传动部分不灵活，吊钩、链轮有倒卡现象或链条有滑槽现象等，均不得使用。两台及两台以上链条葫芦起吊同一重物时，重物的重量应不大于每台链条葫芦的允许起重量。不得超负荷使用，起重能力在5t以下的允许1人拉链，起重能力在5t以上的允许两人拉链，不得随意增加人数猛拉，操作时，人员不准站在链条葫芦的正下方。

吊起的重物如需要在空中停留较长时间，则应将手拉链条拴在起重链上，并在重物上加设保险绳。使用中发生卡链情况，应将重物垫好后方可进行检修；悬挂链条葫芦的架梁或建筑物，应经计算，否则不得悬挂。禁止用链条葫芦长时间悬吊重物。

第七节　锚 固 工 具

在输电线路施工中，埋设临时锚桩是用来锚固绞磨机、牵引滑车组、导向滑车、压线滑车以及各种拉线等的锚固装置，泛称地锚。输电线路施工中常用的地锚有深埋式地锚、铁桩式（或称板桩式）地锚和钻式地锚（地钻）。在河网地区施工还可以使用船与锚链等。

一、地锚

地锚、桩锚习惯上都统称为地锚。它们还是有区别的或有差异的。地锚，是指锚体埋入地面以下一定深度的土层中而承受上拔力；桩锚是指用锤击或其他施力方法使桩部分沉入土层、部分外露而承受拉力。根据输电线路建设部门的经验，认为承受的拉力小于20kN且地表土较坚硬时，一般使用地锚；当承受拉力大于20kN且地表土较软弱时，一般使用桩锚。地锚承受的拉力较大，需要挖坑，桩锚不挖坑，承受的拉力较小，靠锤击等方法打入地下。

1. 地锚制作的安全技术要求

(1) 起重吊装使用的地锚，应严格按设计进行制作，并做好隐蔽工程记录，使用时不准超载。

(2) 地锚坑宜挖成直角梯形状，坡度与垂线的夹角以15°为宜。地锚深度根据现场综合情况决定。

(3) 拖拉绳与水平面的夹角一般以30°以下为宜，地锚基坑出线点（即钢丝绳穿过土层后露出地面处）前方坑深2.5倍范围及基坑两侧2m内，不得有地沟、电缆、地下管道等构筑物以及临时挖沟等。

(4) 地锚周围不得积水。

(5) 地锚不允许沿埋件顺向设置，需要挖坑，随时用随时固定，拆除快捷，由于地锚便利和省力，因此使用越来越广。

2. 深埋式地锚

深埋式地锚是挖坑埋设在地坑内锚的锚体装置，因此也称坑锚，按受力方向可分为有垂直受力和斜向受力的坑锚。锚体通常采用圆木、钢板和钢管等制作。

(1) 圆木地锚。木桩一般是用 120mm×1200mm 的硬木制成，一端切削成尖体。圆木地锚由于选材困难，容易腐烂，使用也就越来越少。

(2) 钢板地锚。采用 3~5mm 厚的薄板，中间每隔 300mm 焊接加强筋板。连接一根拉棒或钢丝绳套，规格可分为几个允许拉力吨级。与圆木地锚相比，钢板地锚强度高，坚固耐用。因此，在目前线路施工中普遍使用钢板地锚。

钢板地锚有封闭式和敞开式两种，如图 3-42 所示。

表 3-25 所示为封闭式钢板地锚的容许拉力值。

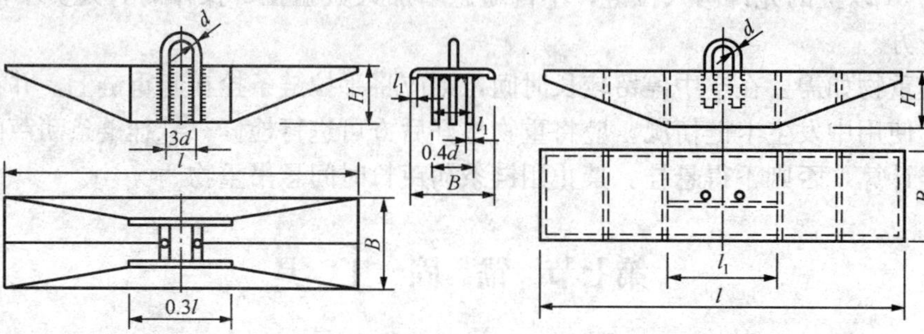

图 3-42 钢板地锚

表 3-25 封闭式钢板地锚的容许拉力值

型号	主要尺寸（mm）				容许拉力 (kN)	质量（kg）
	d	l	l_1	H		
FM-1	28	1000	200	180	49	18
FM-2	30	1100	250	200	78.5	20
FM-3	38	110	300	230	147.1	23

另外，也有类似上述钢板地锚，可称为永久钢板地锚，采用钢板弯边成形以作挡板，将O形环焊固在中部立筋板的框架上而成，施工时将钢板地锚永久埋入地下使用。

(3) 钢管坑锚。采用 4mm 厚的薄板卷制焊接成圆形管状体，通常制成外径为 230mm、长度为 1.5~1.8m 的圆柱体，内壁中部用 6~8mm 厚的钢板焊接加固，两端封口，以形成地锚锚体。

3. 地锚抗拔力计算

地锚的极限抗拔力应根据地锚受力达到极限平衡状态时，在受力方向沿土壤抗拔方向形成剪切裂面所形成倒锥体土块的质量计算。因此，为保证输配电线路埋设地锚的安全性，应将填土夯实，否则地锚的受力达不到计算假定条件而使地锚的实际抗拔力低于计算值。工程实际应用将地锚的极限抗拔力除以安全系数 2~2.5 作为地锚的允许抗拔力。

(1) 地锚斜向受力的计算。根据施工布置分单点固定方式、两点固定方式。地锚的埋设形式，可以是普通埋地地锚、半嵌入式局部埋土地锚和全嵌入式埋土地锚三种。

单点固定方式，按地锚带动一直立的锥形体积土块考虑，如图 3-43 所示。单点固定地锚斜向受力 Q 为

表 3-26　　土壤的单位体积密度 γ、抗剪角 φ_2

土壤名称	土壤的状态	单位体积密度 γ（$\times10^{-3}$kg/cm³）	计算倾斜抗剪角 φ_2（°）
黏性土	坚硬	1.8	45
	硬塑	1.7	35
	可塑	1.6	30
	软塑	1.6	15～22
亚黏性	坚硬	1.8	40
	硬塑	1.7	35
	可塑	1.6	28
亚砂土	软塑	1.6	15～22
	坚硬	1.8	40
	可塑	1.7	40
砂性土	砾砂及粗砂	1.8	37
	中砂	1.7	35
	细砂	1.6	32
	粉砂	1.5	25

$$Q = V\gamma = \left[d \times l \times t + (d+l)t^2 \times \tan\varphi_1 + \frac{4}{3}t^3 \times \tan\varphi_1^2\right]\gamma\cos\alpha \quad (3-31)$$

$$t = h/\cos\alpha \quad (3-32)$$

式中：t 为地锚在土中的斜向长度，cm；α 为地锚受力方向与水平方向的夹角，°；φ_1 为土壤计算抗拔角，°；d 为横圆木地锚直径或钢板宽度，cm；h 为地锚有效埋深，cm；γ 为土壤的单位体积密度（见表3-26），kg/cm³；

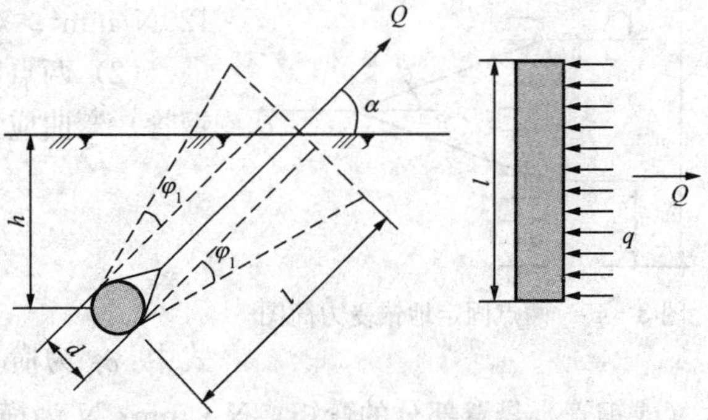

图 3-43　单点固定地锚受力简图

地锚的容许抗拔力，即考虑安全系数 K，一般地锚抗拔安全系数为 2～2.5。此时地锚的容许抗拔力 $[Q]$ 为

$$[Q] = \frac{Q}{K} = (0.5 \sim 0.4)Q \quad (3-33)$$

因此，有关资料推荐：在带卵石或跞石的黏土或砂土中，其弯矩（$M = Ql/8$）按均部负荷考虑，此时地锚允许抗拔力为 $Q = 72d^3/l$；淤泥地带的弯矩（$M = Ql/6$）按两侧在 $l/3$ 处受集中荷载考虑，此时地锚允许抗拔力为 $Q = 96d^3/l$。

（2）垂直地锚的抗拔力计算。垂直地锚是上述坑斜向地锚的特例，即地锚受力方向与水平方向的夹角 $\alpha = 0°$。如图 3-44 所示，按地锚带动一直立的锥形体积土块考虑，垂直地锚抗拔力 Q（单位：N）为

$$Q = V\gamma = \left[d \times l \times h + (d+l)h^2 \times \tan\varphi_1 + \frac{4}{3}h^3\tan\varphi_1^2\right]\gamma \quad (3-34)$$

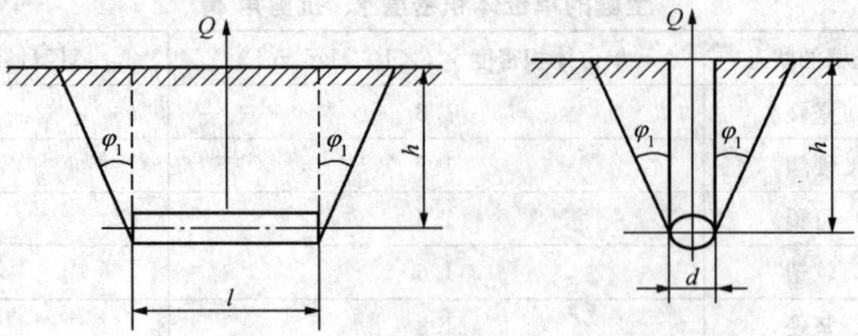

图 3-44 垂直地锚受力计算简图

式中符号含义同前。垂直地锚的容许抗拔力，与上述相同。

4. 地锚强度验算

（1）单点固定。弯曲应力 σ_W 应满足

$$\sigma_W=\frac{M_{max}}{W}\leqslant[\sigma]_W \tag{3-35}$$

式中：σ_W 为地锚锚体的弯曲应力，N/mm²；W 为地埋木或钢管的抗弯截面系数，mm³；M_{max} 为地埋木或钢管的中心点最大弯矩，N·mm；$[\sigma]_W$ 为锚体的容许弯曲应力，N/mm²。

最大弯矩为 $M_{max}=ql^2/8$ 和抗弯截面系数 $W=0.1\left(\frac{d_1+d_2}{2}\right)^3$；其中 $q=Q/l$ 为地埋木或钢管单位长度上的荷载（单位：N/mm）；l 为地埋木或钢管长度（单位：mm）；d_1、d_2 分别为单根圆木的大小端的直径或称梢径 d_1 及根径 d_2。

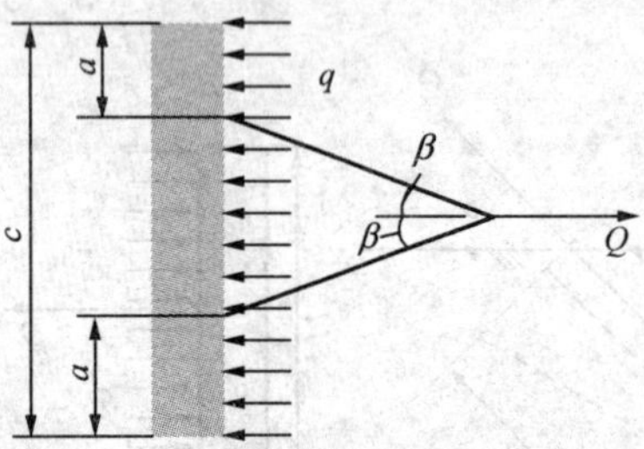

图 3-45 两点固定地锚受力简图

锚体的容许弯曲应力 $[\sigma]_W$：对圆木可取 $[\sigma]_W=120$N/mm²；对于 Q235 钢，取 $[\sigma]_W=150$N/mm²。

（2）两点固定（见图 3-45）。两点固定的圆木（或钢管）弯曲应力 σ_R 应满足

$$\sigma_R=\frac{N}{F}+\frac{M_m}{W}\leqslant[\sigma]_W \tag{3-36}$$

$$M_m=\frac{qa}{2},\ N=\frac{Q}{2}\tan\beta$$

式中：σ_R 为横木（或钢管）复合应力，N/mm²；M_m 为横木（或钢管）悬臂部分的弯矩，N·mm；N 为横木（或钢管）所受轴向力，kN；F 为横木（或钢管）所受轴向力，kN；$[\sigma]_W$ 为横木（或钢管）允许复合应力，一般木材取 10N/mm²、优质木材取 12N/mm²，钢材允许应力，取 140N/mm²；a 为横木（或钢管）悬臂部分的长度，mm；β 为地锚分支与外力方向间的夹角；q 的含义同前。

（3）单点固定半圆形钢板地锚。半圆形钢板地锚，多采用 5mm 厚的钢板卷制成半圆形，在地锚挡板中间连接有一个 U 形环用来锚固拉线，半圆形钢板地锚工作时主要承受固定点的弯矩。根据材料力学强度计算原理，知

$$\sigma_R=\frac{M_m}{W}=\frac{\frac{ql^2}{8}}{\frac{\pi d^3}{64}\left(1-\frac{d^4}{D^4}\right)}=\frac{8ql^2}{\pi d^3}\frac{1}{\left(1-\frac{d^4}{D^4}\right)}\leqslant[\sigma]_W \tag{3-37}$$

式中：M_m 为地锚挡板 U 形环固定点的弯矩，N·mm；q 为半圆形钢板单位长度允许抗拔

力，N；l 为地锚长度，mm；d 为半圆形钢板地锚加强筋内径，mm；W 为钢板地锚的抗截面系数，mm^3；D 为半圆形钢板地锚外径，mm。

二、桩锚

在沼泽、淤泥或地下水位较高处，可以采用桩锚。

常用的桩锚多为圆木桩锚、圆钢管桩锚、角铁（实际是角钢，习惯称角铁）桩锚。除这些地锚外，还可根据地质、土壤条件，采用地钻桩锚及岩石桩锚。例如，流砂地带可采用地钻（见图 3－46）锚固，即用 $\phi30$ 圆钢作钻杆，下端有螺旋叶片，目前使用的地钻有两种，其技术参数见表 3－27。

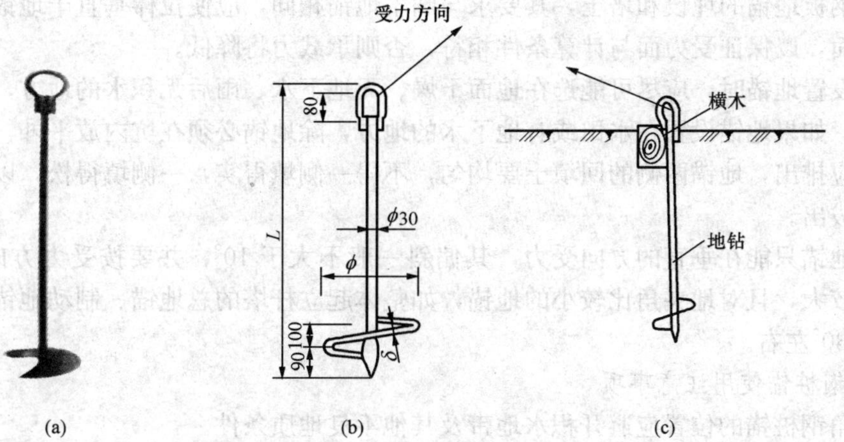

图 3－46　地钻及地钻钻入地下示意图

(a) 地钻；(b) 地钻形状；(c) 钻入地下示意图

又如，利用自然条件做桩锚——岩石桩锚，即先在岩石上钻一个倾斜 60°的孔，然后在孔中插入一根锚杆，锚杆上端露出岩石约 40mm；在锚杆上和岩石孔之间，在受力方向插入一个楔状物，将锚杆可靠地楔固在孔内，这样成形的桩锚即可使用。当施工结束时，可将桩锚取出，是一种临时桩锚，并以岩石和楔状物承力的桩锚，此处即称岩石桩锚。

表 3－27　地钻技术参数

型号	最大拉力（t）	最大深度（mm）	主要尺寸（mm）			质量（kg）
			L	ϕ	δ	
SDZ-1	1.0	1000	1120	250	5	8.5
SDZ-2	3.0	1500	1710	300	8	12.0

三、使用地锚、桩锚注意事项

无论使用何种地锚、桩锚，使用前必须进行外观检查。

1. 圆木地锚使用注意事项

(1) 使用时除验算圆木本身的强度外，还要根据不同的地质情况计算其上拔稳定性，以确定其埋深。如果单根圆木的强度或稳定达不到要求，则应采用双根或多根圆木捆绑在一起使用，不得降低其安全系数。

(2) 地锚钢丝绳套应捆绑在圆木中间，并用卡钉将捆绑钢丝绳钉死。对受力大的地锚，为防止捆绑钢丝绳压伤圆木，可用钢板或铁桩衬垫。

(3) 圆木地锚是在垂直方向受力，埋设时要摆正方向，应使钢丝绳套垂直于地锚中心线，按受力方向挖好马道，以保证其受力面与计算条件相符，否则承载力将降低。

(4) 在土质较好的地区埋设地锚时，回填土应分层夯实。在土质极差（淤泥）且有地下水或地面积水的地方埋设地锚时，应先将坑内积水排出。为防止地锚两端受力不平衡而滑向一侧，钢丝绳套可采用两点绑扎。

2. 钢板地锚使用注意事项

(1) 地锚上的拉棒或钢丝绳套应用U形环与地锚预留孔连接。

(2) 钢板地锚的埋设和培土，其要求与圆木地锚相同，应使拉棒垂直于地锚中心线和半圆形的弧面，以保证受力面与计算条件相符，否则承载力将降低。

(3) 设置地锚时，应尽可能选在地面干燥、无地下水、雨后无积水的地方，以提高地锚的稳定性。如果地锚设置在水田或有地下水的地方，除地锚必须在坑内放平外，回填土时坑内的积水应排出，地锚两侧的回填土要均匀，不得一侧填得实，一侧填得松，以防地锚受力后从一侧拔出。

(4) 地锚只能在垂直的方向受力，其偏斜一般不大于10°，并要按受力方向挖好马道。对受力比较大，且对地夹角比较小的地锚，如整体起立杆塔的总地锚、制动地锚等，其马道应保持在30°左右。

3. 角钢桩锚使用注意事项

(1) 角钢桩锚的位置应避开积水地带及其他不良地质条件。

(2) 角钢桩锚规格不宜小于∟75×8，长度不得小于1.5m，严重弯曲者不得使用。

(3) 钢桩的轴线与地面的夹角（后侧）以60°～70°为宜，不应垂直地面，打入深度不应小于1.0m，且角钢桩锚的凹口应朝受力侧，钢丝绳在桩上的着力点应紧贴地面。

图3-47 桩锚（三联桩）现场布置

(4) 采用双桩或三联桩（见图3-47）时，前后相邻的两桩间应用8号铁线（3～4圈）并通过花篮螺栓连接。使用前，花篮螺栓应收紧，以保持双桩或三桩同时受力。

(5) 角钢桩锚应当天打入地下，当天使用。隔天或隔夜使用时，使用前应检查有无雨水浸入，必要时应拔出重打。

4. 地钻设置的要求

凡焊接脱焊和叶片严重变形等不得使用，且不得超载使用。对无法使用立锚的流砂地带，以及水田及软土地质条件下，且荷载又比较大，当一根地钻不能满足受力要求时，可使用2～3根或多根地钻，以满足受力要求。采用多个地钻组成群钻进行锚固时，地钻入土深度应不小于1.2～1.5m。采用多根地钻时，直接与拉力绳相连的地钻（即主地钻）受力最大，应使用专门的连接工具，以改善群钻的受力情况。

第八节　输电线路机械化组塔

机械化组塔，这里主要是指采用塔吊、汽车吊等机械设备为组立、安装输电线路杆塔。

一、塔吊组塔

塔吊是建筑工地上最常用的一种起重设备，也称塔式起重机。在输电线路工程中，常采用塔吊组立、安装特大型输电杆塔。

图 3-48 所示为塔吊基本组成及施工实景。

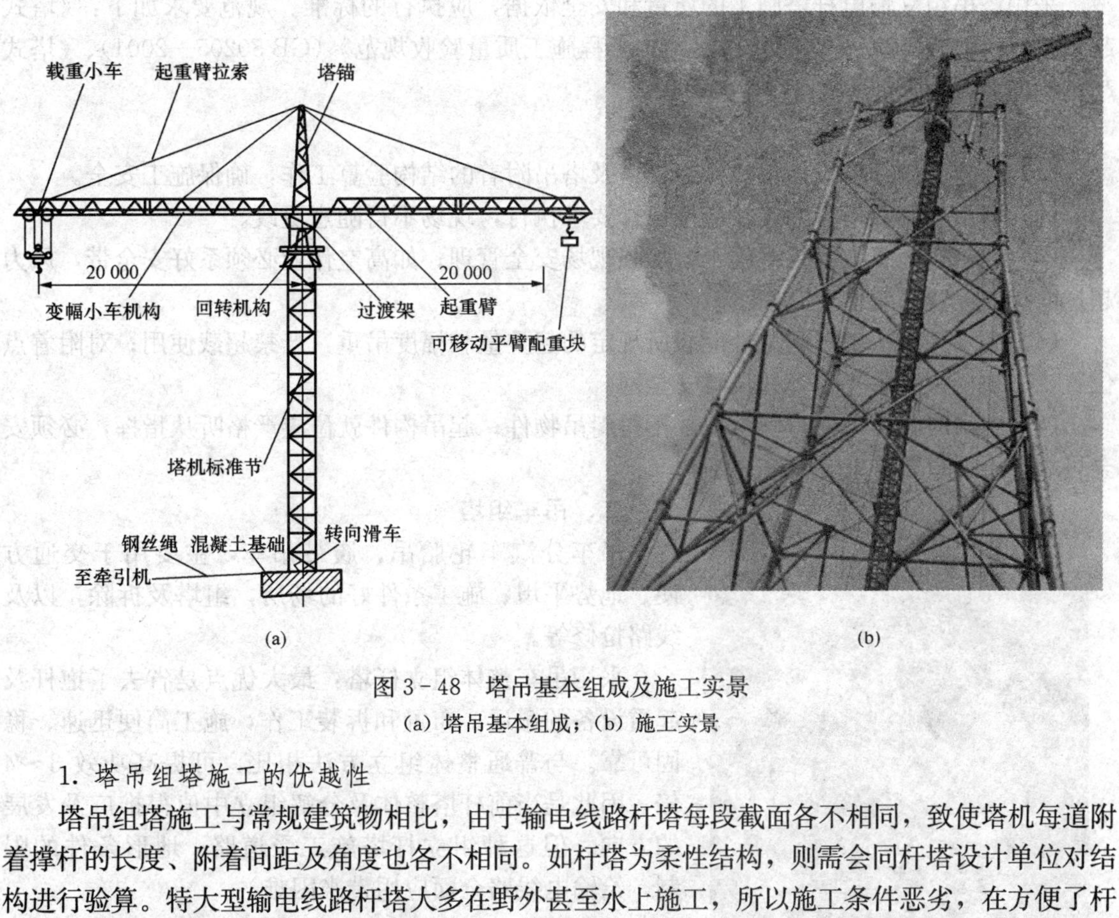

图 3-48　塔吊基本组成及施工实景
(a) 塔吊基本组成；(b) 施工实景

1. 塔吊组塔施工的优越性

塔吊组塔施工与常规建筑物相比，由于输电线路杆塔每段截面各不相同，致使塔机每道附着撑杆的长度、附着间距及角度也各不相同。如杆塔为柔性结构，则需会同杆塔设计单位对结构进行验算。特大型输电线路杆塔大多在野外甚至水上施工，所以施工条件恶劣，在方便了杆塔组立的同时也给塔吊施工带来了难度，但与传统的悬浮抱杆施工工艺相比有以下优点：

(1) 起吊重量大，减少吊装次数，施工进度快；可大大减少塔上工作量，降低了安全事故的发生频率。

(2) 能有效地控制杆塔组立的质量。

(3) 减少了机械设备和人员的投入，也降低了材料的消耗。如采用悬浮抱杆组立杆塔，工期较长，且安全和质量难以保证，需投入大量的人工、机械设备及消耗材料，由于塔吊的使用，减少了大量的塔上工作量和设备材料的投入，使工期缩短。

2. 塔吊组塔施工质量要求

(1) 塔吊垂直度要求。塔吊安装以前必须找平基础；每次附着前，应将塔身配平，要求在塔身的两个垂直方向上最大偏差均不大于 $L/1000$（L 为附着点到固定支腿的距离），而且要求附着后不应产生扭转现象；否则，应重新附着，塔吊倾斜将对柔性杆塔产生较大的内应力，使安装质量难以控制。

（2）附着杆设计要求。由于组塔工期特别短，所有附着杆需一次加工完毕，附着杆长度计算必须精确，以免附着时再改制而贻误工期。

（3）塔吊调试要求。由于大吨位吊装，起重量将近设计满载，所以塔吊安装后需对起重量及力矩限制器进行准确调试，以免因超载而发生事故。

3. 质量及安全标准

采用塔吊组立输电杆塔施工的质量和安全依据，应执行的标准、规范要求如下：《塔式起重机》（GB/T 5031—2008）、《钢结构工程施工质量验收规范》（GB 50205—2001）、《塔式起重机安全规程》（GB 5144—2006）。

4. 施工安全

（1）必须会同杆塔设计单位做好杆塔及塔吊附着的结构验算工作，确保施工安全。

（2）塔吊基础及塔身的连接应按设计要求执行，现场不得随意更改。

（3）严格按施工方案组织施工，加强现场安全管理；如高空作业必须系好安全带，风力超过 6 级应停止吊装作业。

（4）必须严格按塔吊起重性能表所规定的起重量和幅度吊重，严禁超载使用；对附着点位置，必须搭设脚手平台，并设置安全网。

（5）起吊时，塔吊不得斜拉，并不得斜吊物件；起吊构件就位应严格听从指挥，必须安全可靠，不得盲目作业。

二、吊车组塔

图 3-49 某输电线路工程采用吊车组塔实景

吊车分汽车轮胎吊、履带吊车，主要用于交通方便、地势平坦、施工条件好的场所，组塔及拆除，以及线路抢修等。

采用吊车整体组立杆塔，最大优点是省去了抱杆及起重设备的搬运、布置和拆装工作，施工简便迅速、稳固可靠。与普通整体组立方法相比，可提高功效 3～4 倍，因此是当前杆塔整体及分解组立中值得推广及发展的方向。但这种组立杆塔施工受道路、地形条件的限制，给输电线路全面应用带来困难。

图 3-49、图 3-50 所示为某输电线路工程采用吊车组塔实景。施工时应以下几点：

（1）为保持杆塔在整体组立中的平稳，应在杆塔左右位置及起吊的反方向位置打临时拉线。

（2）整体组立杆塔（角钢塔、钢管塔）时，为了将杆塔正确地坐落到基础上，起吊时应将杆塔吊离地面，通过固定在杆塔上的调整拉线，调整杆根以此实现杆塔正确就位。整体组立混凝土电杆时，可将电杆绕坑边的某一点转动，在转动过程中，调整杆根的位置，直到整杆到达预定位置为止。

(3) 根据施工设计的要求，确定绑点位置及数目。通常绑点合力作用点，必须高出杆塔重心0.5～1.0m，绑点数量，应根据杆塔强度确定。根据施工实践，21m以下杆塔采用单点起吊，21m以上采用双点起吊。

吊车除用于输电线路杆塔组立施工外，在输电线路基础（塔位基础能进入吊车作业的地方）工程中，还可用于杆塔基础中的钢筋笼的吊装作业，如图3-51所示。

图3-50　汽车吊用于输电线路整体组立钢管塔实景

图3-51　某线路基础正进行钢筋笼的吊装作业实景

三、飞机组塔

国内用飞机吊塔和组塔的施工实例很多，足以说明国内外采用直升机施工已十分普及，施工技术也已发展到了相当完备的程度，是一项值得推广应用的施工技术措施。

例如，国内在1989年6月，采用直升机在葛上线（±500kV直流输电）宜昌段15km无人区吊装和组装铁塔33基；广东省500kV沙江线（东莞市沙田至番禺市江欧岛）施工，采用双旋翼234型直升机（载重能力9t，最大可达12t）吊装组塔施工。

图3-52　飞机组塔实景

图3-52所示为青海格尔木以东2万m的大漠中，国家电网公司标识的红色卡-32型直升机顺利吊起1.5t铁塔材料，稳稳放在由该架直升机吊装的2.2t重的铁塔底座上，顺利组立起一座电力铁塔实景。国外，1969～1979年，美国弗吉利亚州电气公司有三条230～500kV的线路，因经过沼泽地带，大型吊车无

法进入现场，采用了飞机吊塔；美国华盛顿州的一条230kV线路改建，曾用8h的工作时间拆运走62基铁塔。苏联于1981年在一条跨越伏尔加河的220～500kV双回路线路施工中，对126m高的拉线跨越塔采取直升机分段吊装，均取得良好效果。

思 考 题

1. 抱杆按材质可分为哪几类？不同材质的抱杆各有哪些缺点？
2. 在倒落式抱杆中抱杆帽与抱杆脚有什么作用？
3. 如何确定外拉线与内悬浮抱杆的长度？
4. 摇臂抱杆有哪些优点？
5. 如何选用起重滑车？
6. 简述钢丝绳的基本结构及其作用。
7. 如何正确选用钢丝绳及判断其旋向？
8. 钢丝绳卡安装应满足什么要求？
9. 钢丝绳达到什么标准就要报废？
10. 如何正确使用白棕绳？
11. 在U形环的使用过程中应该注意些什么？
12. 手推绞磨机的机械强度如何计算？
13. 对于卷扬机的安装具体有哪些要求？
14. 双钩紧线器的作用及在使用过程中应注意哪些事项？
15. 输电线路使用绞磨机有哪些类型？使用时应该注意哪些技术问题？
16. 地锚、桩锚分别适用哪些施工条件？
17. 国内飞机吊塔和组塔施工实例很多，其优点有哪些？

第四章　输配电线路架线施工常用工机具

输配电线路架线施工常用工机具，包括放紧线工作中使用的放线滑车、压接工具、紧线工具、提线器、飞车、绞磨机等工机具。

第一节　导地线放线滑车

在输配电线路架线过程中使导线通过悬挂在各杆塔上的放线滑车，以便实现导线在滑车支承下顺次展放到线路上的工具，即放线滑车。放线完毕，导线又在放线滑车中被张紧到要求的弧垂值。

输配电线路架线用放线滑车，根据架线施工电压等级不同及使用场所的不同，将其分为导线放线用滑车和避雷线放线滑车。

一、导线放线滑车

在输配电线路架线施工中，用于展放导线的滑车称导线滑车，又称为放线滑轮。

1. 单轮放线滑车

单轮放线铝滑车，适用于直线杆塔上延放铝绞线和钢芯铝绞线，连接器和压接钳压管可从轮槽内通过。从结构上来说，放线滑车的连接部分有吊钩和夹板两种，材质有铝合金和 MC 尼龙两种。放线滑车结构及技术参数见图 4－1 和表 4－1。

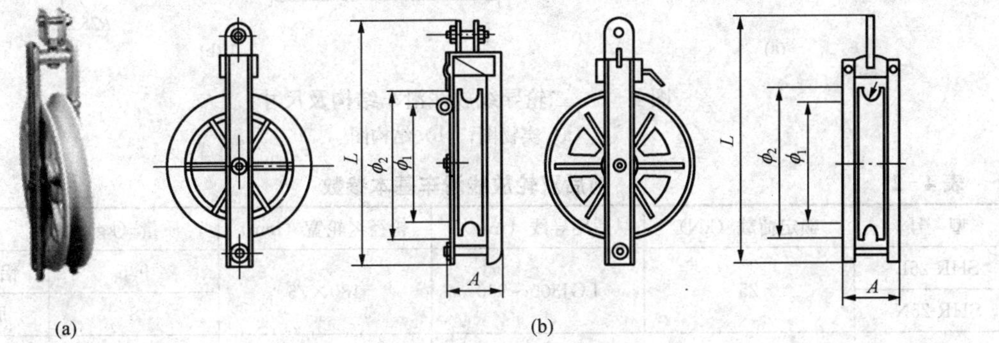

(a)　(b)

图 4－1　放线滑车结构

(a) 外形图；(b) 结构图

表 4－1　**单轮导线放线滑车主要技术参数**

型号	允许荷载 (kN)	适用导线	悬挂配合金具	尺寸 (mm)				质量 (kg)
				A	L	ϕ_1	ϕ_2	
SDH-1	10	LGJ-95 及以下	W-7A W-7B	110	436	172	260	6.5
SDH-2	20	LGJ-12～185	W-7A W-7B	140	505	200	400	9.5

续表

型号	允许荷载（kN）	适用导线	悬挂配合金具	尺寸（mm）				质量（kg）
				A	L	ϕ_1	ϕ_2	
SDH-3	30		W-7A W-7B	150	625	300	400	14.8
SDH-5	50		W-10 WS-10	159	728	410	508	22.5

施工时，采用吊钩式滑车，应用特制的销钉、U形环与绝缘子串下面的碗头相连；采用夹板式放线滑车，可直接用销钉与碗头相连。避雷线放线滑车一般均采用吊钩式，有避雷线绝缘子时，用特制U形环连接，无避雷线绝缘子时，直接与U形环连接。不论连接方式如何，都不得使用铁线绑扎。

2. 前后双轮放线滑车

该放线滑车适用于引放大截面导线，压接管可从轮槽中通过。采用前后双轮，其轮槽宽，具有弧垂小及不损伤导线，并可通过各种连接器等优点；材质有铝合金和MC尼龙两种。

前后双轮放线滑车结构及基本参数见图4-2及表4-2。

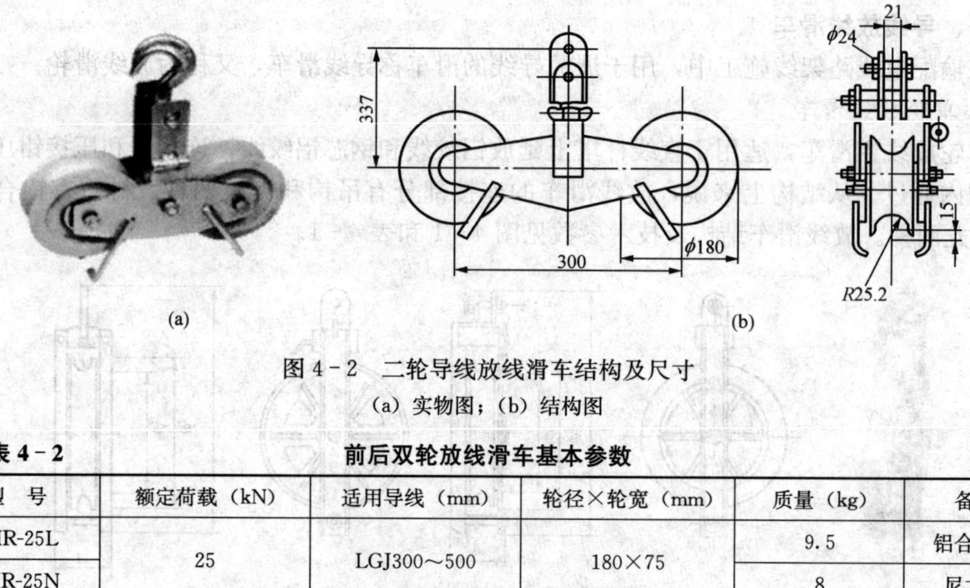

图4-2 二轮导线放线滑车结构及尺寸

(a) 实物图；(b) 结构图

表4-2 前后双轮放线滑车基本参数

型 号	额定荷载（kN）	适用导线（mm）	轮径×轮宽（mm）	质量（kg）	备注
SHR-25L	25	LGJ300～500	180×75	9.5	铝合金轮
SHR-25N				8	尼龙轮
SHR-20	20	LGJ300及以下	166×66	6.5	铝合金轮

3. 四轮放线滑车

在直线杆大档距的导线上或通过压接管放线时，可采用（前后）四轮放线滑车（滑轮用铝合金制成），如图4-3所示。

4. 朝天放线滑车

朝天放线滑车，可直接固定在横担上，适用于截面积在240mm² 以下的导线延放，具有防导线向上跳槽的保险功能。它可分为转角朝天放线滑车、朝天转角三用滑车和朝天座、挂钩两用滑车（可作挂钩式滑车使用，又可作朝天式滑车使用）等，材质有铝合金或MC尼龙两种，如图4-4所示，技术参数见表4-3。

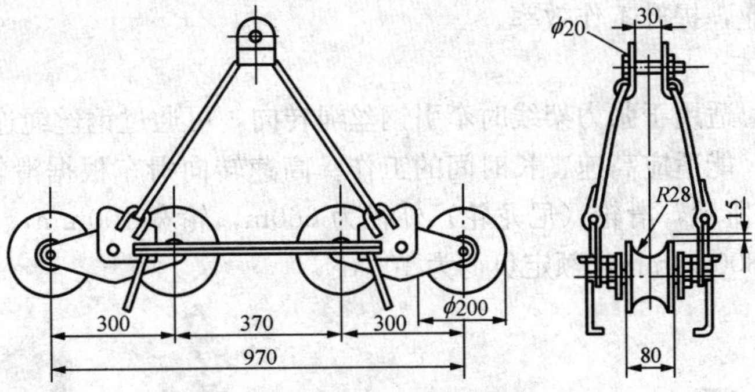

图 4-3　四轮放线滑车

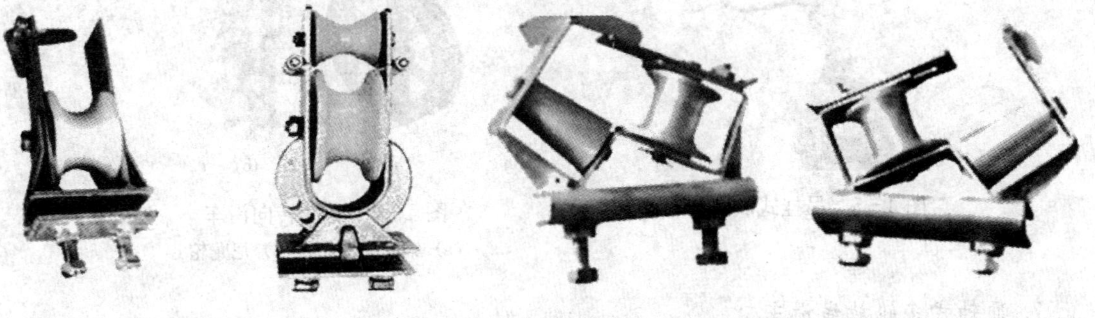

图 4-4　朝天放线滑车

(a) 座式朝天滑车；(b) 左、右朝天滑车

表 4-3　　朝天放线滑车技术参数

适用导线（mm）	负荷（kN）	轮外径 × 宽（mm）	质量（kg）	备　注
LJ25-150LGJ35-150	5	80×50	1.1	
LJ25-185LGJ35-240	15	120×60	1.6	铝合金轮
LJ25-150LGJ35-150	5	80×50	1.0	尼龙轮
LJ25-185LGJ35-240	15	120×60	1.5	尼龙轮

表 4-4 所示为朝天钩式两用放线滑车技术参数。

表 4-4　　朝天钩式两用放线滑车技术参数

型　号	额定负荷（kN）	自重（kg）		备　注
		铝合金轮	尼龙轮	
CFHC－80×50	5	1.9	1.4	轮体有铝合金轮、尼龙轮两种
CFHC－120×30	5	2.1	1.6	
CFHC－120×58	20	3.5	2.5	
CFHC－160×40	10	2.5	2	
CFHC－180×40	15	3.4	3	
CFHC－250×60	20	5.5	4.6	

5. 吊挂式放线滑车

吊挂式放线滑车（见图 4-5），其挂钩开口可闭，操作人员可在地面上使用操作棒直接吊挂，免除高空作业，提升工作效率。

6. 高速转向滑车

高速转向滑车，适用于张力架线时牵引钢丝绳转向，可通过钢丝绳连接器。对该型滑车的要求：转向灵活，能适应高速、长时间的工作。高速转向滑车根据滑轮材料可分为钢轮、尼龙轮，如图4-6所示，滑轮（尼龙轮）外径为660m，轮宽100mm，质量为59kg；允许用于牵引绳速度为800m/min，额定负荷为100kN。

图4-5 吊挂式放线滑车

(a) (b)

图4-6 高速转向滑车

(a) 钢轮挂胶轮；(b) 尼龙轮

7. 通轴式多轮放线滑车

通轴式多轮放线滑车，是指导线轮和钢丝绳轮都安装在一根轴上，且这两种轮子外圆的直径相等。

三轮放线滑车，同一轴上安装有三个轮子外圆直径相等的滑车，称三轮放线滑车，多用于双分裂导线展放，因而又称双分裂导线用三轮滑车，如图4-7所示，主要技术参数见表4-5。

表4-5 双分裂导线用三轮滑车主要技术参数

型号	允许荷重（t）	适用导线	尺寸（mm）				质量（kg）
			ϕ_1	ϕ_2	a	b	
SSH-3	3	LGJQ-400及以下	508	480	480	824	106
SSH-3A	3	LGJQ-400及以下	650	480	480	925	118

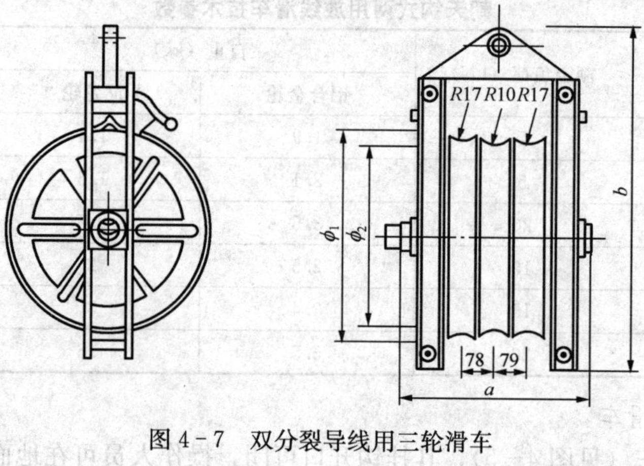

图4-7 双分裂导线用三轮滑车

同一轴上安装有五个轮子外圆直径相等的滑车，称五轮放线滑车，用于展放四分裂导线。

同一轴上安装有七个轮子外圆直径相等的滑车，称七轮放线滑车。该类滑车主要用于展放六分裂导线。目前我国 750kV 特高压输电线路所设计的分裂导线主要是六分裂，八分裂导线正在研究试验阶段。

图 4-8 所示为五轮、七轮放线滑车。表 4-6 为通轴式多轮放线滑车技术参数。

(a) (b)

图 4-8 五、七轮放线滑车

(a) 五轮放线滑车；(b) 七轮放线滑车

表 4-6 **通轴式多轮放线滑车技术参数**

型号	轮数	额定荷载（kN）	适用导线	质量（kg）	材质	轮径×轮宽（mm）
SHN5-508	五轮	60	LGJ400 及以下	86	中间钢轮	508×75
SHN3-508	三轮	40	LGJ400 及以下	18.5	全尼龙轮	508×75
SHN5-508	五轮	60	LGJ400 及以下	60	全尼龙轮	508×75
SHN5-916	五轮	150	LGJ800 及以下	235	全尼龙轮	916×110
SHN7-916	七轮	180	LGJ720 及以下	108	尼龙轮	916×120

图 4-9 所示为某送变电公司在 500kV 紧凑线路架线施工中放线滑车悬挂实景。

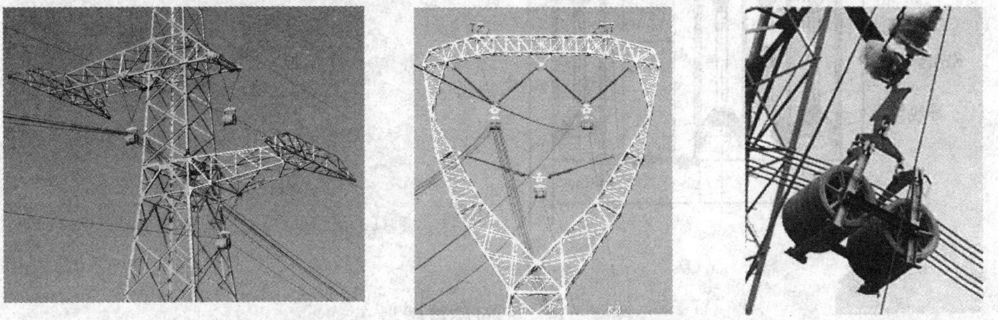

(a) (b) (c)

图 4-9 某送变电公司在 500kV 紧凑线路架线施工中放线滑车悬挂实景

(a)、(b) 单滑车悬挂；(c) 双滑车悬挂

8. 分轴式放线滑车

为了使导线轮和钢丝绳轮安装在不同的心轴上，设计出分轴式放线滑车，如图 4-10 所示。该滑车的特点是提高了钢丝绳轮心轴的安装高度，并以此保证外圆的边缘上部和导线轮外圆的边缘在同一水平高度。

9. 不对称放线滑车

不对称放线滑车，主要包括挂板、支架、钢丝绳轮、导线轮、固定在支架上的支承轴及配套轴承，如图4-11所示，钢丝绳轮和导线轮可绕支承轴自由转动，在支架上位于钢丝绳轮和导线轮上方连接有挂板（设有两个或三个悬挂孔）。

图 4-10　分轴式放线滑车

不对称放线滑车的特点，是因展放奇数根导线而产生的不平衡力将由悬挂孔上的连接件传递给输电杆塔，放线滑车不会产生绕悬挂孔轴线的整体转角，从而使导线不易跳槽，满足了奇数根导线的安全展放需要，同时可兼顾偶数根导线的展放。

二、避雷线放线滑车

避雷线放线滑车，用于展放单根避雷线或跨江河、峡谷的钢绞线的放线滑车，多为单钢轮，除钢轮外，也有厂家生产尼龙轮的避雷线放线滑车，如图 4-12 所示，其主要技术参数表4-7。

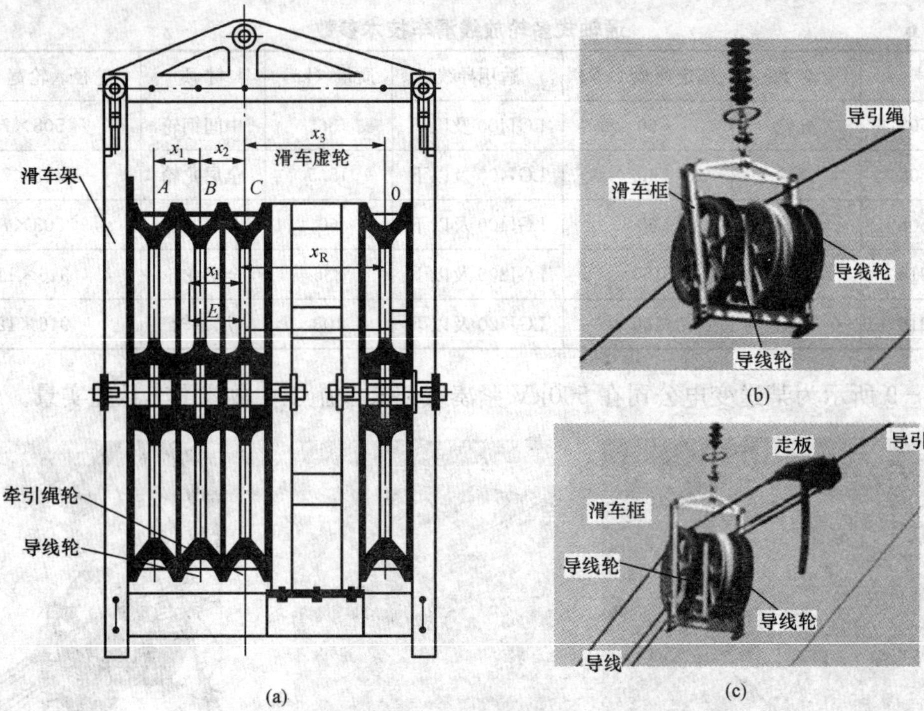

图 4-11　不对称放线滑车

(a) 不对称四轮放线滑车示意图；(b) 不对称四轮放线滑车实物；
(c) 偏心走板通过不对称四轮放线滑车实景

表 4-7　避雷线放线滑车主要技术参数

型　号	额定负荷（kN）	轮外径（mm）	轮底径（mm）	轮宽（mm）	适用导线	质量（kg）
SDF-10	10	120	88	35	GJ25～70	2.2
SDF-20	20	160	110	40	GJ25～120	3.5
SDF-10	10	120	88	35	GJ25～70	1.6
SDF-20	20	160	110	40	GJ25～120	2.3

如图 4-12（c）所示，可调式避雷线放线滑车用于展放避雷线，利用丝杆升降安装附件，其主要技术参数见表 4-8。

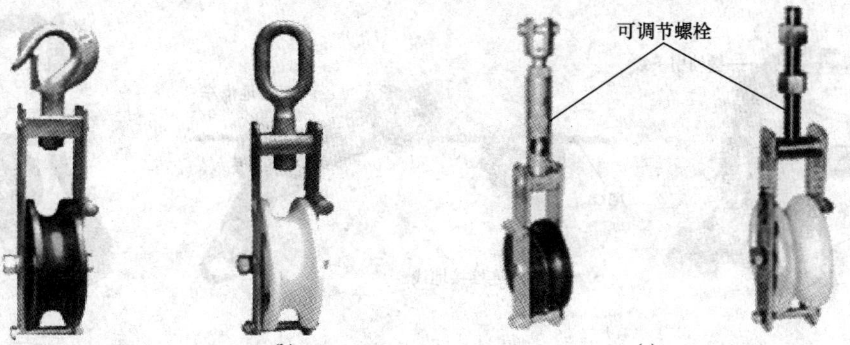

(a)　(b)　(c)

图 4-12　避雷线放线滑车
(a) 钩式；(b) 环式；(c) 可调式

表 4-8　可调式避雷线放线滑车主要技术参数

适用钢绞线（mm^2）	额定负荷（kN）	规格（mm）	升降行程（mm）	自重（kg）	
				尼龙轮	钢轮
25～70	10	120×35	65	2.1	2.6
95～120	20	150×40	100	3.8	4.5

三、其他滑车及特殊放线滑车

1. 导线、避雷线压线滑车

导线、避雷线压线滑车为开口式，在直线杆上用于张力放线或压线。该类滑车的滑轮是用铝合金钢模浇铸的，其主要技术参数见表 4-9。

表 4-9　导线、避雷线压线滑车主要技术参数

型号	适用导线、避雷线范围	额定荷载（kN）	质量（kg）	备注	图　例
SYL-1	LGJ-400 及以下	10	11.5	铝轮挂胶	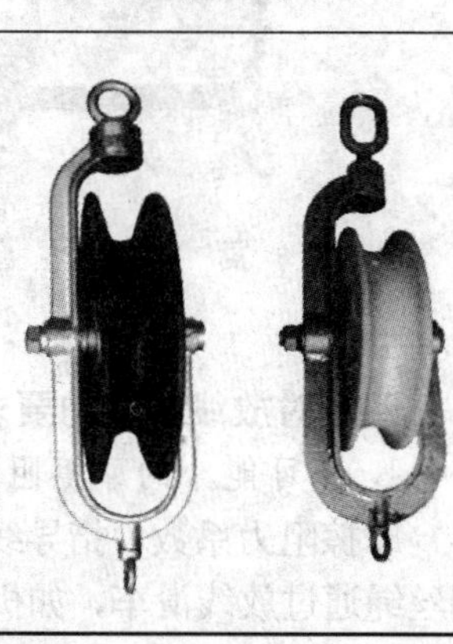
SYL-1	GJ-120 及以下	10	18.6	铁轮	
SYL-2	LGJ-720 及以下	40	48	铁轮	
SYL-1	LGJ-720 及以下	30	13.5	MC 尼龙轮	

2. 接地滑车

接地滑车，在张放线施工时，为了消除其导线或避雷线上产生的静电感应，需配备接地线，如图 4-13 所示。接地滑车主要技术参数见表 4-10。

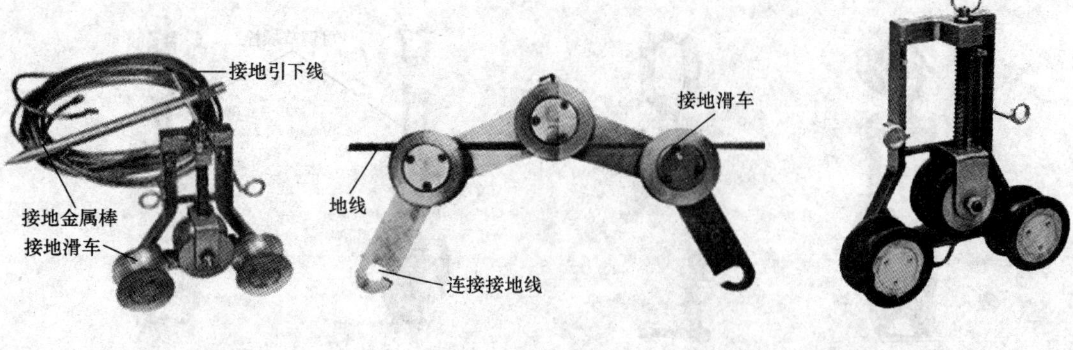

(a) (b) (c)

图 4-13 接地滑车

(a) SLT 型接地滑车；(b) 钩式接地滑车；(c) 三轮接地滑车

表 4-10 **接地滑车主要技术参数**

型号	允许最大电流（A）	导电轮(mm)外径×底径×轮宽	导电轮材料	适用导线	质量（kg）
JHL-100	100	88×60×47	铝	LGJ-400 及以下	8.5
JGL-100	100	88×60×47	钢	GJ-108 及以下	10.5
WDH-100	100	660×560×100	钢、铝	LGJ300～400	117

3. 六线分线器

六线分线器是指在张力放线过程中为防止六分裂导线缠绕在一起，对分裂导线起固定作用的一种装置，例如，某送变电公司在某线路工程中就采用了这种特殊滑车——六线分线器，如图 4-14（a）所示；图 4-14（b）所示为施工实景。

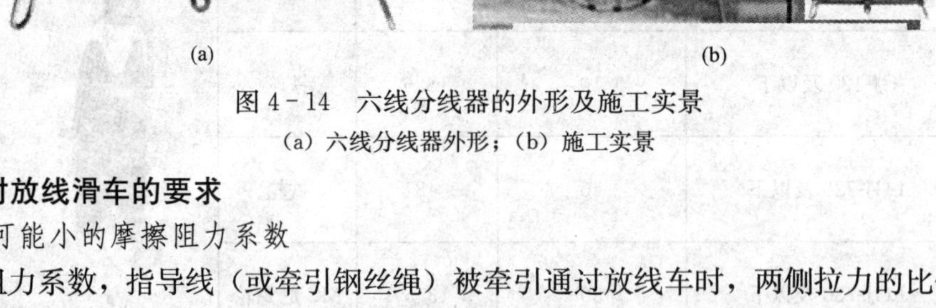

(a) (b)

图 4-14 六线分线器的外形及施工实景

(a) 六线分线器外形；(b) 施工实景

四、对放线滑车的要求

1. 尽可能小的摩擦阻力系数

摩擦阻力系数，指导线（或牵引钢丝绳）被牵引通过放线车时，两侧拉力的比值。该牵引钢丝绳通过放线滑车，如机械基础中的“带传动”原理一样，有摩擦阻力，滑车摩擦阻力系数 ε 值的大小由导线进出放线滑车时的弯曲、拉伸造成能量损失的大小和滑车轴承的摩擦损失等决定。一般来说，摩擦阻力系数取 $\varepsilon = 1.015$，放线段内有 13 基杆塔时，牵引阻力将增加 21.4%。

2. 尽量做到体积小、质量轻、便于运输

由于架线施工现场分散性很大，因此必须将大量放线滑车分别运送到每个杆塔位置，并吊装到绝缘子串上。不少塔位，因机动车辆无法进入，只能采用人工搬运，所以要求放线滑车除了具有足够的机械强度和优良的使用性能外，还应尽量做到体积小、质量轻、便于运输。

3. 做好放线滑车保养工作

放线滑车使用的现场条件比较恶劣，风沙、尘土和雨淋、曝晒等气候条件极容易引起润滑油脂的干燥、污染。因此，一定要经常对轴承进行检查、定期清洗更换润滑油脂，以延长放线滑车的使用寿命，保证有小的摩擦阻力系数等优良的性能。

除上述要求外，应注意所选用的牵引板、各种连接器和压接管能顺利通过放线滑车。

第二节　输配电施工用放线架

一、放线支架

1. 一般放线架及放线车

放线架及放线车，如图4-15所示。放线架根据线盘放置的情况可分为卧式和立式两类。该类放线架一般都采用组合式，即导线轴架（放线支架）可拆成几件，便于搬运，适用于线路施工中延放导线时支承线盘，起升高度可适当调整，调升高度分机械式、液压式。

表4-11所列为放线架技术参数。

图4-15　放线架及放线车产品图例

(a) 带制动器（卧式）放线架；(b) 可调（卧式）液压放线架；(c) 立式机械放线架；(d) 手摇收放线车

表4-11　放线架技术参数

型号		JYDZ-3	JYDZ-5	JYDZ-7
适用线盘	盘径（mm）	≤2000	≤2400	≤2500
	盘宽（mm）	≤1350	≤1350	≤1700
	轴孔直径（mm）	65～68	76～103	120
	最大质量（kg）	3	5	7
制动力（kN）		1.3	2.5	2.5

续表

型　号	JYDZ-3	JYDZ-5	JYDZ-7
放线速度（m/min）	40	40	40
质量（kg）	168	270	380
备注	单制动鼓	单制动鼓	双制动鼓

图 4-15（d）所示为手摇收放线车，一是起放线架的作用，二是可以拖行放线架，适用于电力、通信线路架空工程，便于电缆托运展放及收放散线。手摇收放线车有 1.5、2、3t 和 5t 等规格，分别适用线盘直径 1.8/1.0、2.2/1.2、2.4m/1.2m 和 2.8m/1.45m。

图 4-16　钢丝绳收放线架

图 4-16 所示为钢丝绳收放线架，用于回收钢丝绳。钢丝绳收放线架技术参数见表4-12。

除上述采用的放线支架外，也有采用地槽作放线支架的，即在地上挖一个槽，将轴杆穿过线盘孔，支放到地槽上。

表 4-12　　钢丝绳收放线架技术参数

型　号	额定负荷（kN）	线盘内/外直径（mm）	线盘宽度（mm）	自重（kg）
C010	10	220/500	340	32
C011	20	400/720	640	42
C012	30	400/850	640	52

2. 国外放线架举例

图 4-17 所示为 TBh 18 型（德国 ZECK）机械制动放线架。该放线架，具有大型制动片，为便于更换线盘，配有液压顶升装置，两个锥形筒可以调整。

图 4-18 所示为带有整体式驱动的液压放线支架（型号为 TB 16-500），可实现两种工作方式：放线时，可当作张力机使用，也可当作牵引机调整导线弛度。

图 4-17　TBh 18 型（德国 ZECK）机械制动放线架

图 4-18　带有整体式驱动的液压放线支架

3. 对导线支架装置的要求

导线支架应具有体积小、质量轻等特点；对于非拖车式的导线轴支承装置，还要便于搬运；更换导线轴方便；在有些情况下还要求具备在不借助任何外来设备时，能自行装卸导线轴。

二、锚线架

锚线架（见图 4－19），用于输电线路放紧线施工时锚固导线（地线）及钢丝绳，其主要技术参数见表 4－13。

图 4－19　锚线架及工程应用图例

表 4－13　锚线架主要技术参数

额定负荷（kN）	100	150
适用卸扣销径（mm）	≤27	≤33
外形尺寸（mm）	7900×312×38	7900×400×40
质量（kg）	20	25

第三节　压接及断开工机具

一、导线、避雷线压接工机具

导线、避雷线使用的压接工具，按压接性能可分为压接钳、液压压接机两类，主要用于压接导线和避雷线的接续管和钳接管。

压接钳有机械式和液压式两种。液压式压接钳（简称压接钳），可分为手动压接钳和机动压接钳两大类；机动压接钳又有采用电动机和汽油机作动力两种形式。

导线、避雷线压接工机具，一般均可在市场上购置。

1. 机械式压接钳

机械式压接钳的特点是压力传递稳定可靠、自重轻、压力大、操作轻便、易于维护。

JD－YJ04 型机械式压接钳主要技术参数见表 4－14。

表 4-14　　　　JD-YJ04 型机械式压接钳主要技术参数

型号	压接范围（mm）		最大压接力（kN）	压接方式	质量（kg）	图　例
	铝线	铜线				
JQ-16	10～70	10～240	100	正六角形环压	3.2	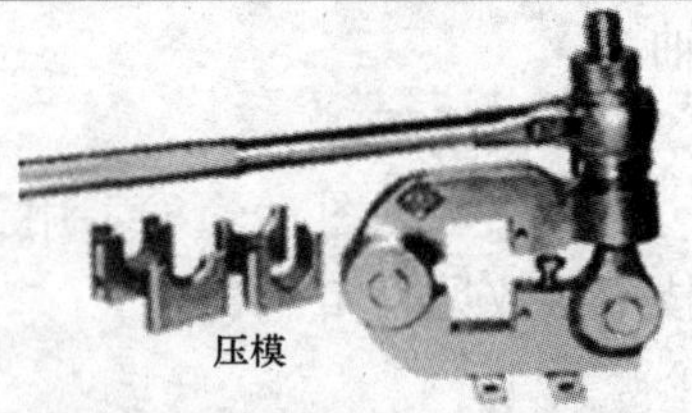
JQ-24	16～70	16～240	160		3.2 4.0	

2. 液压式压接钳

液压式压接钳的基本类型。根据组成结构可分为整体式压接钳和分离式压接钳两大类；根据动力源可分为手动式压接钳、机械式压接钳。

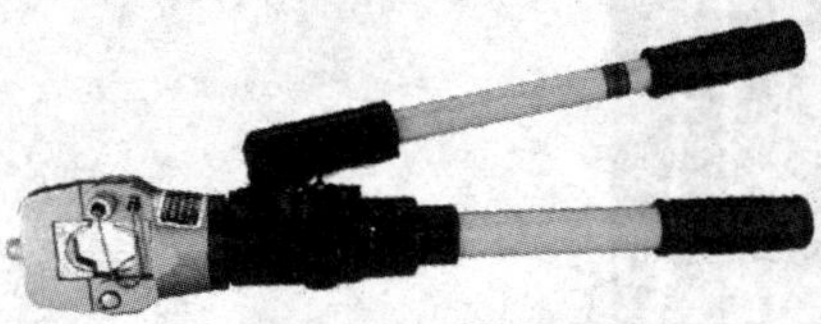

图 4-20　整体式液压钳

整体式压接钳，如图 4-20 所示，体积小、质量轻，便于携带或搬运。另外，有的液压式压接钳产品还带有安全装置，压接头可旋转 180°，自动报警，实现安全操作。压接导线截面范围一般为16～400mm^2。该类压接钳多用于导线连接的整体围压工艺。

分离手动（或脚踏）式压接钳，适用于中小截面（16～400mm^2）铜绞线、钢芯铝绞线、铝绞线及钢芯、铝芯电缆的围压、钳压连接。

二、导地线断开工机具

架线工作中需要经常断开导地线，尤其是张力放线中，套入连接网套的线头，要求规整。另外，在耐张杆塔上将线断开，以便安装耐张线夹等。

1. 常用的断线工机具

常用的断线工机具，有大剪、液压断线钳、断线枪（形如手枪）等，如图 4-21 所示。

(a)　　(b)　　(c)

图 4-21　常用的断线工机具

(a) 手动机械断线钳；(b) 液压手动断线钳；(c) 断线枪

2. 断线工机具技术参数

生产断线工机具产品的厂家较多，品种也较多，但基本结构技术参数大致相同，见表 4-15、表 4-16。

表 4-15　　　　大　剪

产品编号	规格（in）	剪切直径（mm）	外形长度（mm）	图　例
XH087-01	24	8	600	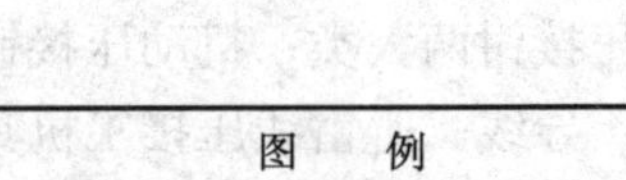
XH087-02	36	12	900	

表 4-16　齿轮式断线钳

产品编号	断线范围	自重（kg）	图　例
XH090-01	LGJ/GJ 120/50	2.5	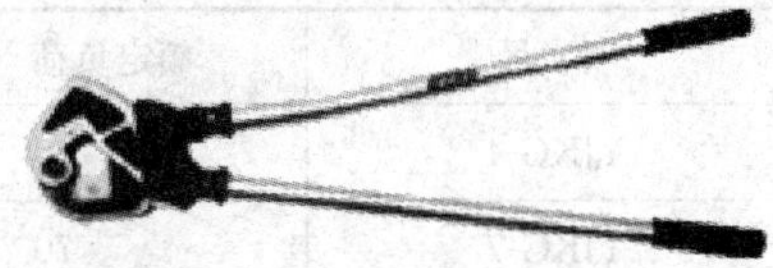
XH090-02	LGJ/GJ 240/70	3.5	
XH090-03	LGJ/GJ 400/120	4.5	

第四节　卡线器、防捻器、牵引板及配套绳索

一、卡线工具

导地线及钢丝绳的卡线器，又称紧线器，如图 4-22 所示。

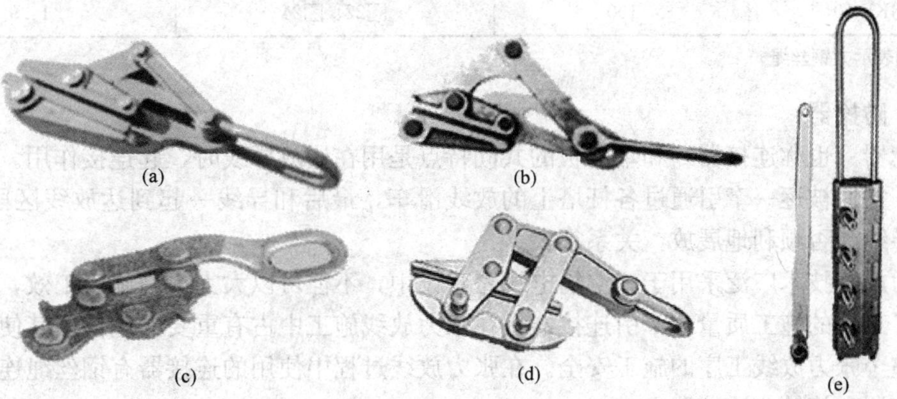

图 4-22　卡线器

(a) 铝合金导线卡线器；(b) 钢导线卡线器；(c) 铝合金绝缘导线卡线器；(d) 方钢丝绳线卡线器；(e) 螺栓型卡线器

铝合金导线卡线器，用于架空电力线调整弧垂和收紧导线，其技术参数见表 4-17。

表 4-17　铝合金导线卡线器技术参数

型号	适用导线	最大开口	额定负荷	质量(kg)
SKL-7	LGJ25-70	14	7	1.0
SKL-15	LGJ90-120	18	15	1.4
SKL-25	LGJ25-70	24	25	3.0
SKL-40	LGJ150-240	32	40	4.0
SKL-50A	LGJ500	34	50	6.6
SKL-50	LGJ630	36	50	6.6
SKL-60	LGJ720	38	60	2.2

钢导线紧线器，用于架空线路上收紧导线调整弧垂，优质钢制拉线强度较好，但本体较重，其技术参数见表 4－18。

表 4－18　钢导线紧线器技术参数

型　号	额定负荷（kN）	适用钢丝绳	质量（kg）
YJKG-4	40	ϕ1315.5	5
YJKG-7	70	ϕ11618	9.9
YJKG-10	100	ϕ1922	14.9
YJKF-2	20	□7、□19	2.9
YJKF-3	30	□11	4.4
YJKF-5	50	□13、□15	7.4
YJKF-6	60	□6、□18	8.9
YJKF-8	80	□20	11.9
YJKF-10	100	□22、□24	14.9

注　□表示方钢丝绳。

二、防捻器

防捻器（也称连接器）和牵引板的共同特点是用在展放导线时，起连接作用。随着导线的展放，它们被逐一牵引通过各杆塔上的放线滑车，最后和导线一起到达放线区段的终点。它们对导线能否顺利地展放，关系很大。

张力放线技术广泛采用于架空输电线路建设中，不但可以大大提高施工工效，而且还显著提高了工程的施工质量。牵引连接器具在张力放线施工中占有重要的地位，其使用性能将会影响整个张力放线工序的施工安全。在张力放线过程中使用的连接器有钢丝绳连接器、网套式连接器和旋转式连接器。

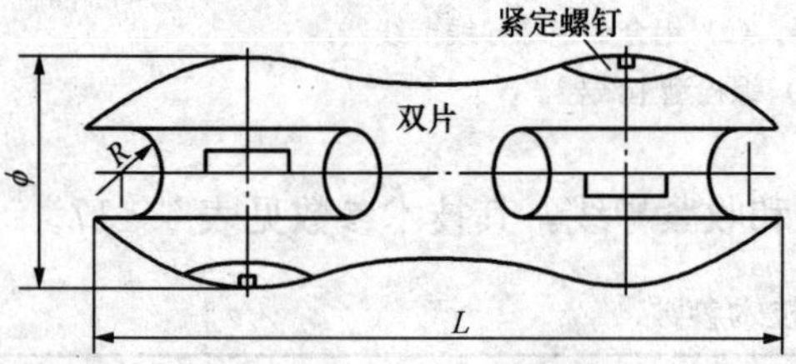

图 4－23　双片式钢丝绳连接器结构

防捻器，是为了防止牵引板的翻转而在尾部加的平衡块。

钢丝绳连接器常用的主要是双片连接式、双环连接式两类。

（1）双片式钢丝绳连接器。如图 4－23 所示，它由上下两个带凹槽和凸缘的钢质板片镶接而成。使用时，将两钢丝绳分别放入这两个板片拼成的圆弧形孔中，再用紧定螺钉把两个板片紧固在一起。施工过程中连接器在从卷筒上通过时，会产生弯矩 M，与钢丝绳上的张紧力 p 及卷筒上钢丝绳和连接器轴线之间的夹角 α、连接器两端连接孔中心距离 L 有关，即 $M=\frac{L}{2}\sin\alpha$，由此可见，当 L 一定时，根据机械基础知识，卷筒槽底直径越小，连接器与卷筒的包络角 α 就越大，在相同的张紧力 p 作用下所承受的弯矩就越大，反之亦然。也就是说，在满足强度和连接尺寸要求的情况下，连接器越小越好。双片式连接器主要技术参数见表 4－19。

表 4-19　　**双片式连接器主要技术参数**

型　号	额定负荷（kN）	主要尺寸（mm）			质量（kg）
		L	ϕ	R	
SGL-3	30	30	100	72	0.30
SGL-5	50	37	129	92	0.65
SGL-8	80	42	154	115	0.80
SGL-10	100	57	220	165	1.00

（2）双环式（又称组合式）钢丝绳连接器。如图 4-24 所示，由两个 U 形环、两个紧定螺钉和带有两个中心线垂直相交销孔的连板组成。使用时，被连接的两钢丝绳通过 U 形环和紧定螺钉分别连接于连板两端。

与双片式钢丝绳连接器相比，双环式钢丝绳连接器通过牵引卷筒时受力情况较好，安全可靠，但结构比较复杂，体积也较大；所用材料基本相同。

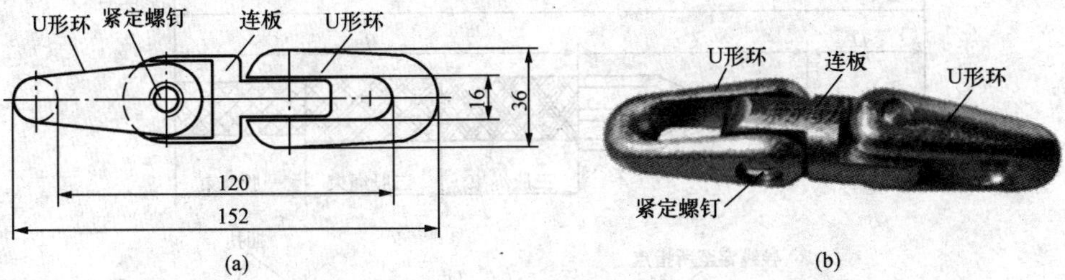

图 4-24　双环式钢丝绳连接器
（a）形状图；（b）实物图例

（3）U 形环式连接器，如图 4-25 所示。

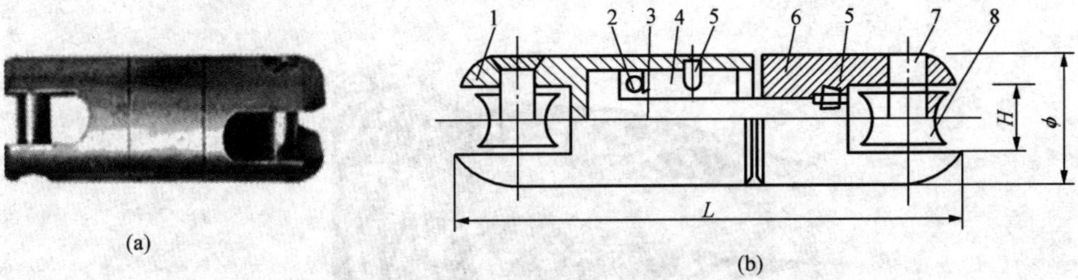

图 4-25　U 形环式连接器
（a）实物图；（b）形状图
1、6—套筒；2—轴承；3—旋转轴；4—挡块；5—螺栓；7—销轴；8—滚轮

（4）8 字形抗弯连接器。8 字形抗弯连接器（见图 4-26），用于回收或展放钢丝绳，表 4-20 所示为其技术参数。

图 4-26　8 字形抗弯连接器

表 4-20 **8字形抗弯连接器技术参数**

型号	规格尺寸（mm）				额定负荷（kN）	质量（kg）
SL-3	A/32	B/94	C/60	D/15	30	0.8
SL-5	A/42	B/116	C/70	D/18	50	1.5
SL-8	A/50	B/141	C/85	D/24	80	2

注 “/”前的 A、B、C、D 表示结构类型，斜线后的数字表示开口尺寸。

（5）网套式连接器，又称蛇皮套（或称钢丝绳套或猪笼套）。它是一种插入式柔性连接器，有单头和双头两种，分别用于导线和钢丝绳的连接及导线之间的连接。

1）单头网套式连接器。在张力放线施工中，单导线的牵引连接器通常是由牵引绳、旋转连接器和连接导线的网套（见图 4-27）组成。

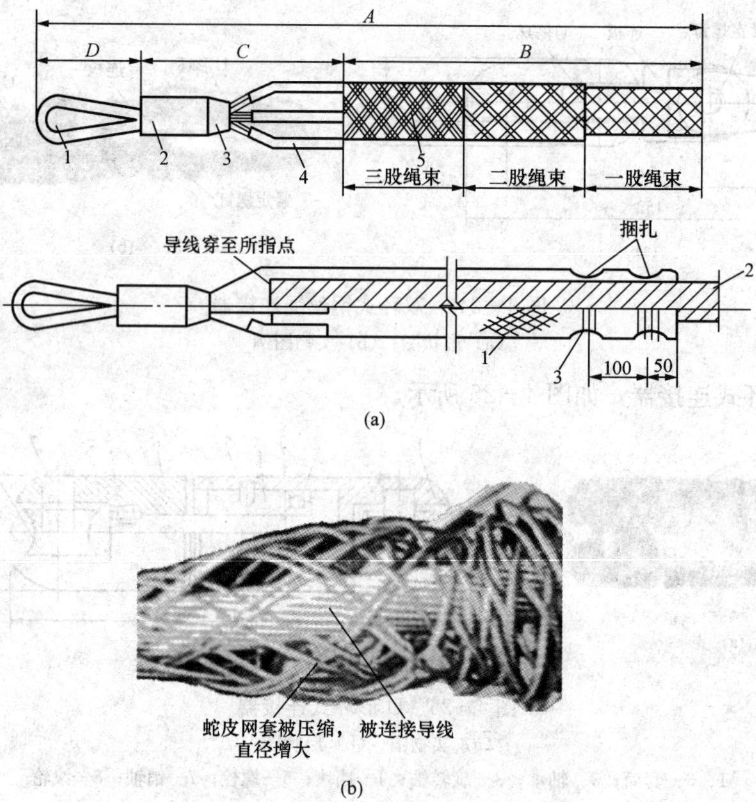

图 4-27 连接网套

（a）单头网套式连接器；（b）网套与导线连接

1—环套；2—铝合金压接管；3—聚氨酸橡胶；4—铝压管；5—多股编织网

网套式连接器连接导线的作用原理是：导线由连接器尾部单股编织网套插入时，网套沿牵引轴线（纵向）被压缩，菱形网孔沿纵向对角线缩小，横向对角线伸长，网套内径扩大，导线可方便地插入到预定位置。当网套牵引导线时，因网套和导线表面的摩擦力作用被拉伸，使网孔纵向对角线增长，横向对角线缩短，网套内径缩小而紧握导线表面，并产生一个作用于导线表面的径向压力：施加在网套上的拉力越大，网套径向收缩作用于导线表面的径向压力也越大，而网套和导线表面之间的摩擦阻力系数基本不变，从而使网套同导线表面的摩擦阻力也越大，使网套能紧紧夹扭住导线，不会滑移。

2）双头网套式连接器。双头网套式连接器用于导线之间的临时连接。张力放线卷筒上都不能通过压接管（履带滚压式放线机构除外），当每轴导线展放完后，换上另一轴导线时，新换上的导线头同前轴导线的导线尾必须用双头网套式连接器连接，使后轴导线的头被拉通过放线卷筒，然后再用压接方法使前后两轴导线的首尾连接在一起。双头网套式连接器结构与单头的基本相同，所不同的是连接器两端均为多股编织的网套（也可做成变股编织网套）。表 4－21 所示为双头网套式连接器技术参数。

表 4－21　双头网套式连接器技术参数

型号	额定负荷（kN）	适用导线外径（mm）	主要尺寸 A（mm）	自重（kg）
SWL-2A	20	13～17	2000	0.9
SWL-25A	25	18～23	2200	1.2
SWL-3A	30	24～30	2300	2.0
图　例	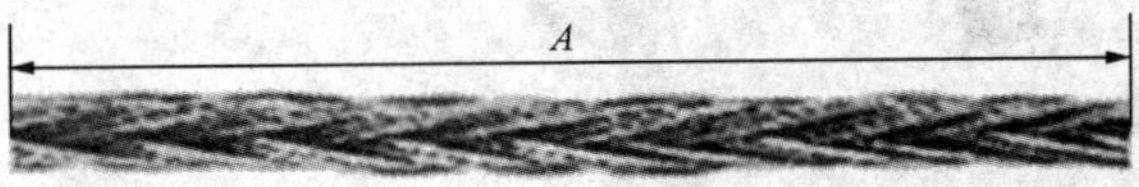			

除上述连接器外，还可用完整的普通(6×ϕ37)结构的钢丝绳上拆下来的单根钢丝股，穿在被连接的两钢丝绳端环内，顺原钢丝绳顺次编绕，至每一断面都有 6 个钢丝绳股，再将两绳端头插入已编成的绳内，即制作成一个无头钢丝绳环，如图 4－28 所示，可用于将导引绳或牵引绳连接在一起。

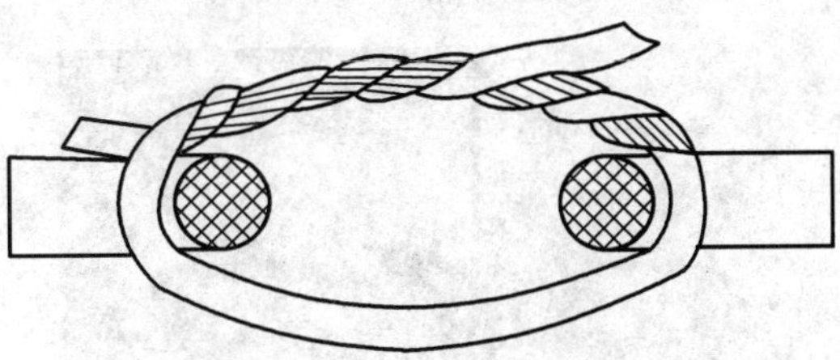

图 4－28　无头钢丝绳环

三、牵引板

牵引导线的连板，简称牵引板，在展放多分裂导线（特别是张力放线多为分裂导线）的过程中，用于牵引钢丝绳和导线之间的连接。

1. 牵引板类型

目前常用的牵引导线的连板有一牵二牵引板、一牵四牵引板、一牵六牵引板等，随着电压等级不断增高，分裂导线也随之增多，例如，1000kV 以上的输电线路架线牵引导线，已使用一牵八牵引板等。

2. 牵引板通过放线滑车过程示例

图 4－29 所示为用于“2×一牵三”张力架线的偏心牵引板结构。

“2×一牵三”张力架线偏心牵引板用于工程实践通过放线滑车的各个状态过程，如图 4－30所示。

图 4－31 所示为某输电线路工程一牵六放线现场实景。

3. 技术参数

一牵二牵引板及其技术参数，见图 4－32 及表 4－22；一牵四牵引板及其技术参数，见图 4－33 及表 4－23。

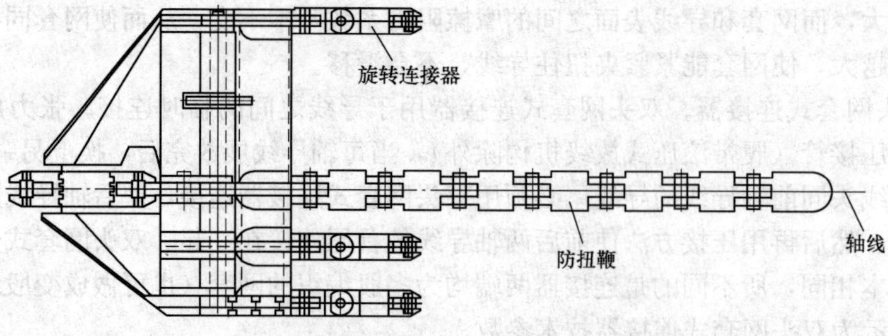

图 4-29 偏心牵引板结构

(a) (b) (c)

图 4-30 牵引板通过放线滑车的各个状态实景

(a) 牵引板通过放线滑车前瞬间；(b) 牵引板通过放线滑车瞬间；
(c) 牵引板牵引出放线滑车后的瞬间

表 4-22　一牵二牵引板技术参数

型号	额定负荷（kN）	适用滑车轮宽（mm）	质量（kg）	特　征
SZ2-8	80	75	17	导线各自独立
SZ2-8A	80	100	19	导线各自独立
SZ2-8B	80	110	19.5	平衡滑轮式
SZ2A-8	80	110	90	导线各自独立
SZ2B-13	130	110	55	导线各自独立
SZ2C-13	130	110	50	

图 4－31　某输电线路工程一牵六放线现场实景

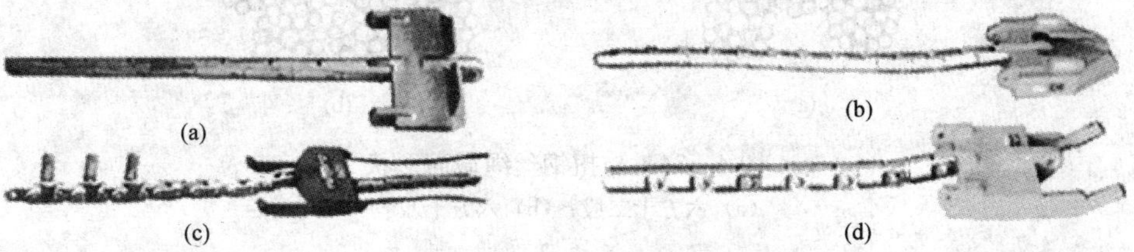

图 4－32　一牵二牵引板
(a) SZ2 型；(b) SZ2B 型；(c) SZ2A 型；(d) SZ2C 型

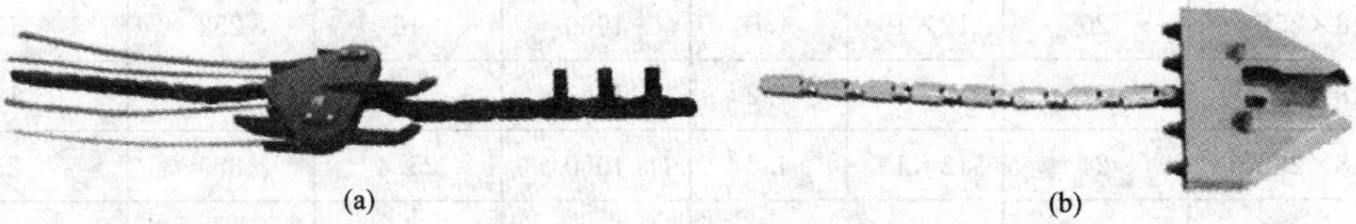

图 4－33　一牵四牵引板
(a) SZ4A 型；(b) SZ4B 型

表 4－23　　一牵四牵引板技术参数

型号	额定负荷（kN）	适用滑车轮宽（mm）	质量（kg）	特征
SZ4A-13	130	100	96	导线各自独立
SZ4B-13	130	100	65	导线各自独立
SZ4B-18	180	110	95	导线各自独立
SZ4B-25	250	110	110	导线各自独立
SZ4C-25	250	110	88	导线各自独立

四、张力架线用防扭钢丝绳

防扭钢丝绳，又称编织防扭钢丝绳，也称无扭钢丝绳或不旋转钢丝绳，是采用高强度热镀锌优质航空钢丝经特殊工艺加工而成的钢丝绳。它具有强度高、柔韧性好、防腐防锈能力强，解除张力后不打结，不破坏，不缠绕，自由状态下承受张力时，钢丝绳扭转角为 0°，使用寿命长等优点；适用于电力线路张力放线作牵引绳（牵引磨芯直径应不小于 15 倍绳索直径）、竖井提升设备用平衡尾绳及矿山、码头等大扬程起重时要求钢丝绳不旋转的场所。

防扭钢丝绳的制造是用一组左向捻和一组右向捻的单股圆股钢丝绳呈有规律（交叉的螺旋轨迹）的编织而成，其中左向捻股和右向捻股数量相等、对称编织。两组螺旋力矩因方向相反而平衡，使防扭钢丝绳具有不旋转特性。它可分为四方、六方、八方等多种规格，基本形式如图 4-34 所示。张力架线施工中用防扭钢丝绳，符合《输电线路张力架线用防扭钢丝绳》（DL/T 1079—2007）的规定。表 4-24 所列为八方十二股防扭钢丝绳技术参数。

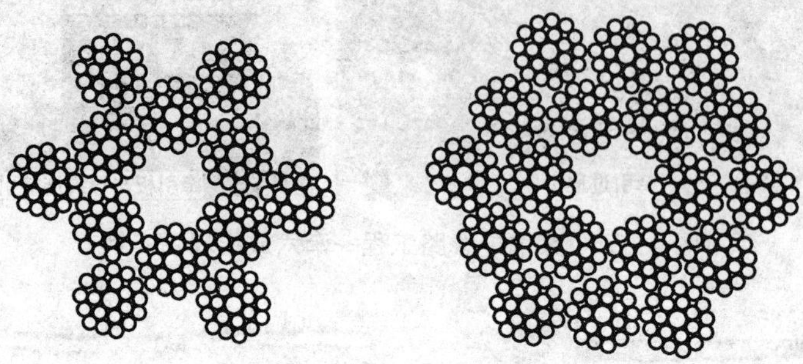

(a) (b)

图 4-34 防扭钢丝绳截面形状

(a) 六方十二股；(b) 六方十八股

表 4-24 **八方十二股防扭钢丝绳技术参数**

型号	公称直径（mm）	线股结构	股绳直径（mm）	公称抗拉强度（mm）	股组切断拉力（kN）	钢丝绳破断拉力（kN）	钢丝绳参考质量（kg/km）
yl20-18×25fi	20	12×19	4.0	1960	16	252	1596
yl22-18×25fi	22	12×19w	4.2	1960	24	372	1900
yl24-18×25fi	24	12×19	4.8	1960	25.4	389	2340
yl26-18×25fi	26	12×19w	5.2	1960	35.5	540	2733
yl13-18×29fi	28	12×19	5.6	1960	45	650	3255
yl13-18×29fi	30	12×19w	6.0	1960	45.2	692	3620
yl15-18×29fi	32	12×19	6.5	1960	53.4	817	4300

（1）防扭钢丝绳的特性。在自由状态下承受张力时，防扭钢丝绳的旋转角度等于零，合成转矩等于零，适应于各种要求钢丝绳不旋转的工作条件；具有柔软性好，解除张力后不打扭、不缠绕，使用寿命长，并可根据工况采用不同结构的股绳；可以用插接的方法达任意长度，而不需附加任何连接器，也可用插接的方法修补使用过程中的局部损伤，而不会降低整绳的破断力和柔软性。另外，防扭钢丝绳具有强度高、耐腐蚀的特性。

（2）防扭钢丝绳选择。主要考虑编织结构、外观形状、股绳数量、股绳直径及其结构、最小破断拉力等方面的因素。最小破断拉力主要与钢丝绳的横截面积、钢丝绳公称抗拉强度、捻制工艺等因素有关。用于张力架线的防扭钢丝绳，可按最大静牵引力 p_{max} 和倍率值选择。防扭钢丝绳按最大静牵引力选择，即最大静牵引力 p_{max} 应满足

$$p_{max} \leqslant \frac{T_b}{K} = \frac{T_b}{3} \tag{4-1}$$

式中：p_{max} 为最大静牵引力，N；T_b 为钢丝绳破断拉力；K 为安全系数（取 $K=3$）。

按倍率选择防扭钢丝绳，在牵引卷筒、放线滑车通过时，倍比率 e 应满足

$$D_s \geqslant ed_s = 25d_s \tag{4-2}$$

式中：D_s 为牵引卷筒或放线滑车钢丝绳轮槽直径，mm；d_s 为钢丝绳直径，mm；e 为倍比率（取 $e=25$）。

第五节　架线附件安装机具

架线附件安装机具有多种，本节主要介绍分裂导线提升器和飞车。

一、分裂导线提升器

分裂导线提升器用于分裂导线，安装提升导线，有双线提升器、三线提升器和四线提升器。这种结构形式的提升器，还有在提钩中衬铝垫和不衬铝垫之分。

图 4-35（a）所示为双线提升器（提钩中衬铝垫），主要参数见表 4-25；图 4-35（b）所示为三线提升器（提钩中衬铝垫），主要参数见表 4-26；图 4-35（c）所示为四线提升器（提钩中衬铝垫），主要参数见表 4-27。图 4-35（d）所示为提钩中不衬铝垫的双线提升器。

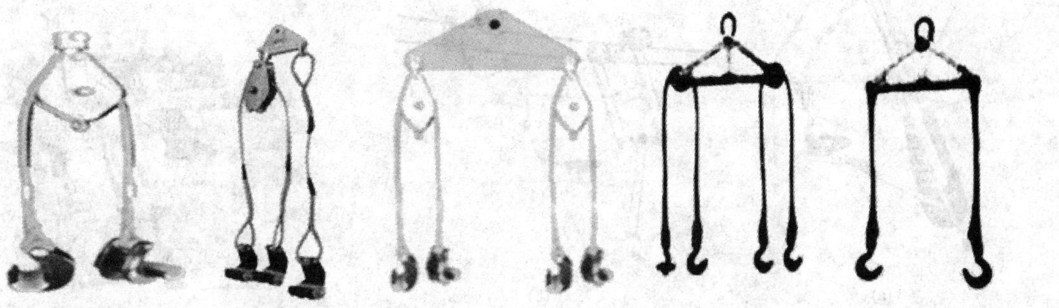

(a)　(b)　(c)　(d)

图 4-35　分裂导线提升器

（a）双线提升器；（b）三线提升器；（c）四线提升器；（d）双线提升器（提钩中不衬铝垫）

表 4-25　双线提升器技术参数

型　号	ASUDXTST25R	ASUDXTST50R	ASUDXTST80R
额定负荷（kN）	2×12	2×25	2×40
托架长度（mm）	120	200	260
质量（kg）	13	26	40

表 4-26　三线提升器技术参数

型　号	LWST36T	LWST75T
额定负荷（kN）	3×12	3×25
质量（kg）	21	39
备　注	用于 500kV 六分裂导线一侧三根导线的提升	用于 1000kV / 800kV 六分裂导线一侧三根导线的提升

表 4-27 四线提升器技术参数

型 号	AFXDXTST50S	AFXDXTST100S	AFXDXTST160S
额定负荷（kN）	4×12	4×25	4×40
托架长度（mm）	120	200	260
质量（kg）	35	67	97

二、飞车

用于输电线路施工、检修的飞车，是提供一种在空中操作安全、省力、爬坡攀升能力较强，且携带、使用方便的装置，它以架空输电线路的导线作为行驶轨道。大部分飞车是通过操作摩擦轮，采用辅助过渡摩擦轮的方法通过障碍物，也有些飞车采用在障碍物处临时安装过渡用导轨，摩擦轮可借助过渡导轨通过障碍物。

飞车的种类很多，按其轮子行驶所跨的导线数目来分，有单导线、双分裂导线、三分裂导线和四分裂导线用飞车等几种，如图 4-36 所示。单导线飞车一般采用两个轮子；其他多分裂导线飞车分别由 4～10 个轮子组成。

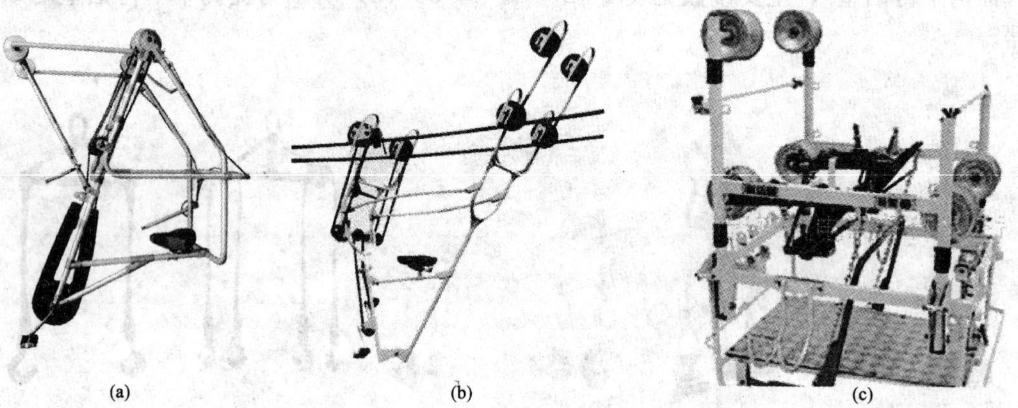

(a) (b) (c)

图 4-36 飞车

(a) 两线（脚踏式）飞车；(b) 四线（脚踏式）飞车；(c) 四线飞车

按飞车行驶的驱动方式可分人力飞车和机动飞车两种。人力飞车大多数采用类似自行车脚蹬驱动的方式；机动飞车采用小型汽油机为动力，通过液压传动或链传动方式驱动。

按飞车整体结构又可分为筐式飞车和车架式飞车两种。筐式飞车的传动装置安装在一个金属筐内，操作人员作业时也站在金属筐内进行。车架式飞车的外形与自行车或轻型摩托车相似，操作人员坐在座垫上进行作业。

1. 飞车的组成

以双线飞车（见图 4-37）为例，介绍飞车的基本组成。

(1) 摩擦轮组（简称轮子）或称走线轮（见图 4-37 中的 6）。飞车的轮子与放线滑车的导线轮相似，由轮架和衬垫材料组成。由于导线在飞车轮子槽内几乎不受弯曲，包绕角度很小，所以轮子槽底部直径一般为导线直径的 2～4 倍就能满足要求；轮槽宽度也根据接触导线截面积的大小而定。轮槽表面衬有氯丁或丁氰橡胶衬垫，以保护导线并增加和导线表面的摩擦力。轮架一般采用高强度铝镁合金浇铸而成，以减轻重量。飞车上轮子的数量，由分裂导线数目或通过障碍物时的过渡方法等决定。

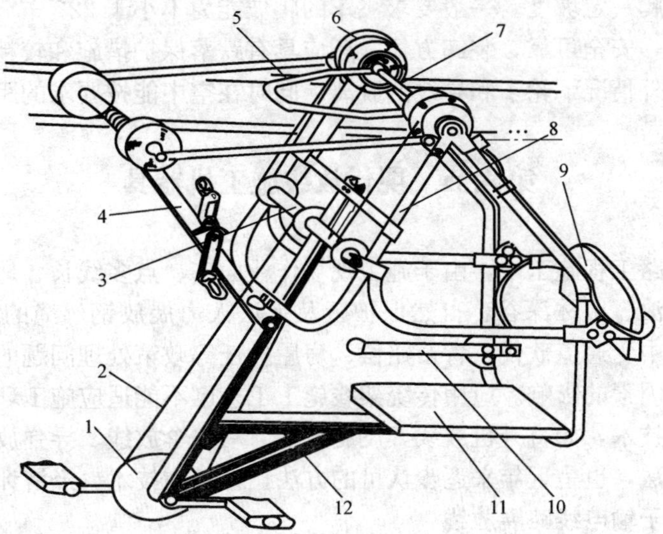

图 4-37　双线飞车

1—牙盘脚蹬机构；2—传动链条；3—传动轴；4—别轮机构；5—过间隔棒拉杆；6—走线轮；7—保险杆；8—上框架；9—靠背组成；10—制动器；11—座垫；12—下三角架

根据轮子同导线接触方式可分为单线双轮式、三线四轮式、四线六轮式、四线八轮式和双线四轮式、四线六轮式飞车无压紧轮等。

(2) 驱动装置。为了使飞车在导线上行走，必须有驱动力。飞车的驱动装置有液压驱动、机械驱动和人力驱动三种，目前也有设计成电动的。

人力驱动装置与自行车相似，通过脚蹬驱动大链轮，再经套筒滚子链、小链轮带动驱动轮在导线上行驶。还有一种人力驱动飞车上不设置驱动装置，而是通过钢丝绳或尼龙绳由地面用人力或小型牵引设备拖动，使轮子在导线上移动。

(3) 制动器。飞车上用的制动器有两种形式，一种是使主动轮停止转动的制动器，另一种是飞车停止行驶后用手动刹车或其他方法将飞车固定在导线某一位置上，确保作业的安全。

除上述装置外，飞车上还有行驶距离测定装置、压紧轮压紧力调整装置、过障碍物辅助压轮、金属筐架或机架等。

2. 选用飞车的基本要求

(1) 飞车在导线上行驶必须安全可靠，并能通过简单操作就可方便地通过架空线上的所有障碍物，包括安装好的间隔棒、防振锤和杆塔上的绝缘子串等（指直线杆塔）。

(2) 飞车轮子在导线上通过时，不损伤导线表面。为此，飞车同导线有可能接触的部分，均必须衬有橡胶或塑料等衬里。轮子同导线的接触面积要足够大，使两者之间单位面积上的压应力不大于许用值。轮子要转动灵活，轮子槽和导线之间不应该有相对滑动现象。

(3) 飞车的制动器必须安全可靠，具备快速制动能力，并且悬停在导线上任何位置时不会滑动。因此，除要求制动器动作可靠、反应灵敏外，还要求导线和行走轮之间有足够的摩擦力。

(4) 要有一定的爬坡能力。由于导线存在弛度，飞车在各挡弛度最低点向两侧杆塔导线悬挂点行驶时，须爬一定坡度。一般要求飞车的爬坡能力不小于22°。

（5）操作简单，安全可靠，装卸方便，还应具有跌落保护措施和较精确的测量行驶距离的装置，以防止意外情况下轮子和导线的脱离。同时在空中能按要求的距离安装间隔棒。

第六节 现代放线施工机器具

在许多输电线路工程施工中，由于施工现场作业面广、点多线长、地形复杂，必然有跨越大江、河流、湖泊、山林深谷、自然保护区及无法人力展放钢丝绳的地段等特殊地理环境，以及放线施工中受通道砍伐、青苗赔偿、房屋拆迁等政策处理问题的困扰，其处理难度大、费用高等环境因素的影响。应用传统架线施工工艺已不能适应施工环境的需要，为此要考虑现代放线施工技术，如直升机放线、飞艇放线、动力伞放线、导弹放线等工艺。这些无疑是较佳的施工方法，也是近年来逐步认可的方法，并且在技术、经济评价中显得更优越。

一、直升机用于输电线路展放线

直升机在输电线路施工中应用的最大特点是，不受地形（如山势险峻、沟壑纵横的高山地带）、高度等条件的限制，展放线速度快，机动性大。它既是运输设备，又是起吊设备。但由于施工成本的问题，这种施工方法及工艺仅在一些特殊工程中采用。

1. 直升机放线工程举例

例如：首次在1985年5月施工放线的试验中使用直升机放线，在跨距为1731m的南屏山和黑白将军山的两山头之间，成功地施放ϕ7.9mm的钢丝绳。1986年5月，能源部超高压输变电建设公司、吉林送变电公司和美国波音公司合作，利用波音234直升机，在葛上（葛洲坝至上海）线直流工程安庆大跨越（档距1605m）放线中，直接将8根ϕ14mm的牵引钢丝绳成功展放。同年6月，在±500kV葛上线宜昌段上，跨越长江1229m，再次成功使用S－61型直升机施放了ϕ7.9mm钢索导引绳。同时在宜昌段15km无人区，吊装和组塔33个，在多跨越连续档中施放导引绳3根共26km，其中两根各为10.3km，通过21个滑车，在多跨度连续档中施放引绳获得成功。值此，为我国电力部门试图使用直升机立塔和放线开辟了广阔的前景。

2007年8月17日9时25分，由华北电网有限公司、北京送变电公司、北京首都通用航空有限公司合作开发和实施的输电线路直升机展放导引绳施工。在河北丰宁窟窿山乡，一架直升机挂载自重450kg的导引绳轴起飞，沿在建汗海—沽源—平安城500kV输电线路9标段进行导引绳铺放，实现导引绳铺放落点准确，塔上作业人员配合到位，整个铺放过程仅用45min。

2008年12月9日，甘肃电力公司首次采用遥控直升机展放迪尼玛绳，顺利地越过了110kV带电线路、黄河、建筑物等，将导引绳准确地抛在330kV炳桃线的42号塔上指定位置，所用时间不到10min。采用航模直升机进行跨越放线的优点是，所跨线路不用停电，不受地形限制，跨越黄河大峪等节省劳动力，减少植被损坏，是一个省时省力的好方法，大大提高了工程施工的进度。

2009年9月12日，北京送变电公司在河北易县，用一架直升机挂载重160kg的导引绳轴起飞，铺放15基杆塔导引绳（见图4－38），飞行10.4km，整个铺放过程仅用30min。

2. 直升机放线用滑车器具

直升机展放导引绳，有空中展放和地面展放两种形式。无论采用哪种形式，都必须使用专门的放线滑车。图4－39所示为带滑臂的直升机放线滑车，滑臂用于引导导引绳进入滑车；在V形切口中导引绳沿滑臂下滑进入框架内侧，再滑入中间的钢丝绳轮中。当牵引绳牵引展放导线时，滑车上弹簧门在牵引板的作用下打开，使导线进入两侧导线轮的槽中。

图4-38　直升机展放引导绳实景

图4-39　带滑臂的直升机放线滑车

3. 直升机用放线机

机载展放法，实际上是直升机在空中展放导引绳，展放时将导引绳置于一个放线机上，然后将放线机悬挂在直升机下方，直升机一边沿线路飞行一边松出导引绳，由空中向杆塔上展放，直到放完。导引绳在展放过程中，保持一定的张力，不至于落地。

图4-40所示为直升机用放线机。当飞机到达规定地点时，通过装在机内的操纵装置，控制放线机的液压制动器，使绳索因沙袋和自重以一定的速度放出，如图4-41（a）所示。地面人员将沙袋带出的绳头固定在塔身或地面上，然后指挥飞机向前飞行，并放出所载绳索，如图4-41（b）所示。当飞机沿线路接近铁塔时，由地面人员指挥飞机调整高度，并使所放绳索落在横担上。

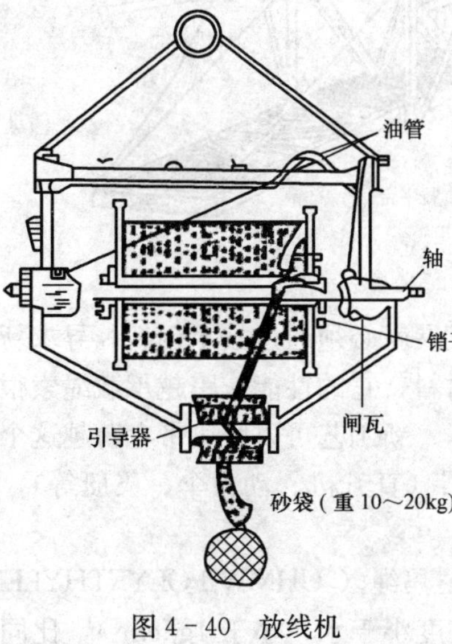

图4-40　放线机

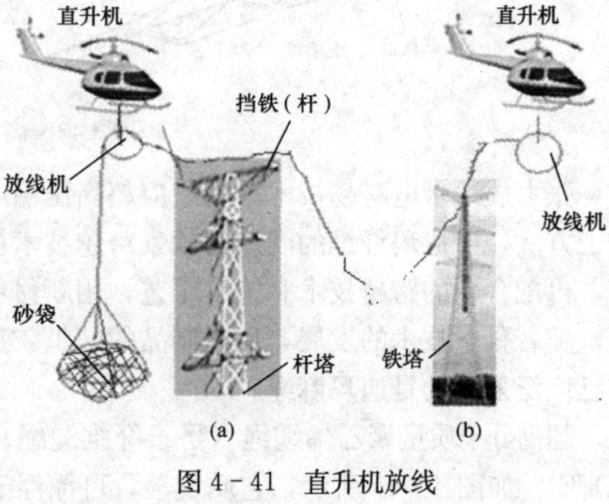

图4-41　直升机放线

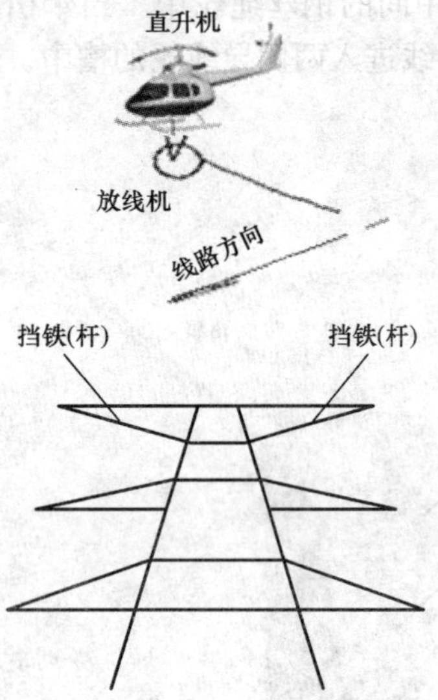

图 4－42　牛角形挡铁布置

对于干字型塔，由于上横担较短，有时还要在横担上绑扎一对牛角形挡铁（见图 4－42），以便绳索落在横担上面不至于滑脱。为了防止绳索由于线路转角、张力或风的作用，从塔上落下来，有时需用绳索将已放绳索绑在塔上。当绳索在预定的最后一基塔上组装好后，飞机放出剩余部分绳索，即可开始运下一盘绳索。

4. 高空压接吊篮

法国曾使用直升机高空压接吊篮进行高空导线压接及导线修补等作业，如图 4－43 所示，吊篮的一侧有托线架，可使直升机托线后略上升，将托线定位在托线架上；吊篮的前后侧均可沿水平轴旋转开启，作为伸展平台，以便平台上的工作人员对导线用卡线器进行临锚；吊篮前后设有滑动的工作台，工作台上装有压接设备。

5. 飞行器放线用绳索

最初使用直升机展放的导引绳都是钢丝绳。随着电网建设的发展，新建输电线路跨越运行电力线路越来越多，跨越施工越来越困难，尤其是受地形限制时，传统的跨越架线施工根本无法完成，严重影响架线施工的安全、施工进度和施工成本。

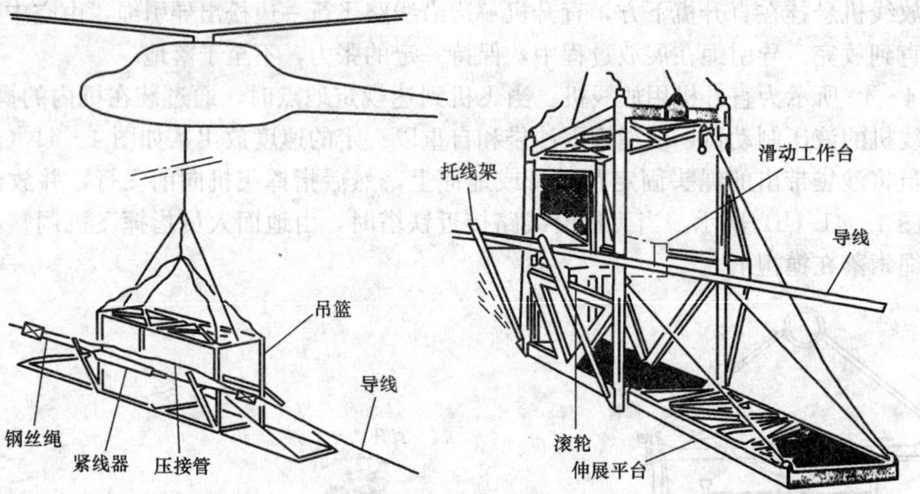

图 4－43　高空压接吊篮

张力放线带电跨越技术，要适应超高压输电线路的发展就必须通过技术创新，寻求新的施工方法，迪尼玛纤维的问世为软索跨越技术提供了新材料，它的性能作跨越承载绳索很合适，再配合新的跨越技术和施工工艺，用新材料、新技术、新工艺可以解决带电跨越这个课题。随着科学技术的发展，尼龙制品的问世，用于飞行器（直升机、动力伞、飞艇等），目前已广泛采用的是迪玛麻绳。

超高分子质量聚乙烯缆绳（孚泰纤维缆绳），又称迪尼玛绳（ UHMW POLYETHYLENE ROPE），如图 4－44 所示，它质量轻，可漂浮于水面（密度小于水，小于 $1g/cm^3$），比同等直径的钢丝绳轻 87.5%左右。迪尼玛绳强度比同等直径的钢丝绳强度高 1.5 倍左右，具有优异的耐海水、耐化学药品、耐高温辐射性能（gamma－ray，X－ray），乃至紫外线辐射及温差反复，在－60℃情况下能保持一定的机械强度，耐热温度为 80～100℃，保持其使用质量不变等特性。

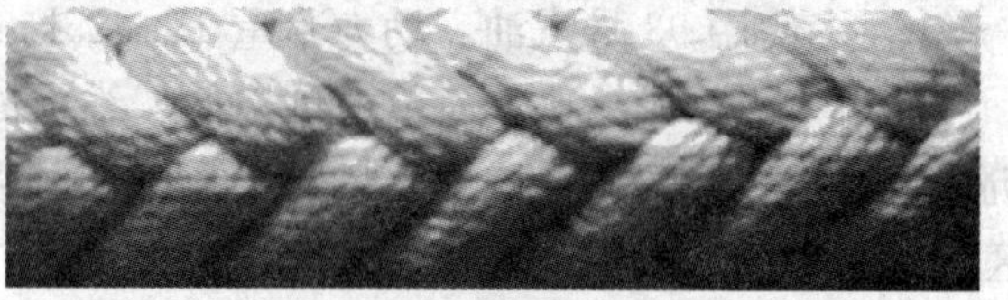

图 4－44　迪尼玛绳实物

表 4－28 为迪尼玛绳技术参数。

表 4－28　　**迪尼玛绳技术参数**

直径（mm）	6	7	8	9	10	11	12	14.5	16	18	20	21
最小破断拉力（kN）	33.3	44.1	54.9	69.2	87.2	108.8	127	179	215.6	284	341	382
保护套直径（mm）	9	11	12	13	14	15	16	19	20	22	25	26
自重（g/m）	32	42	55	65	75	100	117	165	190	254	300	340

6. 工作钩

工作钩是用于直升机在紧急情况下能安全脱卸的安全钩，如图 4－45 所示。

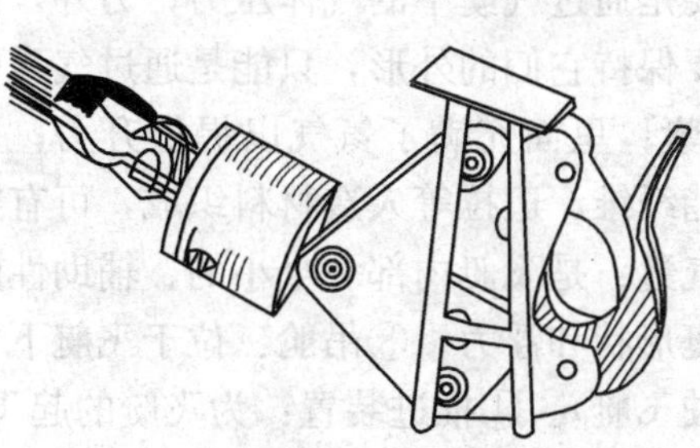

图 4－45　工作钩

二、动力伞用于输电线路展放导引绳

动力伞又称动力翼伞（见图 4－46），由一台小型发动机和滑翔伞组成，可以在平地起飞，起飞过程简单、场地易寻。飞行员借助发动机的推力和滑翔伞的升力飞上蓝天，它是 20 世纪 80 年代初期出现在西方国家的一种新型航空体育运动，具有简单易学、飞行灵活、安全可靠等优点，近几年来发展迅速。采用动力伞放线工艺，不仅能使沿线农作物、树木免受砍伐之苦，使电力职工不再徒步跨越障碍物，同时大大缩短了工期、节约了成本，还能减少导线表面损伤。

图 4－46　动力伞

1. 动力伞的特点

动力伞主要由小型发动机与滑翔伞组成。飞行员借助发动机的推力与滑翔伞的升力腾空而起。滑翔伞的直径大的有 1m 多，小的大约 0.5m，一般携带 6～8L 的油箱，续航时间为

1～2h，多使用93号汽油。动力伞重15～25kg，推力为40～80kg，飞行时间达1～5h。

动力伞飞行操纵比较简单、价格低、维护简单和便于运输、安全可靠，不需要高质量的机场，在空域开阔的场地上，只需要几十米可以慢跑的平地就能起飞；可以在田间地头，山区起落，受场地限制小，较为方便。

动力伞万一发生发动机空中停车的情况（极少可能），它就变成一具普通的滑翔伞，仍能保证飞行人员安全返回地面。

2. 动力伞类型

动力伞按载客人数可分为单人和双人，按起落方式可分为背式和轮式。

三、飞艇用于输电线路展放导引绳

飞艇属于浮空器的一种，也是利用轻于空气的气体（如氢气、氦气等）产生浮力使飞艇升空。

1. 飞艇类型

飞艇一般分为硬式飞艇、半硬式飞艇和软式飞艇。硬式飞艇是由其内部骨架（金属或木材等制成）保持形状和刚性的飞艇，外表覆盖着蒙皮，骨架内部则装有许多为飞艇提供升力的充满气体的独立气囊。半硬式飞艇要保持其形状主要是通过气囊中的气体压力；另外，部分也要依靠刚性骨架。现代飞艇一般都是软式飞艇，要保持它们的外形，只能是通过气囊中氦气压力来实现。软式飞艇结构组成主要包括：①气囊：里面充满了氦气以提供升力；另外，里面还有辅助气囊。现代飞艇上气囊由涤纶、聚酯纤维、迈拉等人造材料织成，可有效地防止氦气的泄漏，并具有很长的使用时间。②辅助气囊：是飞艇内部一个小的、辅助性的气囊，可通过在飞行中的充气和放气来控制和保持飞艇形状和浮力。③吊舱：位于飞艇下方的舱室，包括驾驶舱、发动机和人员舱（如果有人驾驶飞艇）。④推进装置：为飞艇的起飞、降落和空中悬停提供动力。⑤尾翼、方向舵和升降舵：为飞艇提供机动能力。

飞艇还可分有人和无人两类，也有拴系和未拴系之别。表4-29所示为XYGC-700型遥控飞艇技术参数。

表4-29 XYGC-700型遥控飞艇技术参数

项目内容	参数	备注
飞艇总质量（kg）	14	
飞艇总长（m）	7.2～7.5	
飞艇起飞总质量（kg）	1.5～2（下沉总质量）	
飞艇总宽（m）	1.8～1.875	
飞艇总高（m）	2.3～2.35	
发动机单台拉力（kg）	≥7	海拔不同有所变化
转涵角度（°）	≥180	
荷载能力（kg）	8～10	海拔不同有所变化
气囊容积（m^3）	≤13	
副囊容积（m^3）	0～2	
飞行升限（m）	≤4000，相对海拔500	

2. 飞艇放线技术特点及应用示例

飞艇放线技术与其他放线方式比较更为安全、高效、节约成本，它解决了输电线路通过林区不砍伐树木放线以及大跨越难题。

但目前国内利用遥控飞艇放线的施工工艺还不够规范和完善，具体体现在如下几个方面：①发动机的功率较小；②受气象因素影响较大，四级风及以上就无法作业；③飞艇艇身部分和动力部分的材料选用及制造水平均比较粗糙；④没有一套完整的施工方案及应急措施。

利用飞艇展放导引绳施工技术，在不少送变电建设单位得到应用。例如，四川电力送变电建设公司，在马鸣溪北岸 110kV 豆天线用飞艇牵引绳放线，跨越江面宽度 500m，飞艇放线直线距离 703m，铁塔全高 45.5m，飞艇往返仅用 13min。青海送变电工程公司在 750kV 官亭—西宁 1 标段输变电工程架线施工中，采用飞艇放线技术；新疆送变电工程公司承担的 220kV 玉龙河—莎车输变电工程，引进的 YS-7 型飞艇，艇囊用氦气填充，充气后自重仅为 3kg 左右，飞艇一次最长牵放引绳的长度为 2500m，续航时间为 40min，每次起飞后，地勤人员接力遥控飞艇通过。陕西送变电工程公司在 330kV 大（杨）—彬（县）输电线路首次采用飞艇跨越放线，跨越放线从 201 号塔至 184 号塔，全长约 6km，中间共有 16 基铁塔，其中要跨越大沟两次，距离均在千米以上，所用飞艇长 8.5m，高 2.2m，设计荷载 15kg。

图 4-47 所示为飞艇展放引绳实景。

图 4-47　飞艇展放引绳实景

四、气球

气球放线的最大优点是安全可靠，操作简便、经济，能保质保量，是一项值得推广的应用技术。

采用氢气球展放导引绳可以实现大跨越不封航的目的。

1. 气球放线举例

2001 年 8 月 21 日，中国最高的跨海高压输电线在厦门开始架设。跨海最高的铁塔高达 181m，跨海总长 5049m，其中海上架线 3882m，跨度为中国之最。福建省第二电力建设公司，在全国首创气球放线法，用直径 6m 的氢气球，承托起直径为 13mm 的钢丝绳牵引输电线，如图 4-48 所示。

北京送变电公司曾在广东沙角—江门 500kV 线路跨越西江的放线施工中，采用 3 只双层尼纶布合成的直径 6m 的氢气球吊挂导引钢丝绳施工，在不封航的情况下，顺利地完成了跨江放线。另外，该公司还在北京郊区跨越果园的一条 500kV 线路施工中顺利地使用了氢气球展放直径为 14mm 的锦纶丝导引绳。

图 4-48 氢气球承托起直径为 13mm 的钢丝绳牵引输电线

2. 气球放线设计

下面以北京送变电公司工程设计为例，介绍气球放线相关设计常识。

(1) 气球的浮升介质特性及工艺性能。浮升介质，指用以填充气球使之产生浮升能力的气态介质。气球常用的浮升介质有氢、氦、热空气等。根据阿基米德原理，浮升介质密度越小，浮升性能就越好。

特性最好、最经济的浮升介质是氢气，它不仅容易获得，且无色、无味、无毒，在空气中能自燃、爆炸，需采取防火措施。另外，用于充气的球体制造简易，运行维修费用低。由于氢气化学性质活泼，在一定的条件下能与空气中的氧气化合产生燃烧甚至爆炸，为了安全作业，应采取可靠的预防措施：①控制氢气浓度，保持在安全范围，即浓度应保持在 99%，为此充氢气前必须彻底排清容器内的空气，且球内氢气浓度低于 85%必须净化，低于 80%隔绝火源；②严格控制防火区间及采取防雷、防静电、防摩擦措施；③注意通风，防止暴晒及高温接触，以保证温度在规定范围内。

水蒸气和热空气均需连续加热，只适于载人场合。热空气无需携带作业用水，工艺性能优于水蒸气。

氨气和天然气有腐蚀性，且浮力较小，一般不予采用。

(2) 气球选型。气球样式繁多，可根据用途特点要求选用或制造。选型可按抗风要求和工艺条件确定，常用的有圆球形、水滴形、碟形、倒圆锥形等。圆球形气球用料最省，制造工艺简单，可吹塑成型，是小型气球广泛采用的形式。水滴形气球附导向尾翼，可随风转向，迎风面积小，抗风能力强。碟形气球具有各向不变的较小迎风面积，适于大型载重。倒圆锥形气球高度较大，采用热空气时，可提供较佳的加热空间。因此，应选用具有较大的浮力及有利于提升高度和保持系统稳定性的气球。

(3) 气球放线的理论计算。目的是为了确定气球的规格和尺寸、数量、升空的高度、导引绳的规格、悬挂点的布置以及放线滑车释放的张力等。气球放线视气球的悬挂点为杆塔挂点，然后根据高压送电线路平抛物线法进行计算。

1) 气球的浮升力 Q 为

$$Q = k_\rho \times V(\rho_1 - \rho_2) \tag{4-3}$$

式中：ρ_1、ρ_2 分别为标准状态下空气、氢气的密度，一般取 $\rho_1 = 12.9\text{N/m}^3$，$\rho_2 = 0.89\text{N/m}^3$；$k_\rho$ 为与标准状态相比，因温度、压力变化而引起的浮升力的综合变化系数，取 $k_\rho = 0.95$；V 为气球充气后的体积，m^3。

2) 所需气球数目的计算

$$n = \frac{K_Q G}{Q - K_Q \sum p} \tag{4-4}$$

$$K_Q = \frac{Q}{\sum G} \tag{4-5}$$

式中：G 为引导绳的重力，N；$\sum p$ 为单只气球以及绳具重力之和，N；K_Q 为气球的浮升力与其综合荷载的比值（浮载系数）；$\sum G$ 为气球综合荷载，N。

3）导引绳悬挂点应力计算

导引绳悬挂点水平应力 σ_0 为

$$\sigma_0=\frac{gl^2}{8f_m} \tag{4-6}$$

式中：g 为导引绳自重比载，MPa/m；f_m 为两气球导引绳悬挂点中间的最大弛度，m；l 为两气球悬挂点的挂线档距，m。

当导引绳的自重比载为 g_1，两悬挂点 A、B 处的应力垂直分量 σ_{AV}、σ_{BV}（见图 4-49）为

$$\left.\begin{aligned}\sigma_{AV}&=g_1 l_{OB}\\ \sigma_{BV}&=g_1 l_{OA}\end{aligned}\right\} \tag{4-7}$$

式中：l_{OA}、l_{OB} 为悬挂点间至导引绳最低点处的距离，m；β 为高差角，°。

$$\left.\begin{aligned}l_{OA}&=\frac{l}{2}-\frac{\sigma_0}{g_1}\tan\beta\\ l_{OB}&=\frac{l}{2}-\frac{\sigma_0}{g_1}\tan\beta\end{aligned}\right\} \tag{4-8}$$

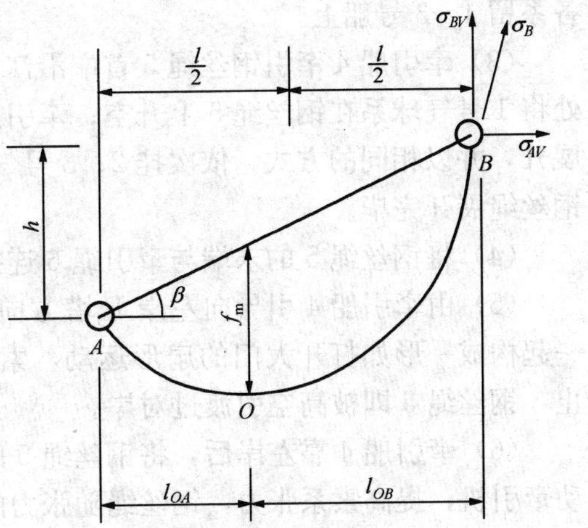

图 4-49　悬挂点受力图

悬挂点间的高差为 h 时，挡内导引绳线长度 L 为

$$L=l+\frac{h^2}{2l}+\frac{g_1^2 l^2}{24\sigma_0^2} \tag{4-9}$$

式中：l 为两悬挂点间的水平档距，m。

4）风压计算。气球导引绳水平方向的风压 p（单位：MPa）为

$$p=9.81aKF\frac{v^2}{16}\sin\theta \tag{4-10}$$

式中：a 为风速不均匀系数，可取 $a=1$，气球取 $a=0.49$；F 为受风投影面面积，m²；v 为风速，m/s。

气球放线因顺风的影响小于侧风，因此主要验算侧风对气球放线的影响。图 4-50 所示为受侧向风压影响的气球受力状态图。根据力的平衡条件，可计算出侧风对气球放线影响的水平力和气球的浮升力，即

$$p_{侧}=R\cos\alpha \tag{4-11}$$

$$Q_{侧}=\sum G+R\sin\alpha \tag{4-12}$$

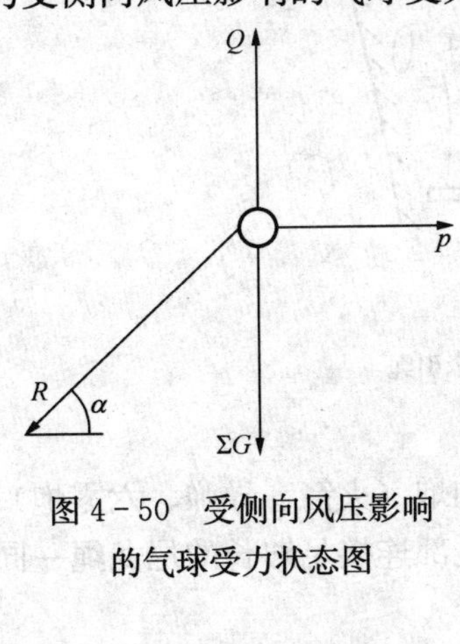

图 4-50　受侧向风压影响的气球受力状态图

5）导引绳释放张力计算。展放各段导引绳的张力为

$$\left.\begin{aligned}\sigma_A&=\sigma_0+\frac{g_1^2 l_{OA}}{2\sigma_0}\\ \sigma_B&=\sigma_0+\frac{g_2^2 l_{OB}}{2\sigma_0}\end{aligned}\right\} \tag{4-13}$$

当导引绳展放完毕收紧时，其张力计算可根据下式变换，得到收紧导引绳的应力 σ_2 计算公式，即

$$\sigma_2=\frac{g_1^2 l^3}{L-l-h^2/2l} \tag{4-14}$$

3. 气球放线的操作程序

气球放线的主要操作程序（见图 4-51）如下：

（1）将两岸的牵引绳（6、7）穿过 A、B 杆塔处的塔顶放线滑车引至江边。

（2）把各升空分段钢丝绳 5 加装连接器后盘绕于卷筒上待用；各气球充气后分别置系于各系留 1～3 号船上。

（3）牵引船 4 牵引钢丝绳 5 首端沿江边下行展开，至 300m 处停船，由 1 号系留船在该处将 1 号气球系在钢丝绳 5 上升空；牵引船 4 恢复下行，1 号系留船随动，牵引钢丝绳继续展开，并以相同的方式，依次挂 2、3 号气球于钢丝绳 5 上升空；船下行约 1000m 处，全部钢丝绳展开完毕。

（4）将钢丝绳 5 的末端与牵引绳 6 连接，3 号气球升空。

（5）由牵引船 4 引导向左岸 B 塔方向牵引，各系留船及气球随之逆水行驶，与牵引船一起构成一形如打开大门的扇形运动，索系逐渐转向线路方向，直到跨江线路中心线上为止，钢丝绳 5 即被高空引渡过对岸。

（6）牵引船 4 靠左岸后，将钢丝绳 5 的首端与预先展放的牵引机上的钢丝绳连接，并启动牵引机，提高索系张力，钢丝绳随张力的加大而升空。

（7）钢丝绳张力达 5kN 以上开始按 1、2、3 号的顺序逐步脱球，至张力达 6.5kN 时，脱球完毕。至此即完成一个气球放线循环，转入常规张力放线施工。

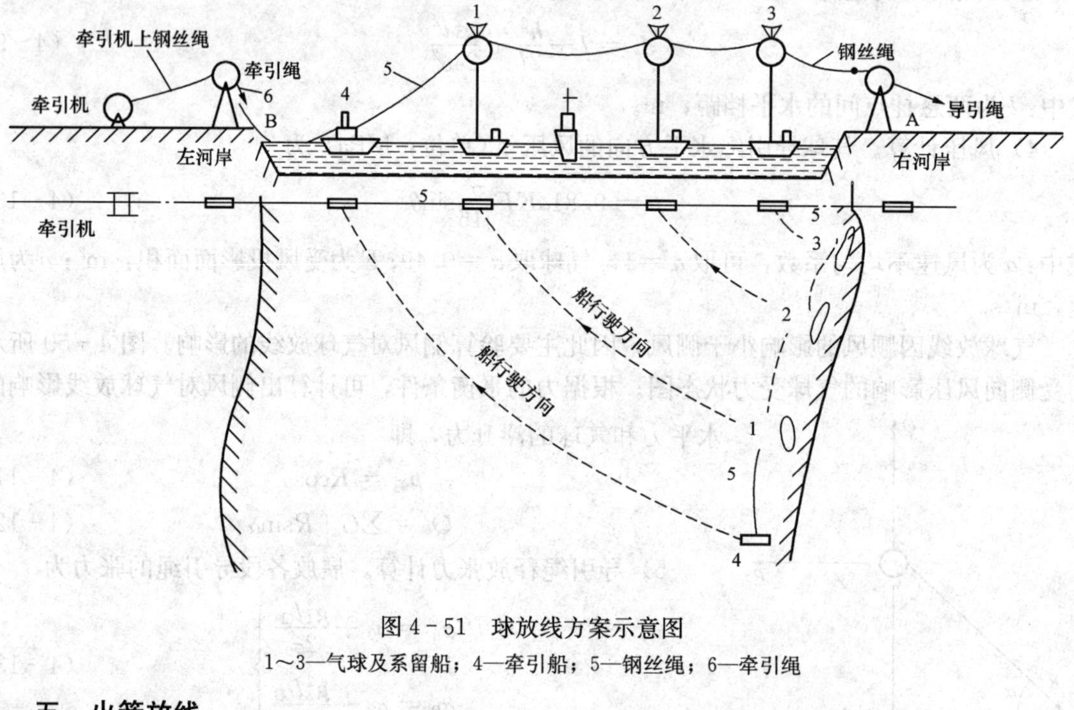

图 4-51　球放线方案示意图

1～3—气球及系留船；4—牵引船；5—钢丝绳；6—牵引绳

五、火箭放线

除上述放线设备外，还有其他放线设备可供展放导引绳，如炮（火箭、导弹、六零炮）、航空模型、弓弩等。火箭放线是在军用火箭（或气象火箭）弹尾部连接足够长的尼龙绳一同发射，从而达到跨越悬崖及山脉或江河、湖泊、海湾等天然屏障进行展放线的一种方法。

例如，福建省某送变电公司在福州蒲田 110kV 线路（350～351 号和 355～356 号）中，放线用火箭携带直径为 10mm 的尾龙绳，射程达 680m。另外，在福州红山—福安—甘棠 220kV 线路跨越人力难以逾越的跨悬崖深谷放线，利用火箭放线也取得了成功。

思 考 题

1. 输电线路架线施工用放线滑车作用是什么？有哪些使用要求？
2. 导线连接压接的顺序如何考虑？
3. 放线施工时为什么要使用防捻器？为何要使用牵引板？
4. 钢丝绳连接器有什么作用？有哪些类型？使用时应注意哪些事项？
5. 防扭钢丝绳在输电线路施工中有何作用？在实际工程中如何选用防扭钢丝绳？
6. 飞车的作用是什么？飞车是怎样分类的？
7. 飞车是由哪几部分组成的？各有什么作用？
8. 现代放线施工技术中常用的施工机器具有哪些？直升机放线有哪些优点？
9. 气球放线、火箭放线各有哪些优点？
10. 试说明气球放线工艺过程。
11. 试问气球展放线的浮升力如何计算？

第五章　张力架线施工机器具

第一节　概　　述

一、张力架线

在输电线路架线施工中，利用牵引设备展放架空导线，使架空导线带有一定张力，始终保持离地面和跨越物一定高度，并以配套的方法进行紧线、挂线和附件安装的全过程，称为张力架线。

1. 张力架线的优点

(1) 避免导线与地面摩擦致伤，减轻运行中的电晕损失及对无线电系统的干扰。

(2) 施工作业高度机械化，速度快，工效高。

(3) 用于跨越江河、公路、铁路、经济作物区、山区、泥沼、河网地带等复杂地形条件，更能取得良好经济效益。

(4) 能减少青苗损失。

图 5-1 所示为张力架线施工布置：大牵引车（又称主牵引机）、小张力车（机）布置在牵引场；大张力车（又称主张力机）、小牵引车（机）布置在张力场。

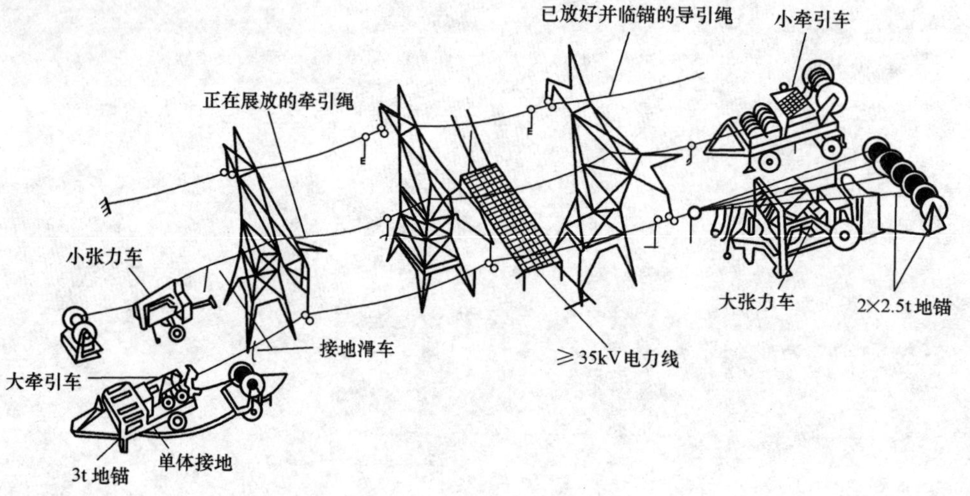

图 5-1　张力架线施工布置（一牵四张力放线法）

2. 张力架线基本特征

张力架线具有以下基本特征：

(1) 导线在架线施工全过程中处于架空状态。

(2) 以施工段为架线施工的单元工程，放线、紧线等作业在施工段内进行。

(3) 施工段不受设计耐张段限制，可以直线塔作施工段起止塔，在耐张塔上直通放线。

(4) 在直线塔上紧线并作直线塔锚线，凡直通放线的耐张塔也直通紧线。

(5) 在直通紧线的耐张塔上作平衡挂线或半平衡挂线。

(6) 同相子导线要求同时展放、同时收紧。

在充分体现上述特征的前提下，可根据工程具体条件编写张力架线的工艺流程，选择施工机械、施工组织及操作方法等。

3. 张力架线施工条件

张力架线应具备的施工条件：

(1) 线路上每5～8km能选择一处牵、张场场地，牵引机和张力机能运达场内，两侧杆塔允许作直线锚线。

(2) 耐张塔允许不打临时拉线作带张力半平衡挂线。带张力半平衡挂线时，横担的不平衡张力为相张力的1/2。

(3) 耐张段长度小于1500m时，为满足按过牵引200mm验算耐张塔的要求，耐张金属工具组合串中应具有调整范围较大的调长金具。

(4) 直线塔应设附件安装施工孔，耐张塔应设锚线孔、临时拉线孔和放线滑车悬挂孔等，孔径与施工工具相配合，承载能力满足施工荷载要求。

(5) 用于张力架线的导线，不得在一个线轴上包装两条导线，一根导线中不得有钢芯断头，且定长标准要符合国家标准要求。

二、张力架线施工工艺流程

1. 张力放线的基本程序

(1) 展放导引绳。将导引绳分段展放，逐基穿过放线滑车，并与邻段相连。

(2) 牵放牵引绳。用小牵引机收卷导引绳，逐渐将施工段内的导引绳更换为牵引绳。

(3) 牵放导线。用主牵引机收卷牵引绳，逐步将施工段内的牵引绳更换为导线。

以一根牵引绳同时牵放四根子导线，称为一牵四放线。同理，有一牵一、一牵二、一牵三、一牵四、一牵六等放线方式。

图5-2所示为某送变电公司在某输电线路建设中，实施张力架线采用“一牵二加二加二”组合方式及施工实景，采用多台牵、张一体机替代大功率牵、张机，通过“一根牵引绳牵一根导线”的方式，同步展放一相的8根导线；该方式与其他架线施工工艺相比较具有三项显著优势：①不使用连接走板，不使用高承载力的抗弯、旋转连接器，极大地提高了施工的安全可靠性；②通过牵张设备的同步系统，使导线展放更加顺畅、平稳，更能确保架线施工质量；③很好地解决了特高压交、直流工程架线中多分裂、大截面导线展放中的一系列技术问题，还可广泛运用于各种电压等级输电线路更新改造中的换线施工。

图5-2　张力架线“一牵二加二加二”组合方式及施工实景

2. 张力架线的主要机具

张力架线的主要机具有牵引机、张力机，其他与之配套的还有特种机具，如连接网套、牵引板、平衡锤、不旋转连接器、旋转连接器、卡线器、链式葫芦等。

第二节　张力架线常用施工机具

一、牵引机

在牵放导线过程中起牵引作用的机械叫牵引机（见图5-3），它除了用于张力架线中的牵引作业外，还能用于完成绞磨机的牵引作业，如抽余线、紧线等。在张力架线中使用的牵引机（按牵引力大小分）有主牵引机、小牵引机。

(a)　(b)　(c)

图5-3　牵引机

(a) 自行式拖拉机牵引机；(b) 国产牵引机；(c) 法国SPRB型液压牵引机

主牵引机，在张力放线中仅控制放线速度，不控制放线张力。

选择主牵引机，应具有健全的工作机构、控制机构和保安机构，能在使用地区自然环境下连续工作。

牵引机产品类型较多，根据展放分裂导线根数可分为一牵二牵引机、一牵三牵引机、一牵四牵引机等。按牵引机的动力传动方式，可分为机械传动方式、液压传动方式、液力传动方式和混合传动方式。按钢丝绳卷车与牵引机的装配关系，可分为两类：一类为钢丝绳卷车与牵引机同体安装式（此时卷车仅为牵引机的一个回转机构）；另一类为钢丝绳卷车与牵引机分机独立安装方式。

所谓钢丝绳卷车，是指配合牵引机将牵来的钢丝绳回卷导绳盘上的机械或机构。

1. 牵引机的选择

输电线路张力架线用牵引机技术条件，必须执行《输电线路张力架线用牵引机通用技术条件》（DL/T 372—2010）。选择牵引机时，一般应符合下列要求：

（1）主牵引机与主张力机、小牵引机与小张力机的各种技术参数必须做到相互匹配，并满足工程实际要求。

（2）能实现过载保护。牵引机在牵引放线过程中除满足放线牵引力和牵引速度外，还具有随时能无级、迅速地调整牵引力和速度的能力；牵引力超过整定值时，应有自动停机功能，即能实现过载保护。

（3）能在满载时起动及停机。因需要停机时，牵引机应能保持被牵放架空线的张力值等于原有张力值，以此能保证架空线不会落地。再次起动时，能保持牵放架空线原有张力值不变。

（4）事故情况下牵引机应能快速制动。牵引机能实现正反两个方向的转动，以适应不同需要。牵引过程中出现故障或发动机熄火停机时，牵引机应能快速制动，防止牵放架空线落地。

(5) 牵引机应具有性能好，便于维护、运输，工作噪声小等优点。

2. 牵引机工作原理

(1) 机械传动双摩擦卷筒牵引机工作原理。如图 5－4 所示，牵引机双摩擦轮中的两个卷筒均为主动卷筒，其卷扬轮的工作方式为：当发动机启动后，即操作离合器，将发动机的动力经机械式传动系统减速和变速，传动至开式齿轮中的中心齿轮。

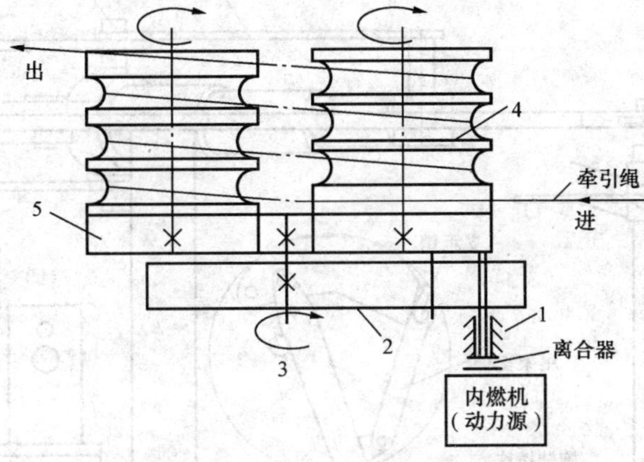

图 5－4　机械传动双摩擦卷筒牵引机工作原理

1—停车刹车；2—减速传动系统；3—液压泵；4—卷扬轮；5—开式齿轮

(2) 液压传动双摩擦卷筒牵引机工作原理。如图 5－5 所示，该类型的牵引机与机械传动方式基本相似。其工作方式：同样要先起动发动机，操作离合器，此时主液压泵获得旋转动力开始工作。该液压泵输出的压力油驱动液压马达，液压马达带动开式齿轮旋转。

3. 国产牵引机

(1) 国产液压牵引机。例如，WQT280-Ⅱ型液压牵引机为单轴拖挂形式，结构紧凑，体积小，移动非常方便；可直接装在货车上长途运输或短距离拖挂；起吊装置采用单点起吊方式。

该牵引机采用闭式液压回路，配备高效板翅式热交换器，可保证整机的长时间连续工作。回路中采用双向变量泵和定量液压马达，工作时做到拉力无级调整；牵引轮制动系统：在发动机突然熄灭或液压系统发生牵引故障时能实现可靠制动；配有过载保护装置；电触点式压力表可预先调定拉力值，当拉力达到预定值时喇叭发出报警，以便工作

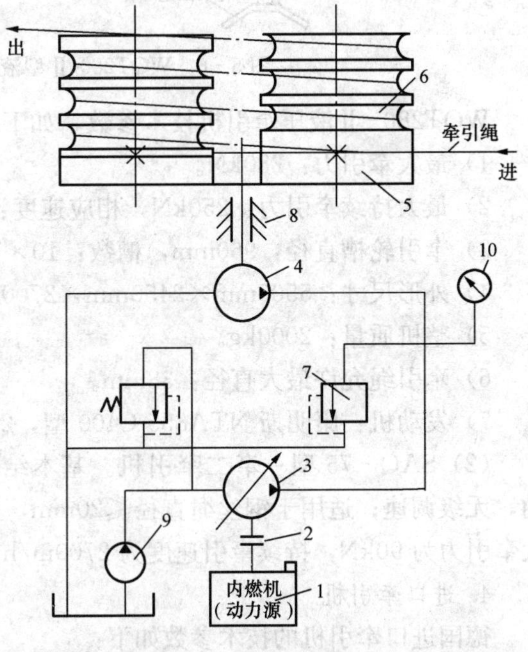

图 5－5　液压传动双摩擦卷筒牵引机工作原理

1—内燃机（动力源）；2—离合器；3—主液压泵；4—液压马达；5—开式齿轮；6—卷扬轮；7—系统安全阀；8—停车刹车；9—辅助液压泵；10—张力表

人员进行检查；防止牵引过载现象，牵引预调：可以设定最大牵引力，以适应放线时冲击需求；液压升降尾架，自动水平排线，也可动干预排线，适合外径为1400～1600mm的标准绳盘；设有转计和线速里程表，直观显示牵引速度和线速里程；另配有液压前后犁升降支腿和行走轮刹车装置以及低温启动用燃油预热装置。

图5-6所示为WQT280-Ⅱ型液压牵引机中的液压尾架结构。

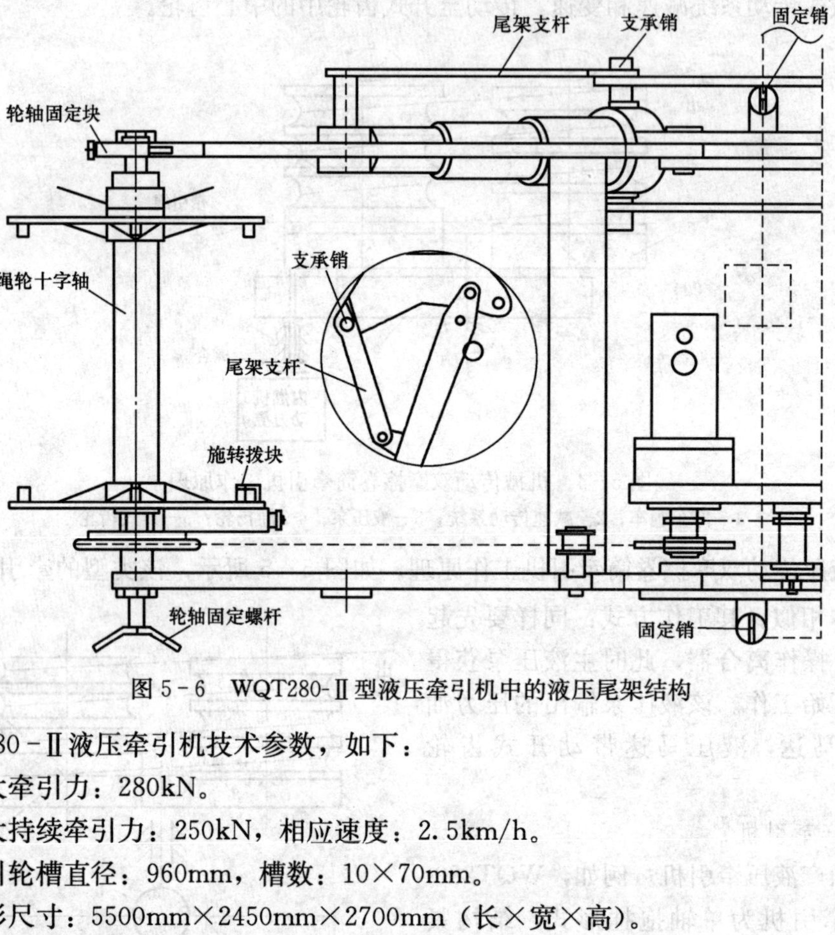

图5-6　WQT280-Ⅱ型液压牵引机中的液压尾架结构

WQT280-Ⅱ液压牵引机技术参数，如下：

1）最大牵引力：280kN。

2）最大持续牵引力：250kN，相应速度：2.5km/h。

3）牵引轮槽直径：960mm，槽数：10×70mm。

4）外形尺寸：5500mm×2450mm×2700mm（长×宽×高）。

5）整机质量：2000kg。

6）牵引绳允许最大直径：38mm。

7）发动机：康明斯NTA855-C400型，298kW/2100r/min，水冷。

（2）SAQ-75型一牵二牵引机。基本结构外形，如图5-7所示。该机为液压闭式传动，无级调速；适用于钢丝绳直径≤20mm，外形尺寸为4000mm×2200mm×2300mm；最大牵引力为90kN，持续牵引速度为2700m/h，最大牵引速度为4500m/h。

4. 进口牵引机

德国进口牵引机的技术参数如下：

（1）最大牵引力为90kN。

（2）持续牵引力为80kN。

（3）牵引速度为0～5km/h（83m/min）。

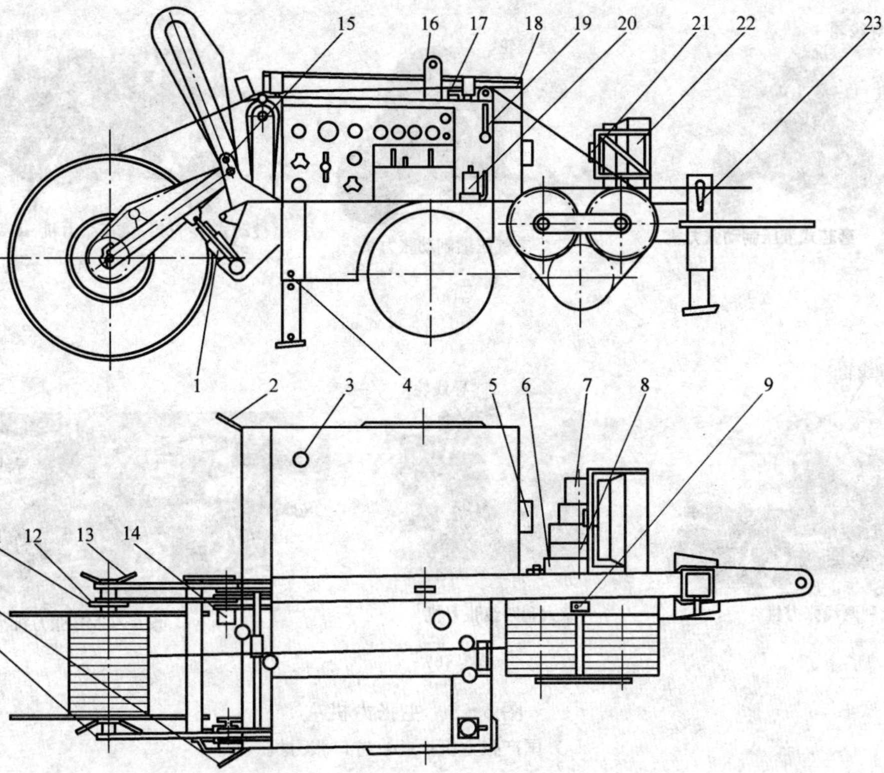

图 5-7 SAQ-75 型一牵二牵引机结构外形图

1—支撑油缸；2—锚线板；3—柴油机机油注入口；4—后支腿销；5—主泵；6—减速机；7—主马达；8—减速机机油注入口；9—卷筒齿轮副观测口；10—轴压板；11—拨块手柄；12—尾绳轮拨块；13—锁定销；14—尾架轮马达；15—尾绳轮臂销；16—起吊杆；17—液压液注入口；18—柴油注入口；19—液位液压计；20—齿轮润滑剂干油泵；21—风扇马达；22—散热器；23—前支腿升降手柄

(4) 发动机：德国道依兹柴油水冷。

(5) 80kN 时最快速度为 2.8km/h (46m/min)。

(6) 尺寸为 4200mm×2100mm×2100mm。

(7) 质量为 3500kg。

5. 牵引机就位及锚固基本要求

(1) 将牵引机置于所放线路的牵引方向上。

(2) 锚固时，手动将行走轮刹住。

(3) 地面松软时应将固定前犁下垫枕木。

(4) 牵引机起动。起动前将电源总开关打开（发动机下面），然后准备起动。

二、张力机

1. 张力机类型

在牵放导线过程中对导线施加放线张力的施工机械叫主张力机（见图 5-8）。按导线轮的构造形式，主张力机可分为双摩擦卷筒式、靴链式等张力机。目前主要采用双摩擦卷筒式张力机。

主张力机应具有健全的工作机构和控制机构，能连续平衡地调整放线张力；能与主牵引

图 5－8 主张力机

(a) 国产张力机；(b) 进口张力机

机同步运转；能在使用地区自然环境下连续工作；放线张力一经调定后能基本保持恒定不变；能分别控制同时牵放的各子导线的放线张力，或用其他方法补偿各子导线在牵放过程中可能出现的张力差；导线轮和导线导向滚轮均不损伤导线。

主张力机，是一种特殊形式的卷扬机，除张力放线牵引作业外，还可替代用于线路施工的机动绞磨机、手拖机动绞磨机等卷扬设备完成其他牵引作业，如抽余线，紧导、地线等。

张力机上盘绕导线或其他被牵引线索的机构称张力轮。主张力机的张力轮又称导线轮。

2. 张力机工作原理

张力机类型较多，使用较多的是双摩擦卷筒式张力机，如图 5－9 所示，导线用穿套复合滑车组相同的方法（先用棕绳进行盘绕，绳头与导线连接，开机后卷筒旋转，导线便盘绕在卷筒上）盘绕在两个摩擦筒上。牵引机牵动线索后，导线按图示箭头方向做直线运动，带动主动卷筒和从动卷筒旋转。

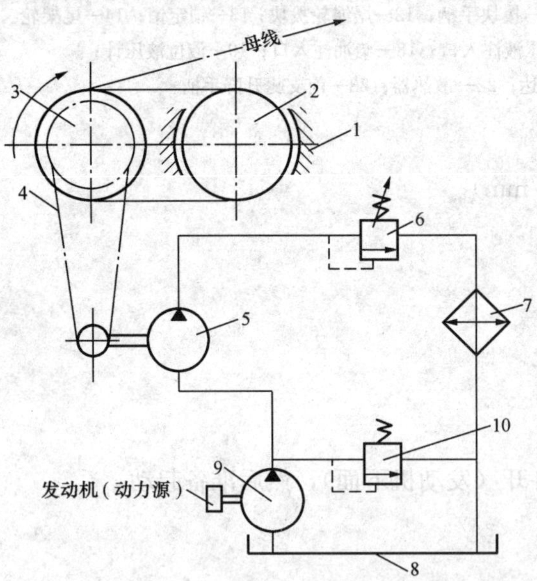

图 5－9 张力机工作原理图

1—停车刹车；2—从动卷筒；3—主动卷筒；4—增速机构；5—液压泵；6—调压阀；7—散热器；8—油箱；9—补油及驱动液压泵；10—系统安全阀

3. 国产张力机产品

(1) SA-YQ30 型张力机。采用闭式油路，双向变量柱塞泵，牵引力无级可调，液压自动盘绳机构；弹簧作用常闭式多片制动器，过载保护安全可靠，操作方便。SA-YQ30 型张力机为拖车式结构，刚性支架，用于输电线路导、地线张力放线及 ADSS 光缆等小张力放线；主要技术参数见表 5-1。

表 5-1　SA-YQ30 型张力机主要技术参数

名　称	参　数	备　注
最大展放张力（kN）	30	30
持续牵引力（kN）	25	5
最大牵引速度（m/min）	80	25
卷筒底径（mm）	1200	1300
最大放导线直径（mm）	300	40
卷筒槽数	7	适用钢丝绳最大直径（mm）：13
配用柴油机型号	3100（转速：2000 r/min）	功率：30kW
整体质量（kg）	1500	1980
外形尺寸（m）	3×1.6×2	4.1×2.03×2.3

(2) 主动式液压张力机。适用于 500kV 及以下线路丘陵、平地地形的牵引绳的张力展放，以及 OPGW 或 ADSS 等光缆在各种地形的张力展放，还可以用于山区、丘陵地形的单导线的张力展放。该机配有动力及液压动力装置，可用作牵引作业回收导线，也可用于张力放线过速时导线的反抽；可预调张力通过压力表反映出张力大小。张力轮衬垫材质为高强度 MC 尼龙；采用失压自动制动功能，确保发动机突然熄火或其他原因造成的系统失压，且作业安全。液压系统，采用闭式液压回路油路，双向变量柱塞泵（高级 PV），意大利进口液压马达、减速机，张力无级可调，主要技术参数见表 5-2。

表 5-2　主动式液压张力机主要技术参数

型　号	SA-YZ-20	SA-YZ-30
最大展放张力（kN）	15	30
最大放线速度（km/h）	5	5
最大反牵拉力（kN）	12	25
张力轮直径（mm）	1200	1300
最大放导线直径（mm）	24	40
液压动力配置	本田汽油机 GX620	本田汽油机 GX620
输出功率（kW）	14	14
整体质量（kg）	1560	1980
外形尺寸（m）	4.08×1.93×2.2	4.1×2.03×2.3

(3) ZT20 型拖挂张力机。整车及液压原理如图 5-10、图 5-11 所示。

ZT20 型拖挂（光缆）张力机主要技术参数如下：

最大放线张力：20kN，相应速度：3km/h　最高放线速度：5km/h，相应张力：3kN

张力轮直径：1500mm　　适用最大光缆直径：40mm

轮槽数：5 槽　　减速机型号：GFB05T2

液压泵型号：G5－20－20　　齿轮油型号：GL－5 车辆齿轮油

齿轮油数量：2.5L　　外形尺寸：4300mm×1850mm×2400mm

整车自重：2200kg

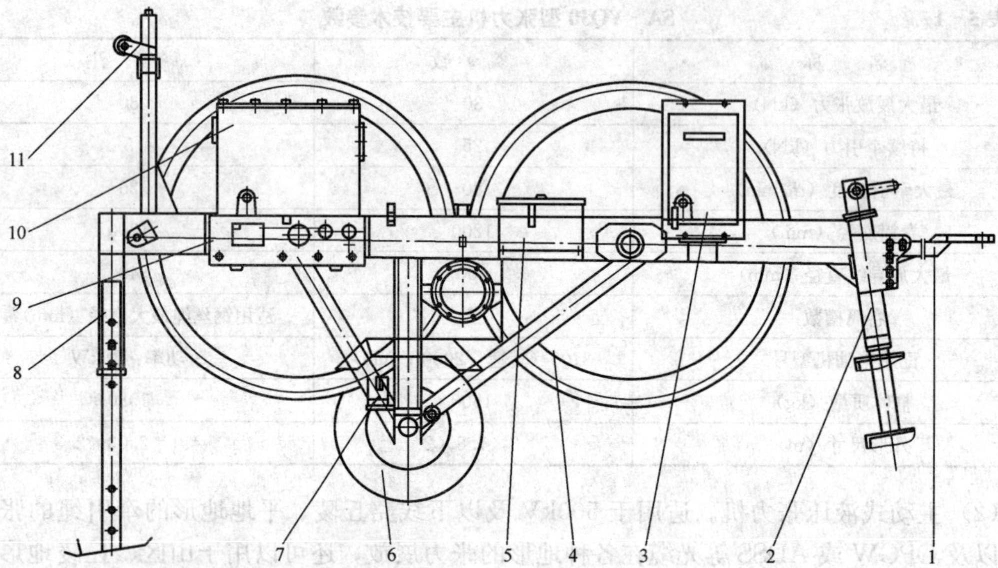

图 5－10　ZT20 型拖挂张力机

1—拖杆；2—前支腿；3—散热器；4—张力轮；5—工具箱；6—车轮；7—手动泵；8—后支腿；9—仪表盘；10—液压油箱；11—进线轮

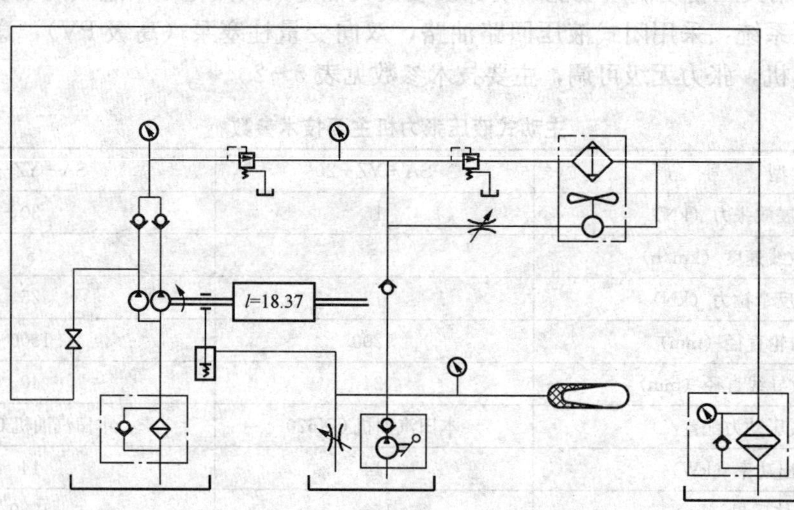

图 5－11　ZT20 型拖挂张力机液压原理图

三、张力架线配套施工机具

1. 线轴架

张力架线过程中，除将线轴架离地面，使导线自由展放外，尚需使张力机后线轴前的导线也具有适当张力（称张力机的尾部张力，是由线轴架对线轴施加适当制动而产生的）。尾部张力应保证导线不在线轴上松套，不在导线轮上打滑。因此，线轴架的选择较为重要，线轴架对线轴的制动能力应能使张力机的尾部张力 T_w（单位：N）满足下列条件

$$1000 < T_w < 2000 \qquad (5-1)$$

2. 钢丝绳卷绕机

钢丝绳卷绕机，也称钢丝绳卷绕车，用于将牵引机牵引来的钢丝绳卷绕在钢丝绳盘上，是配合牵引机工作的一种容绳式卷扬机械。

(1) 钢丝绳卷绕机类型。可分为安装在牵引机尾部的尾部钢丝绳卷绕机（称拖车式）和单独式钢丝绳卷绕机（轴架式）两种。

图 5-12 所示为单独式钢丝绳卷绕机安装工作过程实景。钢丝绳卷绕机现场工作实景，如图 5-13 所示。

图 5-12　单独式钢丝绳卷绕机安装工作过程实景

(a) 轴杆贯穿导线轴整个轴孔实景；(b) 轴杆已安装就位状态；(c) 展放工作状态

图 5-13　钢丝绳卷绕机现场工作实景

(a) 在牵引机尾部的尾部钢丝绳卷绕机；(b) 单独式钢丝绳卷绕机（轴桨式）

(2) 钢丝绳卷绕机的选择。钢丝绳卷绕机应按下列要求选择：

1) 确保钢丝绳在张紧的条件下卷绕回收，并能正反转动和连续工作，也就是说能根据牵引速度自动无级调速和同步工作。

2) 钢丝绳由卷绕机展放时能提供一定的制动串张力，并能根据实际工作状态要求，随主机停止而实现迅速制动、停止卷绕或展放钢丝绳。

3) 设置排绳装置在卷筒上排列整齐。

4) 卷筒直径应不小于钢丝绳直径的 25 倍。

3. 牵引绳和导引绳

用于牵放导、地线的钢丝绳统称导、地线牵引绳。用于牵放牵引绳，以及各级导线钢丝绳的统称导引绳。导引绳一般按 800～1200m 长度分别成段，两端制成插接式端环，铺放后，段与段之间用特制钢丝绳连接器（按许用荷载选用）连接。牵引绳的分段长度按 1000、3000m 分段，有的甚至要求高达 5000m 分段长度。

（1）导引绳和牵引绳的选择计算。可按安全系数法、储备系数法等确定。

1）安全系数法。安全系数法的最小安全系数一般取为 3.0；对于重要被跨物，为了提高牵引作业的可靠性，可取为 3.5。为了满足这些安全系数的要求，则应保证导引绳和牵引绳的整绳综合破断力 Q_P 符合下列条件

$$Q_P \geqslant 0.6n \times T_P \tag{5-2}$$

或

$$p_t \geqslant 0.25Q_P \tag{5-3}$$

式中：n 为同时牵放钢芯铝绞线的根数；p_t 为用于牵放钢丝绳的导引绳的最小破断力，N；T_P 为钢芯铝绞线计算拉断力的保证值，N。

2）储备系数法。该法克服了安全系数法不能准确反映系统的可靠度缺点，但所选用牵引绳的直径偏大，不像安全系数法那样直接简单。储备系数法可按式（5-4）计算，即

$$K_Q = Q_P / T_{Qed} \tag{5-4}$$

式中：K_Q 为导引绳或牵引绳的综合破断力对牵引机额定牵引力的储备系数；Q_P 为牵引绳综合破断力，N；T_{Qed} 为牵引机的额定牵引力，N。

导引绳、牵引绳与牵引机的配套方法见表 5-3。

表 5-3　导引绳、牵引绳与牵引机的配套方法

项目		牵引机额定牵引力 T_{Qed}（kN）				
		15～30	45～60	100～130	160～200	≥240
储备系数 K_Q		2.5	2.0	1.8	1.8	1.7
导引绳或牵引绳	直径（mm）	8～12	14～16	18～20	22～24	≥6
	破断力（kN）	45～90	112.5～150	200～260	280～360	≥480

（2）导引绳和牵引绳的展放。导引绳和牵引绳的展放，根据展放方式可分为人力、畜牧展放和现代（直升机、飞艇、动力伞、气球、导弹等）展放技术，以及船渡展放等。使用时根据地形、地貌、环境等因素考虑。

四、牵引机、张力机的使用及注意事项

1. 第一次起动和中大修后的使用及注意事项

第一次起动和中大修后起动主牵引机、主张力机、小牵引机、小张力机、钢丝绳卷绕机时，应在检查各部润滑油、液压油的油量、油质后，按机械说明书规定起动，空载运转至规定时间后检查：

（1）变矩器、变速器、各部轴承、液压泵、液压马达、液压阀及其他所有运动副、传动机构有无过热现象。

（2）各部油封情况。

（3）传动部分有无异声。

（4）装配情况及紧固件、定位件有无变化。

（5）内燃机工作状况。

（6）挡位挡次及换挡情况，变量机构工作状况。

（7）机油压力、补油压力、刹车油压力。

（8）制动机构工作状况。

完成规定时间的机械磨合后，方可正式投入使用。

2. 牵引机、张力机等机械使用及注意事项

每天使用牵引机、张力机等机械，均应进行下列检查：

（1）燃料油、润滑油、液压油的油量、油质。

（2）内燃机、传动机构、执行机构的工作性能和变速情况。

（3）停车刹车可靠性。

（4）仪表灵敏度和准确度。

（5）机油、补油、刹车油的压力。

（6）机身锚固情况和接地情况。

（7）张力机张力控制阀（溢流阀）保压情况，张力机张力控制阀应定期清洗和检查。

3. 运输中注意事项

（1）长距离转运非自行式且无消振装置的牵引机、张力机时，应装载在汽车上运输。短距离转场运输时可拖运，但应限制行车速度：在平坦的道路上速度不得超过 30km/h，在不平坦的道路上速度不得超过 15km/h。

（2）钢丝绳卷绕车、线轴车可以拖运。

（3）运输前应检查道路和桥梁，必要时加以修补和加固。应将机身上的活动零部件临时加以固定，接通行车部分的刹车和信号灯，以机身吊运环（孔）起吊。

第三节 张力架线施工组织设计

一、牵引场、张力场的选择

牵引场、张力场的选择和确定分室内选场和室外选场。

1. 室内选场的要求

牵引场、张力场布置场地应平缓，并有足够的面积，其长、宽尺寸应能满足施工机具的安装要求，其施工设备材料可直接运入场内。

（1）牵引场的平面布置要求。牵引场的主要机械是主牵引机和小张力机。

在牵放牵引绳过程中起牵引作用的机械叫小牵引机。小牵引机一般随带可升降的导引绳回盘机构。起控制放绳张力作用的机械叫小张力机。当钢丝绳卷绕车能起控制放绳张力作用时，也可不使用小张力机。

牵引场布置的基本原则应符合图 5－14 的要求。张力场的平面布置，如图 5－15 所示。

（2）按设计要求保证与相邻杆塔保持一定距离（指放线时张力机导线能离开地面及被跨物的距离），并能保证要求的锚线角和紧线角。

（3）为减少复杂的紧线工作量和减少临锚升高的不方便操作等问题，在耐张塔前后档距内尽可能不设或少设牵引场、张力场，也不宜设牵引场、张力场。

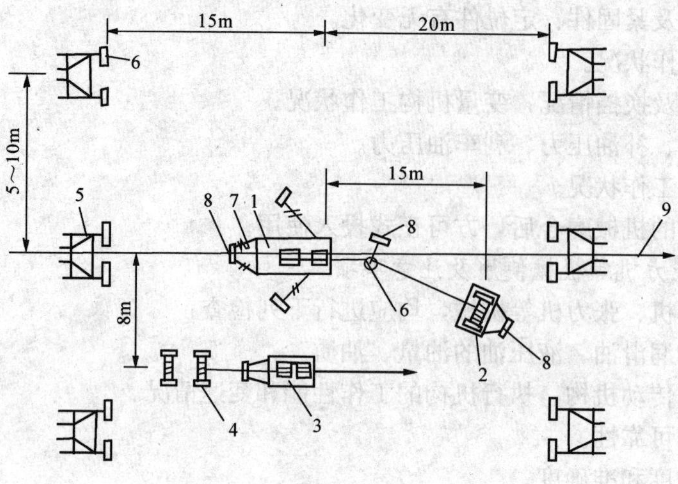

图 5-14　牵引场布置示意图

1—主牵引机；2—牵引绳拖车；3—小张力机；4—牵引绳线轴；5—四线锚线架；6—高速转向滑车；7—手扳葫芦；8—地锚；9—导线

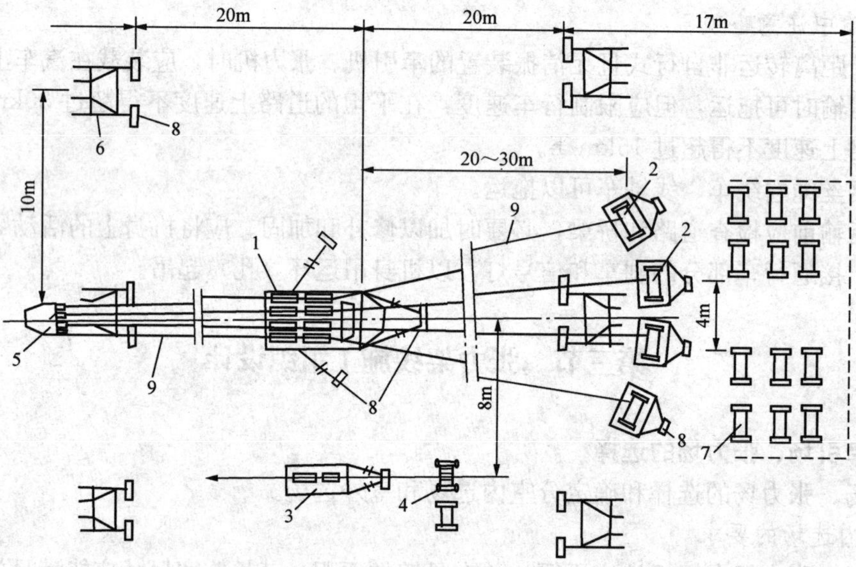

图 5-15　张力场布置示意图

1—主张力机（一牵四）；2—导线线轴拖车；3—小牵引机；4—导引绳线盘；5—牵引走板；6—四线锚线架；7—导线轴存放场；8—地锚；9—导线

（4）选场时应优先考虑选择张力场；对于牵引场因其占地面积小于张力场，也应考虑其能方便地进行转向施工布置。

2. 室外选场的要求

室外选场主要是对室内所选牵引场、张力场的地形、位置、交通运输条件、场地大小、施工条件及应整修场地道路的工作量进行实地调查和比较，从而筛选出较为合理而优良的方案。因此，凡具有下列情况之一者，应不宜作牵引场：

（1）有重要被跨物或交叉跨越次数较多的地方。

（2）按规定不允许导地线有接头的档距内。

（3）需要以直线塔、转角塔作临锚时。

（4）相邻杆塔悬挂点与牵引场、张力场进出线点高差较大时。

3. 布置牵引场、张力场应注意的事项

（1）牵引机、张力机一般布置在线路中心线上。根据机械说明书的要求，确定牵引机、张力机出线所应对准的方向。

（2）牵引机、张力机进出口与邻塔悬点的高差角不宜超过15°，牵引机、张力机进出线接近水平方向时，牵引场、张力场位置为理想位置。

（3）牵引机卷扬轮、张力机导线轮、导线线轴、导引绳及牵引绳卷筒的受力方向均必须与其轴线垂直。

（4）钢丝绳卷绕车与牵引机的距离和方位、线轴架与张力机的距离和方位应符合机械说明书的要求，且必须使尾绳、尾线不磨线轴或钢丝绳卷筒。

（5）牵引机、张力机、钢丝绳卷绕车、线轴架等均必须按机械说明书要求进行锚固。

（6）下一施工段导线线轴的堆放位置不应影响本段放线作业。

（7）小牵引机应布置在不影响牵放牵引绳和牵放导线同时作业的位置上。

（8）锚线地锚坑位置尽可能接近弛度量低点。

（9）牵引场、张力场必须按施工设计要求设置接地系统。

（10）应使牵引场、张力场不出现或少出现危险区，危险区内不得布置设备和进行作业。

（11）尽量减少青苗损失。

二、施工段长度的划分和优选

1. 施工段选择基本原则

施工段长度主要根据放线质量要求确定：导线通过放线滑车越多，受损伤的程度就越大。当所通过的滑车达到一定数量时，损伤程度会急剧增加。另外，应考虑综合放线效率及其他因素。施工段的理想长度为包含15个放线滑车（包括通过导线的转向滑车在内）的线路长度。当选择牵引场、张力场非常困难时，施工段所包含的放线滑车数最多也不应超过20个。

2. 一般情况下的施工段划分

只要一端有张力场场地，另一端有牵引场场地（包括转向场地），两场地间杆塔数量又不超过允许放线滑车数量（不超过15个），以便减少磨损，即可将两场地间的线路段作为张力架线的施工段。因此要求：

（1）控制滑轮底槽直径与导线直径之比在10～15范围内。

（2）控制施工段长度在理想长度（超高压线路的平均档距为300～400m）范围内，一般为5000～6000m，特殊情况下的施工段长度允许达7000～8000m。

（3）尽可能满足牵引机、张力机以及辅助设备和器材的运输要求。

（4）尽量使放线施工段内导线的接头最少，即放线施工段不应划分在不允许有导线接头的档距内。

3. 特殊情况及特别重要跨越处施工段划分

线路中有大、中型跨越耐张段时，跨越段导、地线规格常常不同于一般线路段。因此，施工段划分如下：

（1）当跨越段与一般线路段张力相差不大时，可以将其接续在一起进行展放。这时可将跨越段与一般线路段统一划分施工段，最后在分界塔上断开挂线，分别进行紧线施工。

（2）若跨越段与一般线路段放线张力相差甚大，而不能接续在一起进行展放线，则应将此跨越段作为一个施工段。跨越段与相邻耐张段可作一个施工段。

（3）当要求个别耐张段采用特殊的放松张力紧线，用以解决地线对导线的保护角等问题时，只要相邻两个耐张段紧线张力差不会给紧线造成特殊困难，可将此跨越段与相邻耐张段作一个施工段，再在紧线和附件安装中将其各自张力调整为设计要求的张力值。

（4）特别重要（铁路，一、二级交通情况的公路）的跨越物，要适当地缩短施工段的长度；跨越 110kV 及以上电力线路时，通常要求能在较短的时间内完成停电跨越施工。

4. 优选施工段

（1）牵引场地较多时，可行施工段的确定及划分方案也较多，其优选施工段方法用统计学方法分析工程所有施工段长度的平均值和标准离差，选用标准离差最小的方案，以期达到各工序间能均衡施工。

（2）全工程所有施工段长度均接近理想长度，同时施工段数量最少，以期取得最好的经济效益。

（3）选用施工段长度与数盘导线累计线长相近的方案，以保证直线压接管数量减至最小限度。

（4）为便于操作，选用牵引场、张力场场地条件较好的施工点。

（5）为了有利于紧线和提高紧线应力与设计要求应力的符合度，宜选用施工段代表档距与所在主要耐张段代表档距相接近的方案。

5. 非标准布置

当不满足上述条件要求设场（张力场、牵引场），即不能实现标准布置方式时，而又希望在该处设场，要将不能设场（张力场、牵引场）变为能设场的特殊布置方式，称为非标准布置方式。

实现非标准布置方式，可考虑转向布置、循环布置、张力场紧凑布置及分散布置。

三、放线张力及牵引力

1. 初步估算放线张力及牵引力

为了保证导线在牵放过程中符合表 5-4 的有关规定，应做好放线张力施工设计。尤其是方案制定时，要考虑张力机出口处的水平放线张力。为此，可考虑用下述经验关系式作初步估算。

（1）张力机出口水平张力 T_H 的计算。张力机出口分力，称张力机出口水平张力，用 T_H 表示。它与钢芯铝绞线计算拉断力的保证值 T_P（为计算拉断力的 95%）的经验关系为

$$T_H \leqslant 0.1667 T_P \tag{5-5}$$

张力机出口水平张力 T_H 与钢芯铝绞线单位长度重力 W 的经验关系为

$$T_H = 1000W \tag{5-6}$$

钢芯铝绞线计算拉断力的保证值 T_P 及钢芯铝绞线单位长度重力 W 的值，按架设导线的规格，可由《圆线同心绞架空导线》（GB/T 1179—2008）规定中查得。

表 5-4　**架空线牵放线时对被跨越物的最小距离**

序　号	被跨越物名称	最小允许距离（m）
1	导线对农田、荒地、山岭等一般地段	3
2	导线对风沙较大的开阔地段	5
3	导线及牵引板上的重锤对经济林木、农作物	1
4	导线及牵引板上的重锤对跨越架顶横杆	1
5	导线对只通行人及少量车辆的道路	5
6	导线对不封航的通航河流上船只桅杆顶	5
7	导线对封航或不通航河流水面	1
8	牵引绳对地面	1
9	其他特殊地段	按有关部门要求定

(2) 牵引力。牵引绳在牵引机入口处的张力，称牵引力。牵引机的牵引力 T_Q 大小，与导线在张力架线出口处的张力 T 及出线方向、施工段路径条件、放线滑车的综合阻力等有关，其经验计算公式为

$$T_Q \leqslant 1.5nT \tag{5-7}$$

牵引机的额定牵引力 T_{Qed}（牵引机在此牵引力下应允许连续运转）计算公式为

$$T_{Qed} \geqslant nK_P T_P \tag{5-8}$$

式中：K_P 为选择牵引机额定牵引力的系数，按式 $T_H \leqslant 0.1667T_P$ 和式 $T_Q \leqslant 1.5nT$ 计算，取 $K_P=0.25 \sim 0.33$；对牵放钢绞线、铝包钢线、钢铝混绞线取 $K_P=0.143$；对牵放各种钢丝绳取 $K_P=0.1$。

若牵放不同种类绳索，则可用式（5-8）分别计算各分牵引力，其各分力之和为所需牵引机额定牵引力。

2. 放线段内张力精确计算

张力放线过程中，要始终保持一定的张力，确定放线张力和牵引力是张力架线施工设计的重要内容，放线张力和牵引力的正确选定是保证施工安全及机械安全的重要依据。

(1) 放线段内无跨越物时的放线张力（见图 5-16）。设有 n 基杆塔（有 n 个放线滑车）从张力机到牵引机共跨越了 $n+1$ 个档距。当架空线由线架引入到张力机后，这时在张力机处产生的出口张力（水平张力）以 T_0 表示。架空线要逐基从 1 号滑车引入到 n 号滑车，最后进入到牵引机的入口处，这时牵引机在入口处要受到一个牵引力 T_E 的作用。事实上，由于摩擦的影响，滑车左侧与右侧的牵引力要发生变化，也就是说各档距的水平张力是不同的。若假定悬挂点等高或高差不大，各档距离较均匀，且符合对地安全距离的原则，则根据平抛物线法可初步估算张力机出口处的张力为

$$T_0=\frac{Wl^2}{8f}=\frac{Wl^2}{8(H-\lambda-d)} \tag{5-9}$$

$$f=H-\lambda-d$$

式中：T_0 为张力机出口处张力，N；W 为导线及绳索的单位重力，N/m；d 为导线最低点处离地最小距离，m；f 为弧度，m；λ 为绝缘子串长度，m；H 为绝缘子串长度的悬挂点

到地面的距离，m。

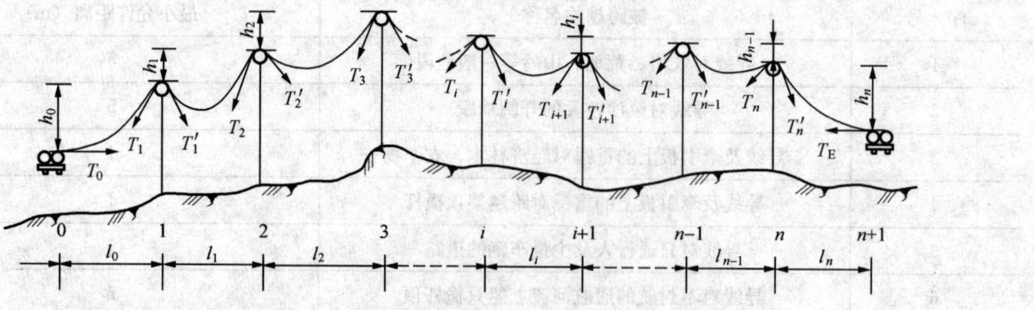

图 5-16　放线张力和牵引力的正确选定

(2) 放线段有交叉跨越物时的放线张力。首先确定跨越物对架空线的间距 Δh_1 或对防捻器的间距 Δh_2（见图 5-17），当被跨物在放线段内任何档距时，跨越档距内的水平张力可用下述公式计算

当 $\dfrac{2W_2(h-\Delta h_1)+ahW(\Delta h_2-\Delta h_1)}{nW(h-\Delta h_2)-W_1(h-\Delta h_1)}\leqslant b$ 时

$$T_{i0}=\frac{abW}{2(h-\Delta h_2)} \tag{5-10}$$

当 $\dfrac{2W_2(h-\Delta h_1)+ahW(\Delta h v_2-\Delta h_1)}{nW(h-\Delta h_2)-W_1(h-\Delta h_1)}>b$ 时

$$T_{i0}=\frac{ab+ahW(\Delta h_2-\Delta h_1)}{2(a+b)(h-\Delta h_2)}>b \tag{5-11}$$

式中：T_{i0} 为放线段内跨越档的架空线的水平张力，N；W 为架空线的单位重力，N/m；W_1 为牵引绳的单位重力，N/m；W_2 为放线用模板、防捻器等重力之和，N；h 为档距内两侧杆塔上导线悬挂点连线之间的水平距离，m；Δh_1 为导线与跨越物之间的垂直距离，m；Δh_2 为考虑防捻器末端和跨越物之间的最小允许距离，m；n 为架空线的根数；a 、b 为被跨越物到两侧杆塔上导线悬挂点之间的水平距离，m。

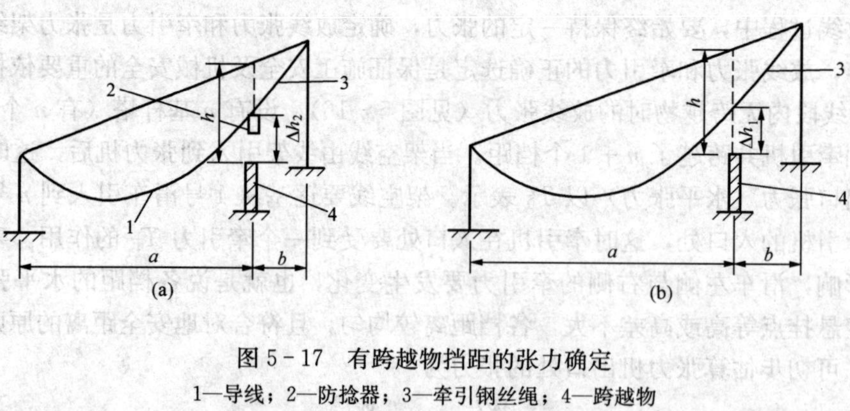

图 5-17　有跨越物档距的张力确定

1—导线；2—防捻器；3—牵引钢丝绳；4—跨越物

当施工段内各档距和悬挂点高差悬殊比较大时，导线用张力机展放，并考虑到摩擦阻力系数 ε 的影响，此时就不能用上述方法进行计算。因为误差问题，必须用下述方法精确计算。当放线塔内无跨越物时，各杆塔处的架空线牵引力应按下述程序计算

$$
\begin{aligned}
T_1 &= T_0 + Wh_0 \\
T'_1 &= \varepsilon T_1 = \varepsilon(T_0 + Wh_0) \\
T_2 &= \varepsilon T'_1 + Wh_1 = \varepsilon^2(T_0 + Wh_0) + Wh_1 \\
T'_2 &= \varepsilon T_2 = (T_0 + Wh_1) + \varepsilon_1^2 Wh_1 \\
&\vdots \\
T_i &= \varepsilon^{i-1}(T_0 + Wh_0) + \varepsilon^{i-2}Wh_1 + \cdots + \varepsilon Wh_{i-2} + Wh_{i-1} \\
T'_i &= \varepsilon^{i}(T_0 + Wh_0) + \varepsilon^{i-1}W_2h_1 + \cdots + \varepsilon^2 Wh_{i-2} + \varepsilon Wh_{i-1} \\
T'_n &= \varepsilon^{ni}(T_0 + Wh_0) + \varepsilon^{n-1}W_2h_1 + \cdots + \varepsilon^2 Wh_{n-2} + \varepsilon Wh_{n-1} \\
&\vdots \\
T_E &= T_n + Wh_n = \varepsilon^n(T_0 + Wh_0) + \varepsilon^{n-1}Wh_1 + \cdots + \varepsilon^2 Wh_{n-2} + \varepsilon Wh_{n-1}h_n
\end{aligned} \tag{5-12}
$$

式中：h_i 为第 i（$i=0$，1，2，…，n）档架空线悬挂点高差，m，当牵引侧的悬挂点较高时，取 $h_i>0$，反之取 $h_i<0$，当两侧悬挂点等高时取 $h_i=0$；W 为架空线的单位重力，N/m；ε 为架空线与滑车的综合阻力系数，$\varepsilon=1.012\sim1.015$；$n$ 为施工段内放线滑车总个数；T_i 为第 i 塔放线滑车入口处的牵引力，N；T'_i 为第 i 塔放线滑车出口处的牵引力，N。

若各档的高差悬殊不大时，可取其平均高差，$h=\sum\limits_{i=1}^{n}\dfrac{h_i}{n+1}$，用平均高差替换式（5-12）中的 h_i，这时可得简化计算公式为

$$
\begin{aligned}
T_E &= \varepsilon^n T_0 + W\frac{\sum\limits_{i=0}^{n}h_i}{n+1}(\varepsilon^n + \varepsilon^{n-1} + \varepsilon^{n-2} + \cdots + 1) \\
&= \varepsilon^n T_0 + W\frac{\sum\limits_{i=0}^{n}h_i}{n+1}\,\frac{q^{n+1}-1}{n+1}W
\end{aligned} \tag{5-13}
$$

在实际工程应用中大都采用下式计算

$$
T_E = \varepsilon^n T_0 + W\frac{\sum\limits_{i=0}^{n}h_i}{n}\,\frac{\varepsilon(\varepsilon^n-1)}{\varepsilon-1} \tag{5-14}
$$

式中：T_0 为导线初始放线张力，N；W 为导线自重比载，N/（m·mm²）。

3. 放线段内牵引力的精确确定

在施工段内未发生任何事故和未发生任何放线障碍的情况下，牵引机入口处可能出现的最大牵引力，称为正常牵引力，又称计算牵引力。

牵引力的确定是比较复杂的，应考虑各种因素，即牵放线时，除架空导线外，还可能有导引绳、牵引绳及其他影响等。正确计算牵引力，是为了正确选择牵引机、牵引绳及判断放线滑车综合阻力系数是否过大，放线滑车运转是否正常，以及施工段内是否发生了其他故障等。规程规定，牵引机的额定牵引力应大于施工段的正常牵引力；牵引绳综合破断力至少应为正常牵引力的 3 倍。

为此，设牵引绳的单位重力为 W_1，滑车的阻力系数为 ε_1，则各基杆塔处的水平牵引力应按下述程序计算：

当架空线刚起动时，牵引机的牵引力 T_{E0} 为

$$T_{E0} = \varepsilon^{n} T_0 (T_0 + W_1 h_0) + \varepsilon_1^{n-1} W h_1 + \cdots + \varepsilon^{n-1} W h_2 + \varepsilon_1 W h_{n-1} + W_1 h_n \tag{5-15}$$

当架空线刚出 1 号塔滑车时，牵引机的牵引力 T_{E1} 为

$$T_{E1} = \varepsilon_1^{n-1} \varepsilon (T_0 + W_1 h_0) + \varepsilon_1^{n-1} W h_1 + \cdots + \varepsilon_1 W_1 h_{n-1} + W_1 h_n \tag{5-16}$$

当架空线刚出 2 号塔滑车时，牵引机的牵引力 T_{E2} 为

$$T_{E2} = \varepsilon_1^{n-2} \varepsilon^2 (T_0 + W_1 h_0) + \varepsilon_1^{n-2} \varepsilon W_1 h_1 + \varepsilon_1^{n-2} W h_2 + \cdots + \varepsilon_2 W_1 h_{n-1} + W_1 h_n \tag{5-17}$$

当架空线刚出 3 号塔滑车时，牵引机的牵引力 T_{E3} 为

$$T_{E3} = \varepsilon_1^{n-3} \varepsilon^3 (T_0 + W_1 h_0) + \varepsilon_1^{n-3} \varepsilon W h_1 + \varepsilon_2^{n-3} W_1 h_2 + \cdots + \varepsilon_1 W_1 h_{n-1} + W_1 h_n \tag{5-18}$$

同理可计算出架空线刚出 m 号塔滑车时，牵引机的牵引力 T_{Em} 为

$$\begin{aligned} T_{Em} = {} & \varepsilon_1^{n-m} \varepsilon^{m} (T_0 + W_1 h_0) + \varepsilon^{n-m} \varepsilon^{m-1} W h_1 + \varepsilon_1^{n-m} \varepsilon^{m-2} W h_2 + \cdots + \varepsilon_1^{n-m} \varepsilon^2 W_1 h_{m-2} + \\ & \varepsilon_1^{n-m} \varepsilon W_1 h_{m-1} + \varepsilon_1^{n-m} W_1 h_m + \varepsilon_1^{n-m-1} W_1 h_{m+1} + \varepsilon_1^{n-m-2} W_1 h_{m+2} + \cdots + \\ & \varepsilon_1^2 W_1 h_{n-2} + \varepsilon_1^2 W_1 h_{n-2} + \varepsilon_1 W_1 h_{n-1} + W_1 h_n \end{aligned} \tag{5-19}$$

架空线刚出 n 号塔滑车时

$$T_E = \varepsilon^{n} (T_0 + W h_0) + \varepsilon_1^{n-1} W h_1 + \cdots + \varepsilon^2 W h_{n-2} + \varepsilon W h_{n-1} + W_1 h_n \tag{5-20}$$

当架空线到达牵引机入口时

$$\begin{aligned} T_{En} = {} & \varepsilon_2^{n} (T_0 + W_1 h_0) + \varepsilon_1^{n-1} W h_1 + \cdots + \varepsilon^2 W h_{n-2} + \\ & \varepsilon W h_{n-1} + W_1 h_n = T_{En} - (W_1 - W) h_n \end{aligned} \tag{5-21}$$

如果考虑牵引过程中的冲击因素 K_c 的影响，则牵引过程中的冲击作用的牵引力 T'_{Ei} 为

$$T'_{Ei} = K_c T_{Ei} = 1.1 T_{Ei} \tag{5-22}$$

$$T_Q = T'_E + 10000 \tag{5-23}$$

4. 张力机放线制动功率计算

张力放线时，张力机出口处承受的制动功率 P_1，可按式（5-24）计算，即

$$P_1 = \frac{1}{60} n T v \tag{5-24}$$

式中：T 为张力机承受的放线张力，N；v 为放线速度，m/min；n 为一次放线展放导线的根数。

若考虑张力放线机构效率和机械传动总效率 η_Σ，则张力机制动装置承受的制动功率 P_b 为

$$P_b = P_1 \eta_k \eta_\Sigma \tag{5-25}$$

将式（5-24）代入，得

$$P_b = \frac{1}{60} n T v \eta_k \eta_\Sigma \tag{5-26}$$

式中：n 一般取 2~8，在少数情况下取 2；η_k 为张力放线机构效率，根据有关资料介绍，对于多轮滚压式机构、槽链式卷筒机构，η_k 一般取 0.94~0.96。

5. 张力机的单线额定制动张力 T_{zed} 的计算

$$T_{zed} \geqslant K_T \times T_P \tag{5-27}$$

式中：K_T 为选择张力机单线额定制动张力的系数，对一般牵放钢芯铝绞线，K_T =0.1667~0.20，对牵放钢绞线、铝包钢线、钢铝混绞线，K_T =0.1，牵放各种钢丝，K_T =0.0667；T_P 为被制动绳索的计算拉断力保证值或综合破断力，N。

6. 牵引机、张力机与相邻杆塔的距离计算

牵引机、张力机出线处到杆塔放线滑车处水平距离与放线滑车到地面的垂直距离，一般按 4∶1 较理想。牵引场、张力场的进出口导线与杆塔应保证一定距离，其倾角不大于 12°，对边相线水平角不宜大于 5°，以防导线跑偏跳槽。牵引机、张力机与相邻杆塔的最小距离 $L_{\min}$、最大距离 $L_{\max}$（见图 5－18），可按下述方法确定。

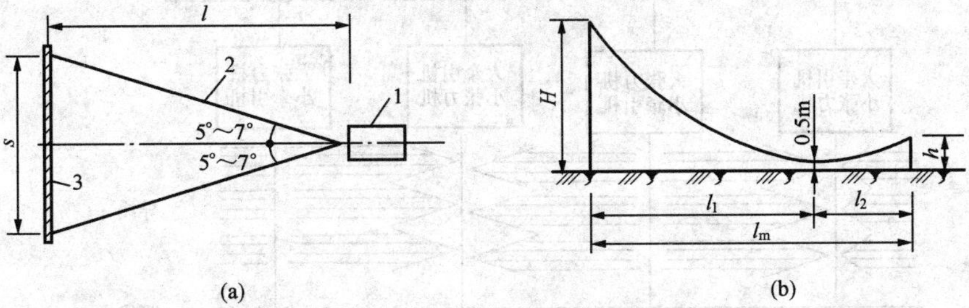

图 5－18　牵引机、张力机与相邻杆塔的距离

（a）平面图；（b）正视图

$$L_{\min} \geqslant \frac{s}{2\tan 5°} \sim \frac{s}{\tan 7°} \approx (5.72 \sim 4.07s) \tag{5-28}$$

$$L_{\max} \leqslant l_1 + l_2$$

或

$$L_{\max} \leqslant \sqrt{\frac{2T}{W(\sqrt{H}+\sqrt{h})}}$$

$$l_1 = \frac{l}{2}\sqrt{\frac{8\sigma}{g}}\sqrt{H-0.5} = 1.41\sqrt{\frac{8\sigma}{g}}\sqrt{H-0.5} \tag{5-29}$$

$$l_2 = \frac{l}{2}\sqrt{\frac{8\sigma}{g}}\sqrt{h-0.5} = 1.41\sqrt{\frac{8\sigma}{g}}\sqrt{h-0.5} \tag{5-30}$$

式中：s 为相邻杆塔两边相线之间的距离，m；σ 为放线时的导线应力，MPa；g 为导线自重比载，N/（m・mm²）；h 为牵引机、张力机出口高度，m；H 为相邻杆塔导线在放线滑车上的对地距离，m；W 为被展放导地线的单位重力，N/m；T 为导线的放线张力，N。

四、牵引场和张力场位置转场布置

牵引场和张力场位置转场布置，按《输电线路张力架线用牵引机通用技术条件》（DL/T 372—2010）的规定考虑，如图 5－19 所示。

五、上扬判断及措施

1. 上扬的条件及判断

（1）根据垂直档距 L_Z 判断绳索在放线滑车中不上扬的条件为

$$L_Z = -\frac{1}{2}\left(\frac{l_1}{\cos\varphi_1}+\frac{l_2}{\cos\varphi_2}\right)+\frac{T_1}{W_1}\left(\frac{h_1}{l_1}+\frac{h_2}{l_2}\right) \geqslant 0 \tag{5-31}$$

$$\left.\begin{aligned}\varphi_1 &= \arctan\frac{h_1}{l_1}\\ \varphi_2 &= \arctan\frac{h_2}{l_2}\end{aligned}\right\} \tag{5-32}$$

式中：l_1、l_2 为被验算杆塔相邻两杆塔的档距值，m；T_1 为施工段绳索体系（牵引绳、导引绳、导线）的计算牵引力，N；φ_1、φ_2 为被验算杆塔前后档两悬挂点的高差角，°；W_1 为导线

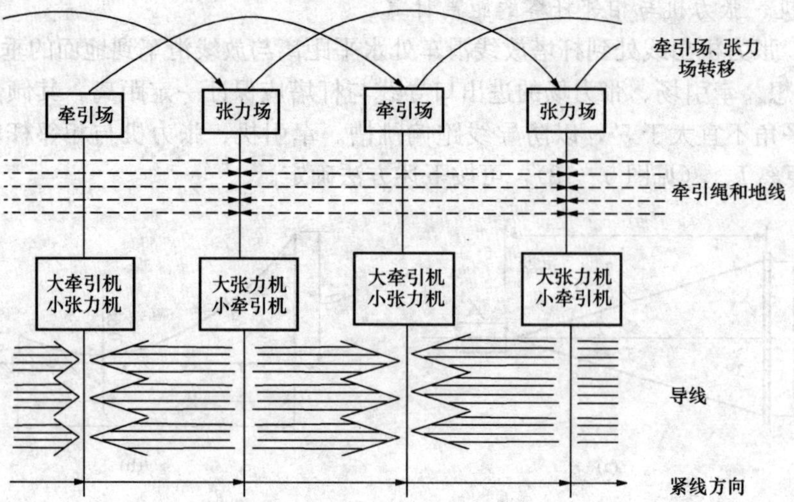

图 5-19　牵引场和张力场位置转场布置

或绳索的单位重力，N/m。

当用上述方法计算出的 L_Z 为负值时，说明滑车上扬；反之，L_Z 为正值时，垂直荷载不大于零，是垂直向下的压力，绳索不上扬。当计算出的牵引力越大，绳索单位重力越小时，绳索越容易在放线滑车中上扬，换句话说，当比值 T_i/W_1 越大时，绳索越易在放线滑车中上扬。

(2) 根据导线在放线滑车上的倾斜角验算，由式 (5-15) 可得上扬的临界条件为倾斜角 $\alpha=0$，即 $\frac{gl}{2\sigma}\pm\frac{h}{l}=0$，于是可解得

$$\mp h=\frac{gl^2}{2\sigma}=4\,\frac{gl^2}{4\times 2\sigma}=4f \tag{5-33}$$

由此得导线在放线滑车中是否上扬的判别条件为：倾斜角 $\alpha>0°$，即 $4f-h>0$，不上扬；倾斜角 $\alpha<0°$，即 $4f-h<0$，上扬。

2. 克服上扬的技术措施

(1) 降低放线张力。如前所述，绳索是否在放线滑车中上扬，与放线滑车的垂直档距计算值 L_Z 有关，而 L_Z 又与放线张力 T_1 有关，因此由式 (5-30) 得

$$T_1\leqslant\frac{\frac{1}{2}(l_1/\cos\varphi_1+l_2/\cos\varphi_2)W_1}{h_1/l_1+h_2/l_2} \tag{5-34}$$

式 (5-34) 说明，只要施工段计算牵引力 T_1 能满足此条件，就不会上扬，因此在保证导线架线允许高度的前提下，应尽量将出口张力选小一些。

(2) 利用上扬塔号作施工段的起止塔，这样由于牵引机、张力机进出线位置低于杆塔支座点（悬挂点），大大改变了该塔号的受力条件，使其不再上扬。

(3) 用压线滑车压线（见图 5-20）。采用压线滑车是施工中控制绳索上扬的主要手段，也是应用最广的克服绳索上扬的技术措施。因此，为了便于控制压线力及选用压线锚绳、设计锚绳地锚，则能计算出压线力。当已知施工段计算牵引力 T_n、压线力 G，可按式 (5-35) 计算，即

$$G = T_n\left(\frac{h_1}{l_1} - \frac{h_2}{l_2}\right) - W_1 \times \left(\frac{l_1 + l_2}{2} - 100\right) \tag{5-35}$$

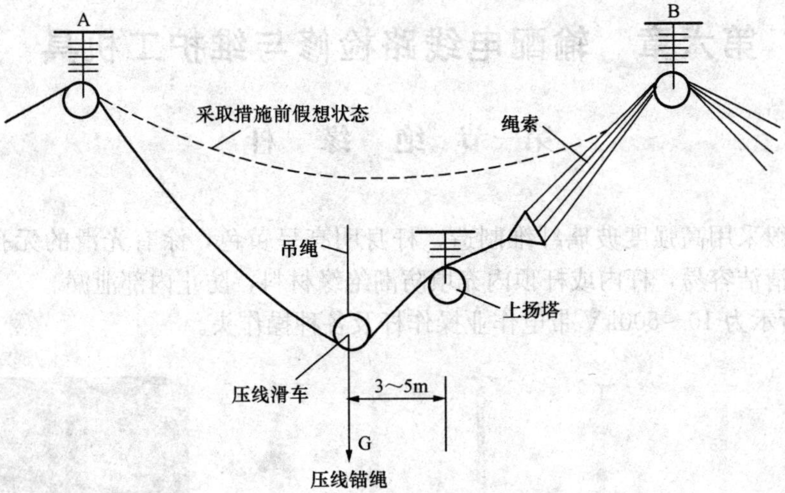

图 5-20　用压线滑车压线

思　考　题

1. 张力放线有哪些优点？
2. 牵引机在张力架线中起什么作用？怎样正确选用牵引机？
3. 牵引机、张力机在使用过程中应注意哪些事项？
4. 哪些地方不宜作为布置牵引场地？
5. 如何划分和优选施工段长度？
6. 牵引场、张力场布置时应注意些什么？
7. 张力架线有哪些安全要求？
8. 牵引场、张力场的布置要求是什么？
9. 张力架线中如何克服上扬问题？

第六章　输配电线路检修与维护工机具

第一节　绝　缘　杆

绝缘杆一般采用高强度玻璃纤维制造，杆身明亮呈黄色，涂有光滑的无孔环氧漆，防水、防腐蚀，清洁容易，杆内或杆顶内充填防潮绝缘材料，防止内部泄漏。

图 6－1 所示为 10～500kV 带电作业操作杆及各种操作头。

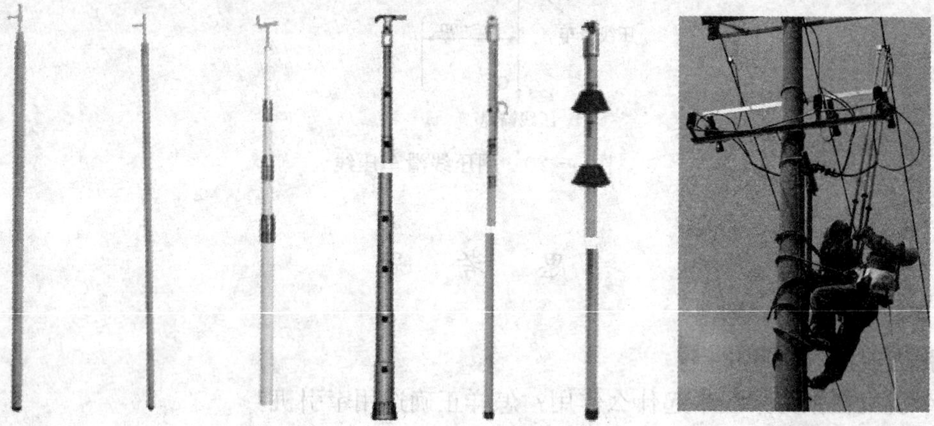

图 6－1　10～500kV 带电作业操作杆及各种操作头

一、绝缘杆类型

绝缘杆，又称绝缘子棒、令克棒、绝缘拉杆、操作杆等。《带电工具设计导则》（GB/T 18037—2000），定义绝缘杆——杆状结构的绝缘件，分承力杆和操作杆。绝缘杆主要由工作部分、绝缘部分和握手部分组成。

（1）工作部分。主要是完成操作功能，一般由金属材料制成，均安装在绝缘部分的上面，其形状因功能的不同而不同。

（2）绝缘部分。主要是起到绝缘隔离的作用，一般采用电木、胶木、环氧玻璃布管等绝缘材料制成。

（3）握手部分。它是指操作人员手握住的部分。为了保证人体与带电体之间有足够的绝缘距离，操作人员在操作时手不能超过护环触及绝缘部分。

承受轴向导、地线水平张力或垂直荷载的工具，称承力杆，如紧线拉杆、吊线杆等。在进行带电作业间接作业时，常常使用绝缘操作杆进行取销钉、装取卡具及绝缘子、缠绕绑线和测试等工作。

依据作业电压等级的不同，绝缘操作杆按其长度可分为固定式和可调式两种。固定式绝缘操作杆是依据各电压等级下的绝缘有效长度来制作的，多用在 220kV 及以下电压等级的线路中。

为了保证足够的绝缘强度，绝缘操作杆的最小绝缘部分有效长度应符合表 6－1 的规定。

表 6-1 绝缘操作杆的有效绝缘长度

电压等级（kV）	操作杆（cm）	支、拉、吊、紧线杆及绳索（cm）
10	70	40
35	90	60
63（66）	100	70
110	130	100
220	210	180
330	310	280
500	400	370
750	530	530
1000	—	680
±500	350	320
±660	—	—
±800	—	660

通用性强的绝缘操作杆的技术参数，见表 6-2。

表 6-2 通用性强的绝缘操作杆的技术参数

型号	电压等级（kV）	标称杆长（m）	握手部分（m）	管子内径（mm）			
				第一节	第二节	第三节	第四节
CZG1-1.3	10	1.3	0.6	20/26	—	—	—
CZG3-1.3	35	1.6	0.6	20/26	—	—	—
CZG5-1.3	60	2.0	0.6	23/29	—	—	—
CZG11-1.3	110	2.6	0.7	20/26	23/29	—	—
CZG22-1.3	220	3.6	0.9	20/26	23/29	23/33	—
CZG33-1.3	330	4.8	1.0	20/26	23/29	23/33	—
CZG50-1.3	500	6.5	1.5	20/26	23/29	23/33	30/36

注 1. 如为泡沫填充杆，在杆长后加 P。例如，220kV 泡沫填充操作杆的型号可表为 CZG22-3.6P。
2. 型号举例：“CSG22-3.4Z”表示 220kV 测试杆，长度 3.4m，锥形管。

可调式绝缘操作杆多为伸缩式管型绝缘材料制作，可灵活运用于各种电压等级的输电线路中，无论固定式还是可调式绝缘操作杆，其结构是在绝缘操作杆端头装配各种金属工具来完成各种功能的。

二、对送电线路带电作业中绝缘操作杆的一般规定

绝缘操作杆是用于短时间对带电设备进行操作的绝缘工具，如接通或断开高压隔离开关、跌落熔丝具等。

（1）中间接头如为活动式，不管其材质如何，均应在承受冲击、推拉和扭转各种荷载时，不发生脱落或松动。

（2）绝缘工具的有效绝缘长度，是指作业时能承受最高操作过电压水平，保证人身和设备安全的最短绝缘部分的长度。

支、拉、吊杆等类绝缘工具的有效绝缘长度，是指位于接地体和带电体之间的除两端金

属部分、被短接部分和中间金属接头处的整个绝缘部分长度。

操作杆类绝缘工具的有效绝缘长度，是指手握部分到带电体之间的除金属部分外的整个绝缘部分长度。操作者的手不得超越绝缘操作杆上所标示的握手标志，并不许将绝缘操作杆当承力工具使用。

(3) 操作杆前端的加长金属件（即各种小工具），不得短接有效的绝缘间隙。

(4) 在杆塔上暂时停止作业时，操作杆应垂直吊挂，或平放在水平塔材上，但不得在塔材上拖动，以免损坏操作杆的外表。

(5) 使用较长绝缘操作杆时，应在前端杆身适当位置加绝缘吊绳索，以防杆身过分弯曲，并减轻操作者劳动强度。

(6) 绝缘杆件的存放设施应设计成垂直吊放的排列架，每个杆件相距 10～15cm，每排相距 50cm，安装烘烤设施的排距可适当放宽。

三、绝缘操作杆的检测工具

绝缘操作杆的检测工具，是电力系统带电作业中使用最广泛的工具之一，它的数量在全部绝缘工具中占 45%。在带电作业中使用绝缘操作杆一般是地电位作业，即导体→绝缘杆→人体（大地）的作业方式，这时操作杆承受着作业时的全部电压，因此绝缘操作杆使用前必须做绝缘检查，以保证带电作业安全。

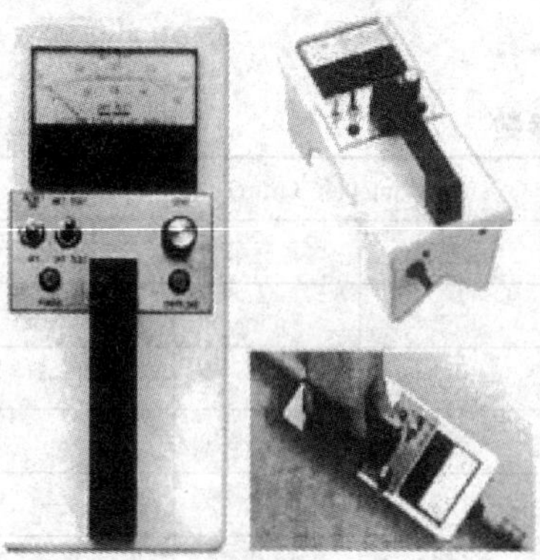

图 6-2 6781 型绝缘操作杆检测仪器

绝缘操作杆的检测仪器，主要用于绝缘操作杆定期表面泄漏电流值的检测，以确定绝缘操作杆的质量是否合格。图 6-2 所示为 6781 型绝缘操作杆检测仪器，可以随时随地针对绝缘操作杆实施干式或湿式检测，以量测绝缘操作杆的泄漏电流数值是否符合安全规定：干式检测功能可检测 100kV 电压、泄漏电流不超过 300μA；湿式检测功能可检测 75kV 电压、泄漏电流不超过 112.5μA。测量仪使用电压为 220V，输出电压为 2500V，电极间距为 150mm，质量轻（包含工具箱和测试棒，3.7kg），携带方便，操作使用简单便利。

第二节 绝 缘 梯

绝缘梯的类型很多，可归纳为两大类型。一类是用于一般电工安装作业用绝缘梯，另一类是多用于高电压（如 110kV 及以上）线路的等电位作业的绝缘梯。

绝缘梯一般分为蜈蚣梯、伸缩梯、绝缘转臂梯等。

一、蜈蚣梯

蜈蚣梯一般应用于 220～500kV 电压等级的输电线路带电作业中，其结构比较简单，由绝缘板和绝缘管制成，形状似蜈蚣，故名蜈蚣梯（见图 6-3）。

目前在我国带电作业中广泛使用的蜈蚣梯大致可分为分段组装式和单梯式。分段组装式蜈蚣梯多用于 220kV 线路直线杆塔上的等电位检修工作。而单梯式蜈蚣梯由于梯身较短（2m 左右），需借助于绝缘滑车组使用，故多用于 220kV 线路的耐张跳线串进出电位和

550kV 线路的进出电位工作中。

二、绝缘升降梯

绝缘升降梯，或称绝缘伸缩梯，为绝缘直立梯中最常用的一种梯子，由于高度可以调节且运输方便，因此在应用范围上优于固定式绝缘直立梯。该系列绝缘梯分单面升降梯、双面升降梯、人字或三角升降梯。

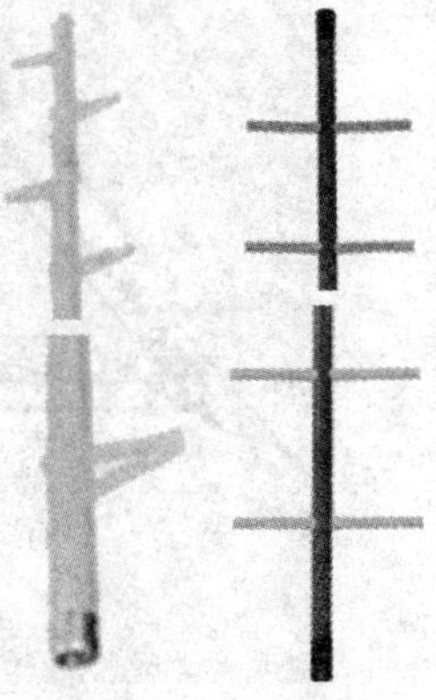

图 6－3　蜈蚣梯

图 6－4 所示为绝缘升降梯，常采用绝缘性能优良（耐腐蚀、耐高压、防水性能好）的玻璃纤维制成；梯阶使用高强度的铝合金型材；能一梯三用，可作单梯、人字梯（或三角梯）、A 形梯等；具有伸缩功能、稳定性好、高度可任意调节、携带方便、质量轻、操作灵活等特点，特别适用于电力系统等部门带电作业。

绝缘升降梯多用于带电作业的等电位工作（高度一般不能超过12m）和中间电位工作，以变电站内的工作最为常见。该梯通常使用绝缘蜂窝板、绝缘管（椭圆管及矩形管）制作，分为三段进行搭接或插入式连接，升降部分大都采用滑车组或蜗轮—滑车结构。绝缘升降梯的最大特点是以地面为支承点，再用1层或 2 层拉线（绝缘绳）来固定，因此不会给导线或设备增加附加荷载，一般在较小截面的导线或有断股缺陷的导线上工作时使用。

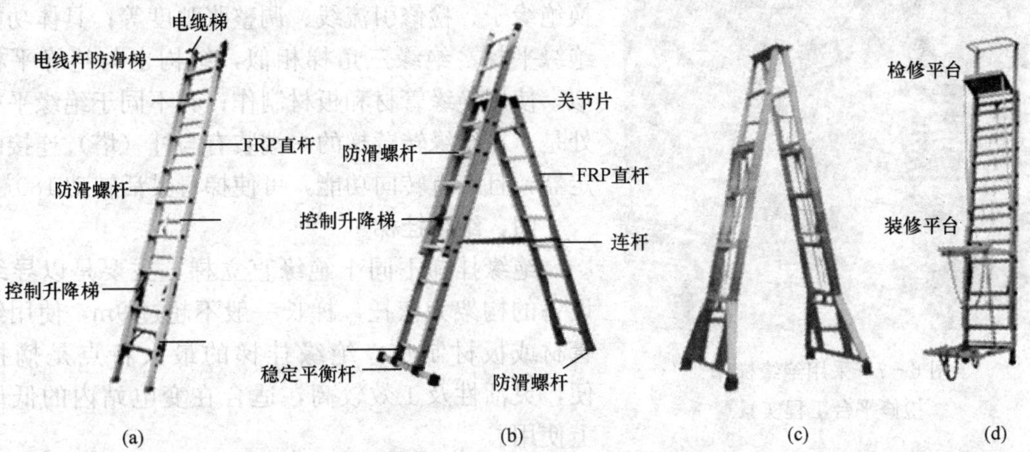

图 6－4　绝缘升降梯

（a）单面升降；（b）单面（三角形）升降；（c）人字（双面）升降；（d）绝缘升降梯（带检修平台）

绝缘人字梯，也是以地面为支承的绝缘硬梯，它采用绝缘管材或绝缘板材制作，使用范围与绝缘升降梯相同，多用于变电站内设备上或电压等级较低的配电线路上的等电位或中间电位工作中。绝缘人字梯的最大特点是稳固性较好，且不受周围场地的限制，缺点是高度一般只有 4～5m。

绝缘硬梯、托瓶架的存放设施应设计成能水平摆放的多层式构架，每层间隔 25～30cm。最底层离开地面不小于 50cm。

图 6－5 所示为采用绝缘平梯进入带电线路作业实景。

图 6－6 所示为采用绝缘升降梯进入带电线路作业实景。

图 6－5　采用绝缘平梯进入带电线路作业实景

图 6－6　采用绝缘升降梯进入带电线路作业实景

图 6－7　采用绝缘梯作检修平台工程实景

图 6－7 所示为采用绝缘梯作检修平台工程实景。

三、绝缘转臂梯

绝缘转臂梯是指以杆（塔）身为依托的水平梯子，多用于 110～220kV 线路的等电位作业中，如更换绝缘子、检修引流线、调整张弛度等；具体功能与绝缘平梯、绝缘三角梯相似，结构也与绝缘平梯类似，使用绝缘管材和板材制作；其不同于绝缘平梯之处是，在绝缘转臂梯的一端装有与杆（塔）连接的固定器，且带有转向功能，可使梯身灵活转动 180°。

四、绝缘挂梯

绝缘挂梯不同于绝缘直立梯，主要是以导线或设备的构架为依托，梯长一般不超过 9m，使用绝缘管材或板材制作。绝缘挂梯的最大特点是摘挂方便，灵活性及工效较高，适合在变电站内的低母线上使用。

五、绝缘独脚爬梯

绝缘独脚爬梯是绝缘直立梯的一种，通常由 3 节组成，一般长 15m 左右，基本形式与蜈蚣梯相似；用绝缘管材制作，以地面为支承点，并用绝缘拉线（绝缘绳）固定，不同之处是，绝缘独脚爬梯不能升降；用途与绝缘升降梯相同。

六、绝缘软梯

绝缘软梯由软梯架（由金属或硬质绝缘材料制成）、绝缘绳索（蚕丝绳或锦纶绳）和绝缘管连接而成，软梯架与软梯（由绝缘绳和绝缘管制成）之间可自由拆装。

图 6－8 所示为蚕丝、锦纶绝缘软梯。

绝缘软梯的特点是制作简单，携带方便，作业高度不受限制，绝缘绳和绝缘管容易更换且造价不高。由于软梯架上端架有滑轮，可使软梯在导线或避雷线上自由滑动。因此，借助于绝缘软梯进行某些项目的带电作业，操作程序比较简单。但是，绝缘软梯在攀登时比较费劲，这

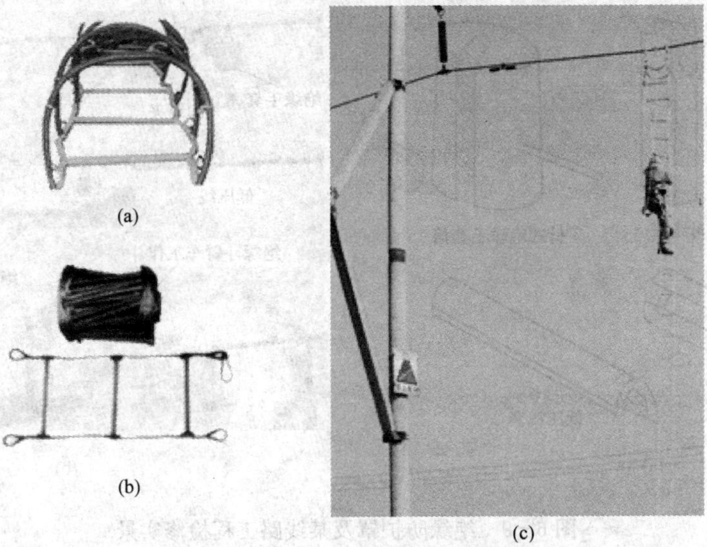

图 6-8　蚕丝、锦纶软梯
(a) 全封闭绳梯；(b) 绝缘软梯；(c) 攀登绝缘梯

是它的主要缺点之一。因此，有些单位研制出了带有自动升降及行走装置的绝缘软梯。

第三节　带电作业工具

一、带电作业常用工具

带电作业常用工具，除上述介绍的绝缘杆、绝缘梯外，还有如下工具。

1. 绝缘吊线架

采用绝缘板材制作，主要用于带电更换 10kV 配电线路针式绝缘子时起吊导线的装置，即绝缘吊线架。

2. 绝缘隔板

绝缘隔板，通常用绝缘硬板（环氧玻璃布压板）、软板（聚氯乙烯）制成，用于 10kV 线路带电更换跌落式熔断器时的绝缘隔离。

环氧玻璃布压板，简称环氧板，由经化学处理的电工用无碱玻璃纤维布为基材，以环氧树脂为黏合剂经热压而成的层压制品，具有较高的机械性能和介电性能，较好的绝缘性能和耐热性及耐潮性。

绝缘隔板应存放在室内干燥、离地面 200mm 以上的架上或专用的柜内，使用前应擦净回车。如果表面有轻度擦伤，则应涂绝缘漆处理。

3. 绝缘防护罩

绝缘防护罩与绝缘隔板的功能相似，也是用于 10kV 配电线路的带电作业，如图 6-9 所示，有横担防护罩、套在导线上用的绝缘套、母线防护罩，还有针式绝缘子防护罩、低压线的 n 型防护套等，它们都是根据设备的外形特点制作的，使用材质一般为塑料。

4. 绝缘拉板（杆）

绝缘拉板（杆）采用绝缘板或绝缘棒制作，用于 110～500kV 输电线路带电更换绝缘子

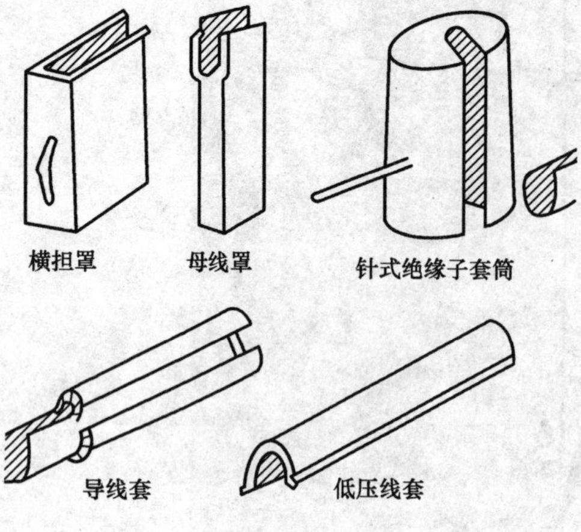

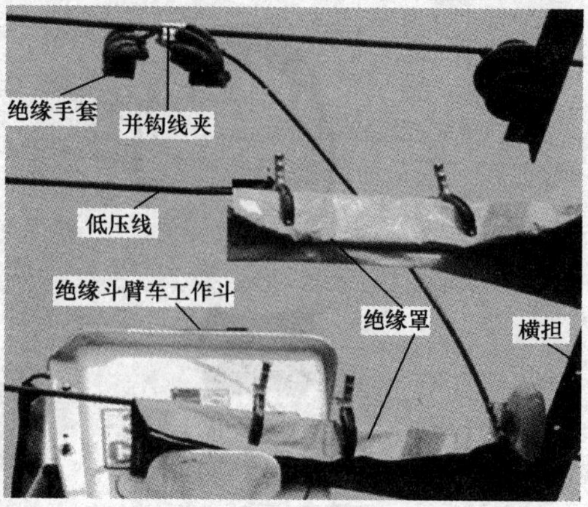

图 6-9 绝缘防护罩及某线路工程检修实景

(a) 绝缘防护罩；(b) 工程应用（低压线套）图例

串的工作中。

绝缘拉板（杆）必须与丝杠收紧器或液压收紧器配套使用。由于在收紧导线的过程中绝缘拉板（杆）要承受垂直荷载或水平（导线张力）荷载的作用，因此在使用中要定期进行拉力试验。绝缘拉板上的小孔用来调节适合绝缘子串的有效长度。绝缘拉杆，使用环氧酚醛玻璃布棒制成，且在其外套一层硅橡胶，起到防雨的功效。

图 6-10 所示为用紧线拉杆收紧绝缘子串法更换线路耐张双串绝缘子。

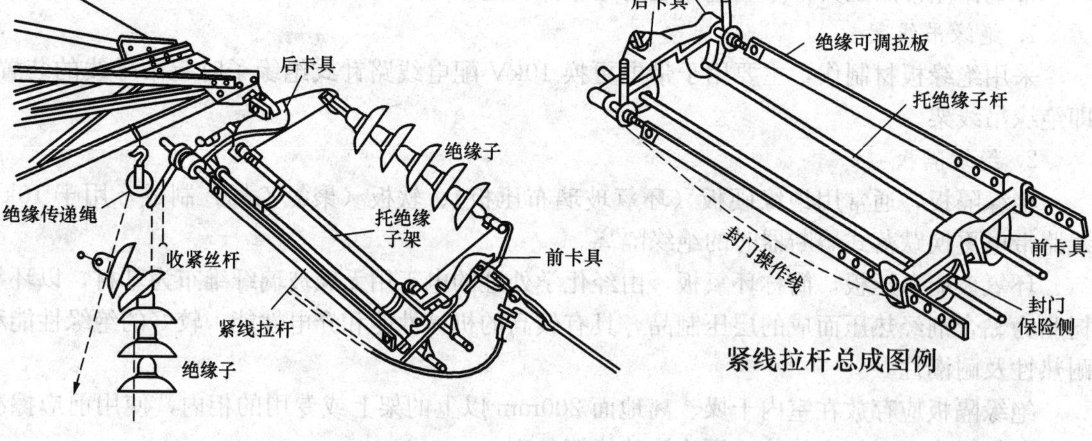

图 6-10 用紧线拉杆收紧绝缘子串法更换线路耐张双串绝缘子

5. 托绝缘子架

托绝缘子架，俗称托瓶架，用于 35～500kV 线路支承拆卸后和安装前的松弛绝缘子串在线路更换瓷瓶时将瓷瓶托住、慢慢放下，以免高空坠下，损坏或伤人。

托瓶架，采用绝缘管材或板材制作，在使用时需安装在耐张绝缘子串的下方并与两端卡具相连。

图 6－11 所示为等电位更换 110kV 线路双串耐张绝缘子。

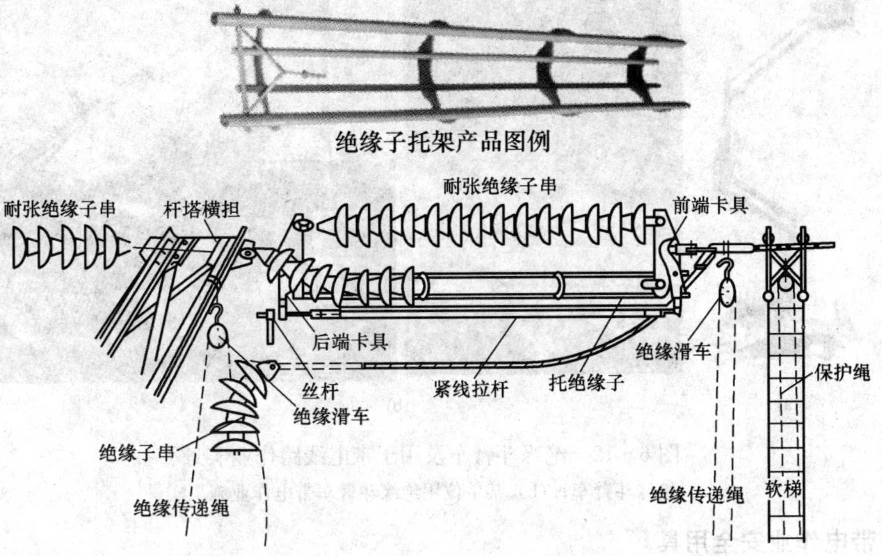

图 6－11　等电位更换 110kV 线路双串耐张绝缘子

6. 绝缘绕线器

绝缘绕线器，是一种传递旋转动作的操作杆，由内外两层杆及附件组成。内层杆为传动杆，两层杆上下端口部位装有滚珠轴承，杆的下端口部位连有摇动传动杆的把手，杆的前部有特殊插头，绕线器及拆线器等工具可以通过特殊插头与传动杆连接。绝缘绕线器主要应用于 10kV 配电线路缠绕引流绑线或拆除绑线等工作中。

7. 绝缘斗臂车

绝缘斗臂车，是一种机械化的载人工具，它利用绝缘臂及绝缘吊斗把作业人员送到高压带电设备上或设备附近进行工作，解决了一些因间隙小、设备情况复杂，用其他带电作业工具很难进行的作业项目所遇到的问题，也解决了因导线截面小或者导线损伤不能挂软梯的等电位作业问题。但是绝缘斗臂车由于受交通条件和臂高的限制，不能代替软梯或者硬梯在所有场合使用。

目前，在我国应用的绝缘斗臂车中液压绝缘斗臂车最为常见，一般是利用普通吊车改装而成。液压臂采用绝缘折叠伸缩结构，前端挂有方形或圆形绝缘斗，整个斗臂装置安装在一个转盘上，可以旋转 360°，可进行等电位带电起吊和支承。为了增加车子的稳固性，从而最大限度地增加绝缘臂的长度，一般都装有液压支腿。绝缘斗和绝缘臂宜采用环氧树脂与玻璃纤维布缠绕制作，臂内还可以填充泡沫塑料，它们具有良好的绝缘性能。车的前半部是有多个座位的舱室，供作业人员乘坐和装载工器具。

图 6－12 所示为绝缘斗臂车及用于带电线路作业实景。

由于绝缘斗臂车受交通条件及作业高度的限制，因此大多用在 10kV 配电线路及变电站内设备上的带电作业中。其中，最可取的优点是可以穿越带电设备，在上下几层均带电的情况下进行作业。

(a) (b)

图 6-12 绝缘斗臂车及用于带电线路作业实景

（a）绝缘斗臂车；（b）某单位用绝缘斗臂车带电作业施工实景

二、带电作业安全用具

1. 绝缘大剪

绝缘大剪是指在间接作业中剪断导线的工具，剪身应采用绝缘板材制作，一端连接有金属剪头，另一端装有绝缘传动手柄，可以操纵剪头的张合。它是一种常见的压臂式大剪，采用杠杆原理，有两套加力结构，可以切断 LGJ-185 及以下型号的导线。

2. 绝缘滑车

（1）绝缘滑车型号编制（见图6-13）。例如，JH5-1B 表示 5t 绝缘滑车，单滑轮，闭合金属钩。

部分绝缘滑车种类见表 6-3。

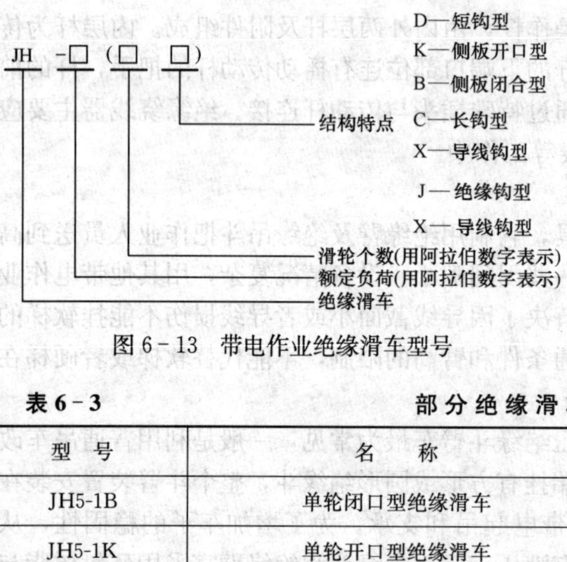

图 6-13 带电作业绝缘滑车型号

表 6-3 部分绝缘滑车种类

型 号	名 称	额定负荷（kN）	滑轮个数
JH5-1B	单轮闭口型绝缘滑车	5	1
JH5-1K	单轮开口型绝缘滑车	5	1
JH5-2D	双轮短钩型绝缘滑车	5	2
JH5-2X	双轮导线钩型绝缘滑车	5	2
JH5-2J	双轮绝缘钩型绝缘滑车	5	2
JH10-2C	双轮长钩型绝缘滑车	10	2
JH10-3D	三轮短钩型绝缘滑车	10	3
JH15-4D	四轮短钩型绝缘滑车	15	4

注 额定负荷指吊钩负荷，单轮滑车作为导向轮时，单根绳索牵引力为额定负荷的 1/2。

(2) 绝缘滑车存放保护。绝缘绳索及其滑车组的存放设施应设计成垂直吊挂的构架，每个挂钩放一组绳索或一组滑车组，挂钩间距为 20～25cm，绳索盘绕的长度不超过 100cm，绳索下端距地面不小于 50cm。

3. 保护绳

保护绳通常由保护绳钩及绝缘绳组合而成，见图 6－14。保护绳钩一般用 45 号钢及以上机械特性的合金钢或铝合金制作。在使用期间，保护绳除需按要求做必要的电气试验外，还应定期做机械拉力试验。除此之外，保护绳钩均需装有闭锁装置，避免在使用中与导线脱离。

4. 带电作业用屏蔽服

(1) 屏蔽服。屏蔽服的作用就是进行电场防护和导流，多用于等电位或强电场中的间接作业工作中。

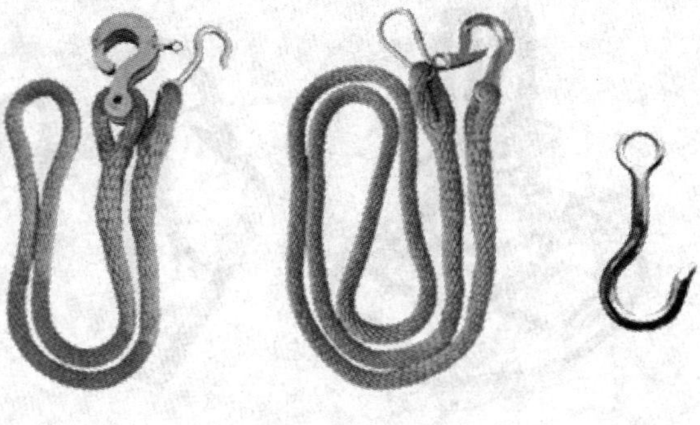

(a) (b)

图 6－14 保护绳

(a) 保护绳；(b) 保护钩

屏蔽服（又称均压服）是电场防护的重要工具之一。我国第一次等电位作业是用金属管作为屏蔽电场的工具，后来发展为利用裸铜线在普通工作服上按一定网距缝制的简易屏蔽服。

带电作业用屏蔽服，按制作工艺可分为金属织物型和金属电镀型；按纺织工艺可分为针织型和织布型两种；按织物的防火性能可分为防火型和不防火型；按织物材质可分为天然纤维（蚕丝、棉纱）型和人造纤维型；按使用金属丝的材料又可分为铜丝、铜带、不锈钢丝及导电纤维；按屏蔽服的综合导流性能可分为屏蔽型和导流型。总之，屏蔽服的种类和各项性能指标都是非常重要的，使用时应视其作业内容加以区别、选择。

常用的屏蔽服可分为织布型屏蔽服、电镀型屏蔽服、防火型导流服等。

织布型屏蔽服。柞蚕丝—紫铜丝（$\phi 0.05$mm 紫铜丝）屏蔽服，其表面电阻较高（大于 10Ω），紫铜丝的抗折性、化学稳定性及洗涤性能较差，金属丝易断，氧化后电阻变大，穿着时会产生不适感（如针刺及局部麻电）。

电镀型屏蔽服。用非金属电镀工艺，在棉布或丝绸的表面镀一层导电物质（铜或银），然后加工制作成服装。此类屏蔽服有较好的屏蔽效果，直流电阻偏大，载流量较低，抗折性好，比较柔软；但导电物质容易在使用中脱落并污染绝缘绳索，同时造价也较高。

防火型导流服。它是为防止或减轻人身在等电位作业中不慎接地引起的电弧烧伤而设计的屏蔽服，在 35kV 及以下小电流接地系统中作为人身后备保护用。因此，它对载流量及防火性都有较高的要求。目前，把载流量超过 30A 的屏蔽服称为导流服。防火型导流服使用阻燃性较好的纤维制作，混纺使用的导电金属丝也多为耐火性强的合金丝，且设计的导流截面较大，因此具有良好的防火导流能力。

(2) 绝缘手套、绝缘靴。由特种橡胶制成，起电气绝缘作用的手套，称绝缘手套。由特种橡胶制成，用于人体与地面绝缘的靴子，称为绝缘靴。

(3) 安全帽。它是指防止冲击物伤害头部的防护用品，由帽壳、帽衬、下颏带和后箍组成。

帽壳呈半球形，坚固、光滑并有一定弹性，打击物的冲击和穿刺动能主要由帽壳承受。帽壳和帽衬之间留有一定空间，可缓冲、分散瞬时冲击力，从而避免或减轻对人体头部受外力伤害。

安全帽具有冲击吸收性能、耐穿刺性能、侧向刚性、电绝缘性、阻燃性。使用前，应检查帽壳、帽衬、帽箍、顶衬、下颊带等附件完好无损；使用时，应将下颊带系好，防止工作中前倾后仰或其他原因造成滑落。

(4) 安全带。指高处作业中预防坠落伤亡的个人防护用品（见图 6－15）。安全带的腰带和保险带应有足够的机械强度，材质应有耐磨性，卡环（钩）应用保险装置，操作应灵活。保险带、绳使用长度在 3m 以上的应加缓冲器。

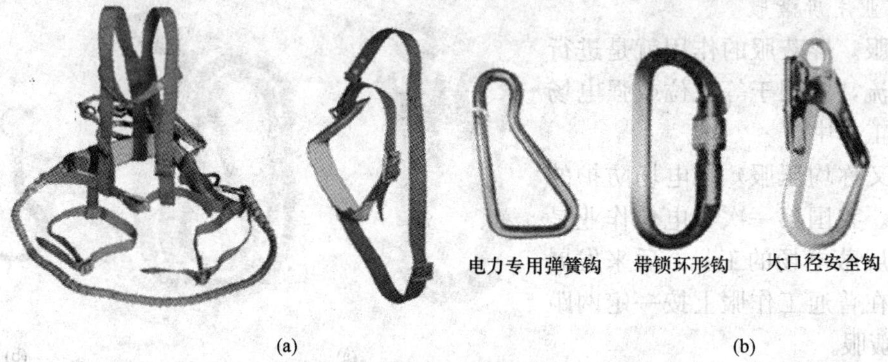

图 6－15　电工用安全带

(a) 安全带；(b) 安全钩

(5) 绝缘紧线器。用于线路的临时隔断，更换绝缘子或导线的连接，可使用线夹操作棒操作。图 6－16 所示为绝缘紧线器（绝缘双钩），主要技术参数见表 6－4。

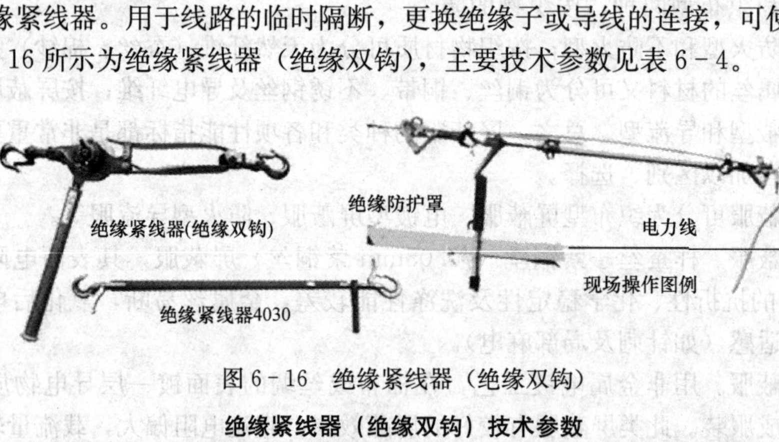

图 6－16　绝缘紧线器（绝缘双钩）

表 6－4　绝缘紧线器（绝缘双钩）技术参数

型号	使用电压 (kV)	工作距离 (m)	最大紧线距离 (mm)	绝缘长度 (mm)	伸长 (mm)	缩长 (mm)	质量 (kg)
3464	5/35	1.45～1.75	305	660～914	1804	1499	5.4
6465	46/69	1.75～2.06	305	965～1219	2108	1804	5.6

三、带电作业更换绝缘子专业用卡具

在带电作业过程中，金属工具通常是和绝缘工具（如拔锁钳、扶正器、取绝缘子钳等）配套使用的。

1. 金属卡类型

金属卡主要用来更换用于 110、220、330、500kV 线路绝缘子，有闭式卡、斜卡、弯板卡、翼形卡、大刀卡、闭式自封卡、可调直线双吊勾卡、直线四勾卡和齿轮自封卡、端部卡等，如图 6-17 所示。

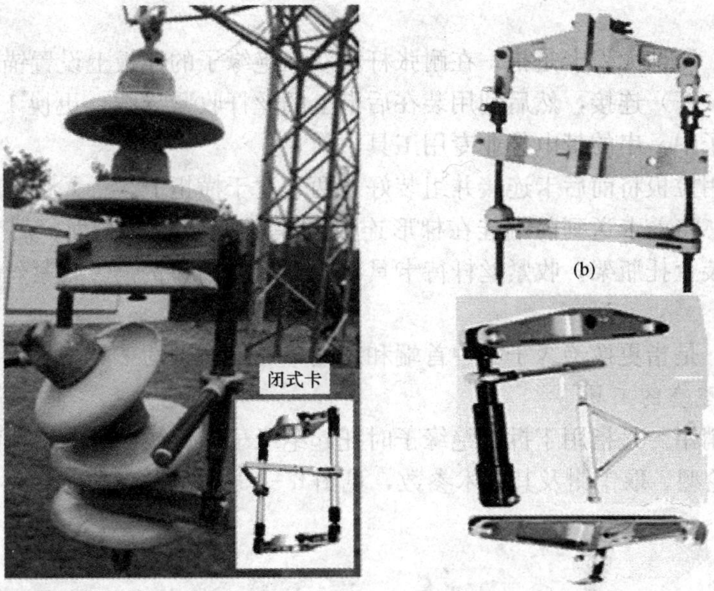

(a)　(c)

图 6-17　金属卡

(a) 闭式卡；(b) 翼形卡；(c) 大刀卡

（1）闭式卡，是指除可更换绝缘子串首、末端外，还可更换任意一片绝缘子的工具。用于 220、330、500kV 线路，等电位或停电更换耐张串或垂直串单片绝缘子。闭式卡装配示意如图 6-18 所示，打开上盖，把丝杆调整到需要的长度，然后把卡具装卡在所要更换绝缘子的前后两片瓶上（一般是卡四短三），合上盖，扭紧螺母，将钢帽抱牢，收紧丝杆，松弛中间绝缘子，即可更换。更换前后第一片与端部卡组配。

（2）翼形卡。主要用于直接或间接带电更换 35～110kV 线路上的单串耐张绝缘子。由于其质量轻、强度高、安装简便等优点，因此得到广泛使用。例如：XY-7190 35/110 翼形卡，工作负荷为 19.6kN；静试验负荷为 49kN；四杆行程为 200mm；卡具质量为 4kg。用于带电间接或停电更换 35kV/110kV 线路耐张单串绝缘子，应配备绝缘拉板、托瓶架、操作杆、取销钳。操作方法：用绝缘拉板连接前后卡组装好，人立于横担上，握

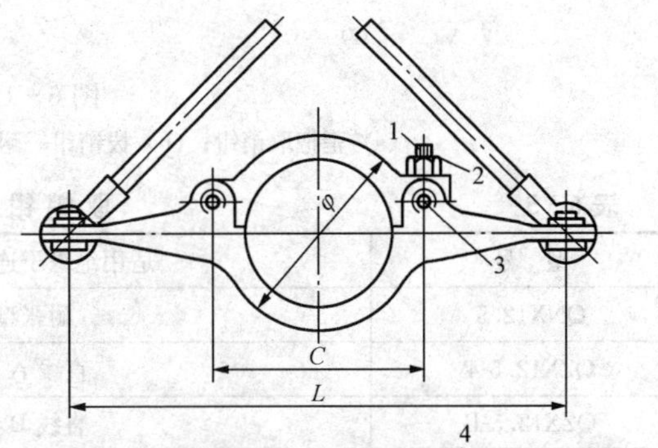

图 6-18　闭式卡装配示意

1—丁字螺钉；2—蝶形螺母；3—螺钉；4—前卡上盖；5—前卡下盖；6—紧线螺杆；7—后卡上盖；8—后卡下盖

住拉板后端将前卡挂在耐张线夹上，操作拉板使前卡向左下倾斜并晃动前卡，使滑销封住挂点。后卡挂在直角挂板螺钉上，装好托瓶架，收紧丝杆，摘取弹簧销，使绝缘子串松弛，即可更换。

（3）大刀卡。所谓大刀卡是指，在耐张杆塔双串绝缘子的连板上设置锚固点，前后两卡具通过绝缘拉板（杆）连接，然后利用装在后卡上的丝杆收紧导线，更换110～220kV线路的耐张双串绝缘子中一串的带电作业专用工具。

操作方法：用拉板将前后卡连接并组装好。两人立于横担上，一人持拉板后端，一人用操作杆挑起前卡，将前卡送到前端挂在梯形连板上并别住U形环弧面。后卡装在后面连板上，上好螺钉，装上托瓶架，收紧丝杆待卡具稍吃力后，摘弹簧销。收紧丝杆，使绝缘子松弛，即可更换。

（4）端部卡，是指更换绝缘子串中首端和末端单片绝缘子的工具。

2. 与金属卡配套的工具

取销钳及拔销钳。是指用于拆装绝缘子时托起绝缘子。直线型分A、B两种；A型为丝杠型，B型为凸轮型。取销钳及其技术参数，见图6-19及表6-5。

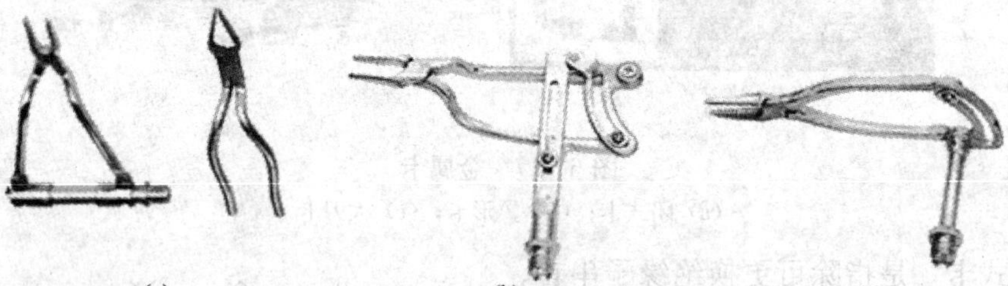

图6-19　取销钳

（a）歪把取销钳；（b）拔销钳—耐张取销钳；（c）拔销钳—直线取销钳

表6-5　**取销钳技术参数**

型　号	适用绝缘子连接形式	最大开口（mm）
QNX12.5	耐张型	12.5
QZX12.5-4	直线A型	12.5
QZX12.5-B	直线B型	12.5

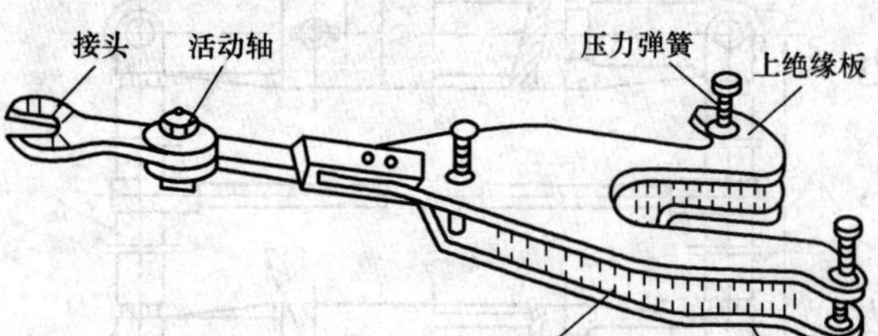

图6-20　干式绝缘子清扫工具

3. 绝缘子清扫机具

（1）干式绝缘子清扫工具（见图6-20）。它由旋转毛刷和绝缘操作杆两部分组成。旋转毛刷分上、下两片，上片前端开口能使绝缘子钢帽通过，下片前端开口能使绝缘子下面球头杆通过。旋转毛刷上、下片均装上刷毛，使用三个带压力弹簧的螺栓连在一起。压力弹簧可以根据绝缘子瓷裙厚度进行调整。

使用时，将旋转毛刷安装在操作杆上，插在绝缘子瓷裙上，压力弹簧将上、下毛刷平夹在绝缘子上。操作电工推拉旋转毛刷，达到清扫绝缘子的目的。但此种毛刷只能清扫当年的浮垢，对多年的积垢清扫效果不太明显。

(2) 组合式电动清扫刷工具。依靠电动机带动组合毛刷旋转，进行各类绝缘子的清扫工作，是目前变电站内多采用的一种旋转毛刷清扫工具，利用绝缘操作杆可带电清扫棒式绝缘子、针式绝缘子及绝缘套管，清扫效果与手工清扫相当，但不如水冲洗效果好。

(3) 气动高压带电绝缘子清扫机。图 6-21 所示为 HPQ 型气动高压带电绝缘子清扫机。该清扫机以小型空气压缩机作为动力源，空气压缩机产生的高压气体经过过滤和压力调节得到符合作业需要的压缩气体，经快速软管接头传至调速气动马达，气动马达输出动力经绝缘杆芯轴将动力传递到刷头，带动毛刷高速旋转实现清扫功能。刷头结构允许其在垂直工作平面内 360°旋转定位，适用于更多安装形式及不同角度的高压电气设备和绝缘子清扫。由于是压缩空气为动力，空气软管较轻，操作者手持重量小，明显优于其他传动结构，允许操作者攀爬至所需工作高度，使用空间限制较少，活动范围增大。

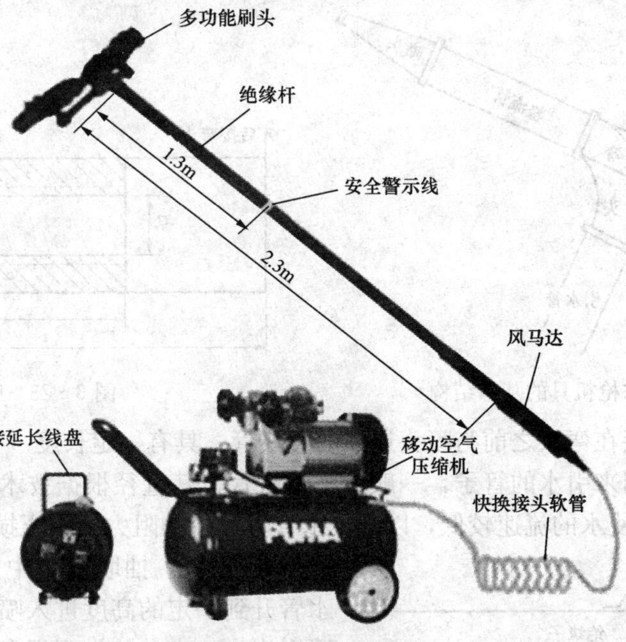

图 6-21　HPQ 型气动高压带电绝缘子清扫机

(4) 水枪冲洗机具。绝缘子因脏污而发生闪络是电力系统中一种常见的事故。为了防止污闪事故发生，最好的方法是带电用压力水冲洗绝缘子，这是防止绝缘子污垢的有效措施之一。带电水冲洗的工效，比包括停电清扫在内的任何一种绝缘子清扫效果都要好；可以避免停电所带来的损失，不需要进行复杂的倒闸操作和高空作业。

带电水冲洗，按水枪喷嘴口径分大、中、小型三种。喷嘴直径在 3mm 以下者为小型水冲洗，喷嘴直径为 4～8mm 者为中型水冲洗，喷嘴直径在 9mm 以上者为大型水冲洗。

(1) 水枪机具的基本结构。主要由操作杆、喷枪及喷头、整流管、引水管、水泵等组成，见图 6-22。

1) 操作杆。安装在水枪本体之后，供作业人员握持并控制水柱的喷射方向。操作杆的绝缘有效长度：60kV 以下为 1.5m；11kV 为 2.0m；220kV 为 2.5m；330kV 为 3.5m。冲洗时，绝缘杆的手柄通常应接地；当采用不接地的绝缘杆时，水枪的水管接头与护环间的绝缘部分应满足以下要求：湿闪电压应大于 3 倍线电压（非接地系统）或 3 倍相电压（接地系统）；持续时间 5min；泄漏电流不大于 1μA。

2）喷枪。本体由弯头、整流管和喷头三部分组成。弯头的作用是使由下而上的进水改变流向。水流经过弯头时，由于横断面上各点的流速分布不均匀而发生紊流，引起更多的水压损失。为了减少其不利影响，一般取弯头的半径大于引水管直径的 3 倍以上。

喷头（见图 6-23）是水枪的重要组成部分，一般由四部分组成：连接段（l_1），喷头与整流管相连接的部分，具有内螺纹；收缩段（l_2），一个内径逐渐变小的圆锥形管，它的作用是将水枪中的水流压缩到所需高压水柱，使水流横断面上各点的流速进一步均匀化，并起到对水流的加速作用；导向部分（l_3），它的作用是保证高压水柱平直地离开喷嘴，导向部分的长度一般取 $l_3=(1.0\sim1.2)d_0$；保护段（l_4），为了避免运输、保存和使用中碰伤喷口，在喷口外缘加设保护段。

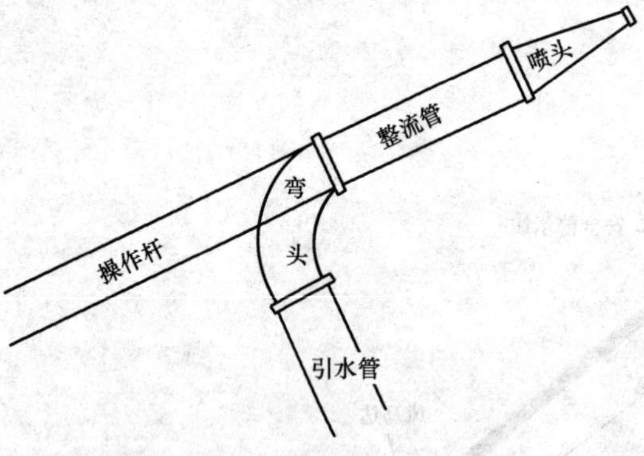

图 6-22　水枪机具的基本结构

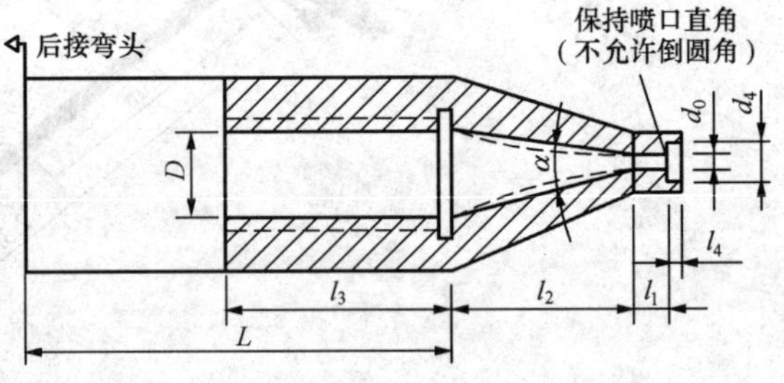

图 6-23　喷头结构

3）整流管。接在弯头之前与喷头连接的直线管，具有一定长度。

4）引水管。用来引水的管子，一般采用塑料管，其直径根据技术要求，应比水枪喷嘴口直径大，这样可使水的流速较低，以减少水管对水流的阻力和水压损失。

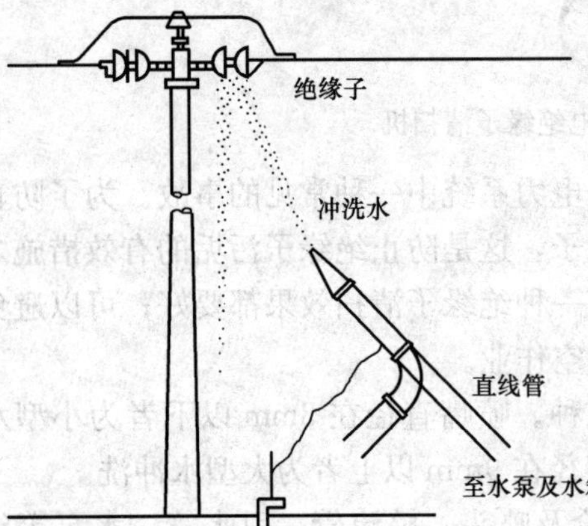

图 6-24　水枪冲洗绝缘子示意图

5）水泵。抽取水箱中的水，加压后通过引水管升到一定的高度进入喷枪，并以一定的流速喷射出去。水泵的类型很多，需按所选择的水冲洗方式、水的流量和压力选择。

图 6-24 所示为水枪冲洗绝缘子示意图。

为了有效解决清洗问题，在线路上已采用直升机带电水冲洗作业（见图 6-25）；该方式对于减少线路停电时间，防止绝缘子污闪和覆冰闪络事故，提高电网运行的可靠性具有重要意义。

（2）带电水冲洗技术要求。带电水冲洗一般应在良好天气时进行，风力大于 4 级，气温低于 −3℃，雨天、雪天、雾天及雷电天气不宜进行。

带电水冲洗作业前应掌握绝缘子的脏污情况，当盐密值大于临界盐密值的规定时，一般不宜进行水冲洗，否则，应增大水的电阻率来补救。避雷器及密封不良的设备不宜进行带电水冲洗。

图 6-25　直升机带电冲洗绝缘子实景

带电水冲洗用水的电阻率一般不低于 1500Ω·cm，冲洗 220kV 变电设备时水的电阻率不应低于 3000Ω·cm。

每次冲洗前都应用合格的水阻表测量水的电阻率，应从水枪出口处取水样进行测量。如用水车等容器盛水，则每车水都应测量水的电阻率。

冲洗悬垂绝缘子串、瓷横担、耐张绝缘子串时，应从导线侧向横担侧依次冲洗。冲洗双串绝缘子时，应从导线侧开始两串同时进行，严禁冲完一串后再冲另一串。冲洗支柱绝缘子及绝缘子瓷套时，应从下向上冲洗。冲洗绝缘子时应注意风向，必须先冲下风侧，后冲上风侧；对于上下层布置的绝缘子，应先冲下层，后冲上层。还要注意冲洗的角度，严防邻近绝缘子在溅射的水雾中发生闪络。

4. 带电作业检测绝缘子工器具

（1）绝缘子检测仪，又称绝缘子测试仪、绝缘子测量仪、零值绝缘子检测仪，可以作为一种常规的维护工具，快速、安全、可靠地维护绝缘子，用于检查零值或劣质绝缘子，操作简单，适用于测试带电或不带电的悬式绝缘子，探测绝缘子内部不明显的隐蔽故障，提高电网系统运行的可靠性，提高线路工作人员进行带电作业的安全性。

检测时，一侧的金属探针应与被测绝缘子的钢帽接触，另一侧的金属探针跨过被测绝缘子裙边与相邻绝缘子的钢帽接触。若被测绝缘子是良好的，则火花间隙将被击穿且发出“噼噼啪啪”的放电声；若被测绝缘子是低值或零值的，则分布在该绝缘子上的电位差很小或接近于零，这时，就不可能击穿火花间隙而放电，也就听不到放电声。

图 6-26 所示为火花间隙检测原理及操作示意图。

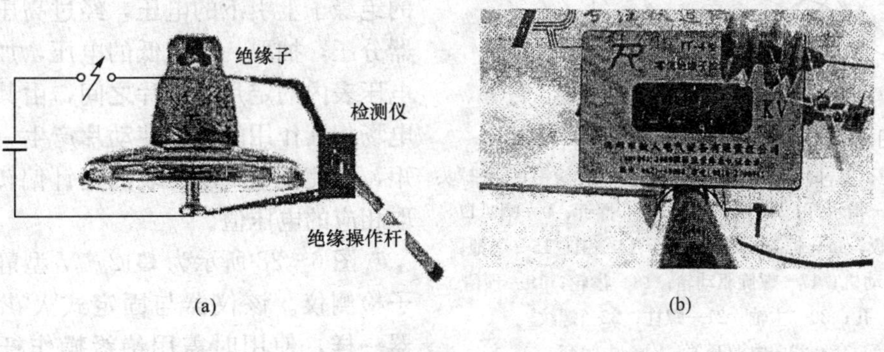

图 6-26　火花间隙检测原理及操作示意图

(a) 火花间隙检测原理；(b) 操作示意图

火花间隙的形状有球形和锥形两种。为了避免火花间隙放电分散性较大的弊端，要求两电极组装后中心线应在一条直线上，其最大偏移必须控制在±0.1mm。

使用火花间隙检测器，带电检测绝缘子时：①检测前，应对检测器进行检测，保证操作灵活，准确；②针式绝缘子及少于3片绝缘子不准使用火花间隙检测器进行检测；③检测35kV及以上电压等级的绝缘子串时，当发现同一串中的零值绝缘子片数达到表6-6的规定时，应立即停止检测。

表6-6 一串中允许零值绝缘子片数

电压等级（kV）	35	63（66）	110	220	330	500	750	1000	±500	±660	±800
绝缘子串片数	3	5	7	13	19	28	29	54	37	—	58
零值绝缘子片数	1	2	5	5	4	6	5	18	16	—	27

注 如绝缘子串的片数超过本表的规定时，零值绝缘子片数可相应增加。

（2）自爬式零值绝缘子检出器。其品种很多，但其工作原理都很相似，都是利用电动机传动，推动绝缘框架沿绝缘子串爬行，从而使装在框架上的测量装置自动检测。而装在框架上的测量装置都是利用火花间隙放电原理进行工作的。图6-27所示为ZP-Ⅰ型零值绝缘子检出器，它由绝缘框架、驱动机构和测量装置三部分组成。

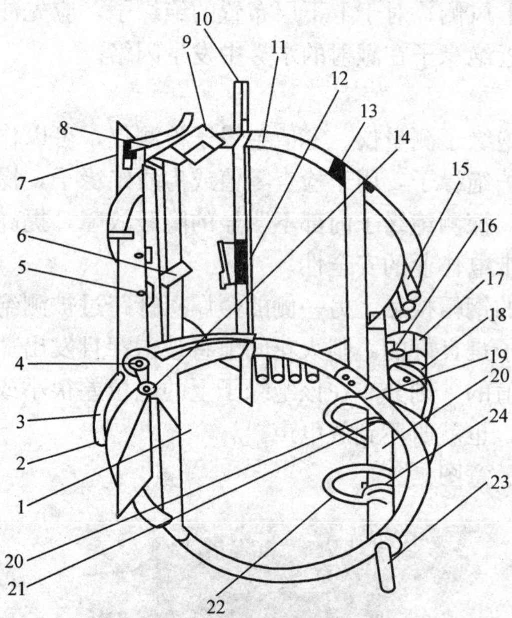

图6-27 ZP-Ⅰ型零值绝缘子检出器

1—绝缘绳；2—回转轴；3—弧形板；4—弹簧销；5—球头手柄；6—指示灯；7、12—垫块；8—探针；9—喇叭口，10—滑板；11—框架；13—螺栓；14—销；15—电池；16—电动机；17—螺旋驱动轮；18—齿轮；19—预留孔；20—主轴；21—螺柱；22—螺纹套；23—电源开关；24—中间套

绝缘框架由封闭式双支承架、滑板及铰链封门组成。支承架、滑板选用3240板制作，框架包围着绝缘子串，滑板与绝缘子裙接触，起着运载的作用。

驱动机构由直流电动机、螺旋驱动轮及电源三部分组成，其中螺旋驱动轮使用聚氯乙烯硬管制成。

（3）绝缘子分布电压检测装置。常见的有静电式绝缘子检测仪、绝缘子分布电压自动检测仪和绝缘子分布电压地面打印检测仪等。静电式绝缘子检测仪实质上是一个带有高压电容分压器的静电式电压表，它从运行的绝缘子上引下的电压，经过高压电容分压器分压，抽取一个较低的电压，加到静电式电压表内的定片和动片之间，由其所形成的电场相互作用的力，使动片产生一个转动力矩，并使静电式电压表的指针偏转，由此读取相应的电压值。

图6-28所示为Q12-Ⅴ型静电式绝缘子检测仪。该仪器与固定式火花间隙检测器一样，使用时需用绝缘操作杆支承，因此，尽管能定量地测出绝缘子串上的电压分布情况，但其劳动强度较大，而且在测量较高电压等级（330kV及以上）线路上的绝缘子串时，作业人员不易看到表头指针的电压值，所以，在330～500kV电压等级的线路上使用较少。

XGC-Ⅰ型检测仪是用于悬垂绝缘子串上的旋转自落式检测仪。它由旋转操作杆和回转检测器组成（见图 6－29），旋转操作杆由带有销钉的绝缘伸缩杆和回旋检测器组成。绝缘杆的长度按绝缘子串的长度配制。杆的下端是一个能转动和伸缩的绝缘叉，用以卡在导线上，回旋检测器是一个装有分压器、发射机和两个弹簧探针的绝缘箱体，箱内设有特殊的滑槽。

XGC-Ⅲ型检测仪是用于耐张绝缘子串上的推拉式检测仪，该仪器由伸缩推拉绝缘杆与环形绝缘检测器组成（见图 6－30）。伸缩绝缘杆由多节锥形绝缘管组成，可随检测绝缘子的远近而伸长或缩短，以推动检测器和旋转探针采集数据。环形绝缘检测器由环形绝缘架体、旋转轴、分布器和发射机四部分组成。

XGC-Ⅰ、XGC-Ⅲ型检测仪的最大特点是塔上检测、地面自动打印。

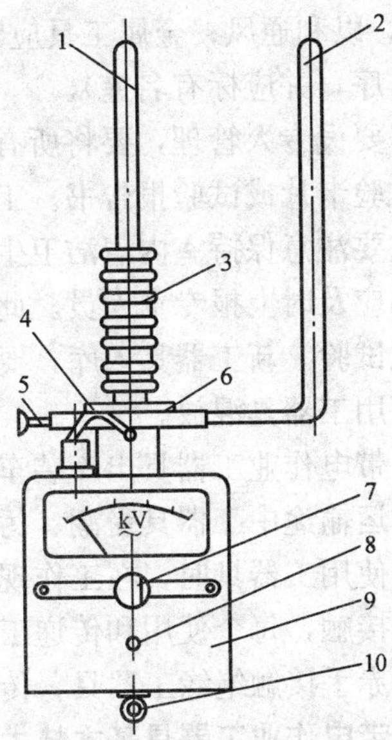

图 6－28　Q12-V 型静电式绝缘子检测仪

1—高电位电极；2—低电位电极；3—主电容分压器；4—专用导线；5—紧固螺钉；6—插座；7—与测量杆连接接头；8—调零器；9—静电式电压表；10—换挡用拉线开关

四、带电作业工器具的保管

带电作业工器具的使用与保管，应严格按照规程规定，采取有效的措施进行保护。

（1）带电作业工器具应存放在清洁、干燥、通风的专用工器具库房内。库房四周及屋顶应装有红外线干燥灯，以保持室内干燥，库房内应装有通风装置及除尘装置，以保持空气新鲜且无灰尘。此外，库房内还应配备小型烘干柜，用来烘干经常使用的或出库时间较长的（如外出工作连续几天未入库的）绝缘工器具。

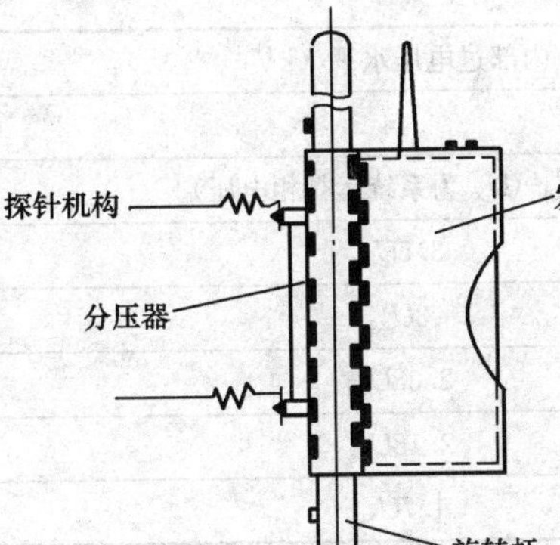

图 6－29　XGC-Ⅰ型检测仪

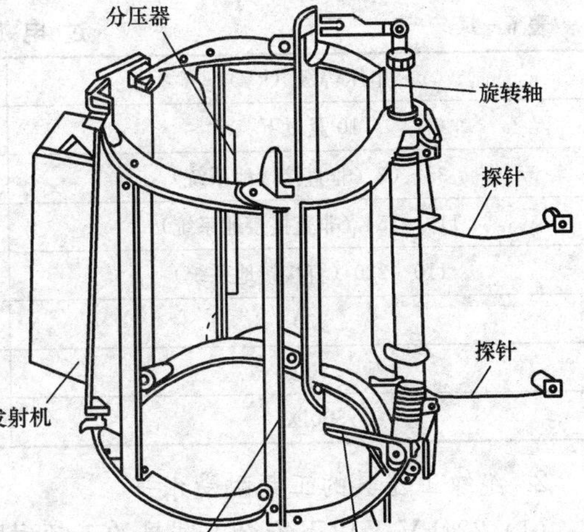

图 6－30　XGC-Ⅲ检测仪

带电作业专用库房除具备以上条件外，还应做到与室外保持恒温的效果，以防止绝缘工器具在冷热突变的环境下结霜，使工器具变潮。库房内存放各类工器具要有固定位置，绝缘工器具应有序地摆放或悬挂在离地的高低层支架上（按工器具用途及电压等级排序，且应标有名签)，以利通风；金属工具应整齐地放置在专用的工具柜内（按工器具用途分类，按电压等级排序，并应标有名签）。

库房要设专人管理，要将所有的工器具登记入册并上账，各类工器具要有完整的出厂说明书、试验卡片或试验报告书。工器具出入库房必须进行登记，入库人员必须换拖鞋，库房管理人员要注意保持室内清洁卫生，定期对工器具进行烘干或进行外表检查及保养，如发现问题，则应及时上报专责人员。此外，库房管理人员还要负责每年两次的电气试验及一年一次的机械试验。新工器具入库，要做好验收试验工作，报废或淘汰的工器具要清理出库房，不得与可用工器具混放。

(2) 带电作业工器具出库装车前必须用专用清洁帆布袋包装，长途运输应配备专用工具箱，以防运输途中工器具受潮、污的侵袭，同时也防止由于颠簸、挤压使工器具受损。

现场使用工器具时，在工作现场地面应放苫布，所有工器具均应摆放在苫布上，严禁与地面直接接触，每个使用和传递工器具的人员，无论在塔上，还是在地面，均需戴干净的手套，不得赤手接触绝缘工器具，传递人员传递工器具时要防止与杆塔磕碰。

五、带电作业工器具基本技术要求

1. 绝缘工器具的操作冲击耐受水平

330kV 及以上交流系统绝缘工器具的操作冲击耐压强度，按耐受 15 次操作冲击电压设计（220kV 及以下绝缘工器具不考核操作冲击强度）。操作冲击的峰值电压 U_{cx}，按式（6-1）计算，计算结果向标准系列电压值靠拢取整，即

$$U_{cx}=\frac{\sqrt{2}}{\sqrt{3}K_2}U_H K_1 K_3 \tag{6-1}$$

式中：U_H 为系统额定电压；K_1 为过电压倍数，按表 6-7 规定取值；K_2 为海拔修正系数，例如 1000m 时取 $K_2=0.91$；K_3 为安全裕度系数，一般取 $K_3=1.1$。

表 6-7 过电压倍数值

电压等级（kV）	内部过电压水平（kV）
10 及以下	44
35～63（非直接接地系统）	$4U_{xg}$（U_{xg}为系统运行相电压）
110～154（非直接接地系统）	$3.5U_{xg}$
110～220（直接接地系统）	$3U_{xg}$
330	$2.38U_{xg}$
500	$2.18U_{xg}$
500DC	$1.7U_{xg}$

2. 绝缘工器具的工频耐受水平

(1) 220kV 及以下绝缘工器具的工频耐压强度按 1min 工频耐受电压设计。1min 工频耐受电压为 250kV/m 平均电位梯度和有效绝缘长度的乘积。

(2) 330kV 及以上绝缘工器具的工频耐压强度按 5min 工频耐受电压设计。5min 工频耐受电压 U_{cx} 按式（6-2）计算，并向系列电压值靠拢取整，即

$$U_{cx}=\frac{U_H}{\sqrt{3}K_2}K_3 K_G K_x \tag{6-2}$$

式中：K_G 为工频动态过电压倍数，均取 $K_G=1.5$；K_x 为型式试验系数，取 $K_x=1.1$。

3. 绝缘工器具长度的设计

绝缘工器具的总长度 L_Z，按式（6-3）设计，即

$$L_Z = L_1 + L_2 + L_3 + \Delta L \tag{6-3}$$

式中：L_1 为有效绝缘长度，按表 6-1 规定取值；L_2 为握手长度，操作杆的握手长度一般取 60cm 为基本长度，随电压等级上升按绝缘工具的总长度适当加长，绝缘紧线杆、绝缘吊线杆等承力工具，不考虑握手长度；L_3 为金属接头长度（包括端部金具长度），纯绝缘接头不计接头长度，可作为有效绝缘对待；ΔL 为调整长度，在杆塔净空距离较大的地方，为方便工具安装、操作而增加的工具长度，虽然这部分长度并不作为有效绝缘长度，但仍需使用绝缘材料制作。

4. 绝缘梯的绝缘设计

绝缘梯的绝缘水平除满足一般绝缘工器具的要求外，还应考虑作业人员在等电位过程中，人体短接并不断移动的尺寸和电位转移时的火花间隙放电距离，即绝缘梯的最小长度 L_{min}，应满足式（6-4）的要求

$$L_{min} = L_1 + L_r s_f \tag{6-4}$$

式中：L_1 为有效绝缘长度，参照表 6-1 的数值选取；L_r 为人体在绝缘体短接的尺寸，cm，在水平梯上 $L_r=60$cm，在软梯等垂直状态，$L_r=180$cm；s_f 为电位转移距离，cm，参照表 6-8的数值选取。

表 6-8　　电位转移间隙

电压等级（kN）	人体裸露部分对带电体最小距离（cm）
35～63（66）	20
110～220	30
330～500	40

5. 托瓶架的额定设计荷载

（1）绝缘子串自重。按预期通用范围内的最高吨位绝缘子的自重 G_i 及最大串长片数 n，按式（6-5）计算取整数，即

$$Q_i = n G_i \tag{6-5}$$

（2）冲击系数 K_c。在托瓶架上单个更换绝缘子取 $K_c=1.1$；在托瓶架上整串拖动绝缘子（滚动）取 $K_c=1.2$；在托瓶架上整串拖动绝缘子（滑动）取 $K_c=1.6$；随托瓶架整体起落绝缘子取 $K_c=1.8\sim2.0$。

（3）托瓶架的额定设计荷载 Q_{ts}，按式（6-6）计算取整数，即

$$Q_{ts} = K_c n G_i \tag{6-6}$$

思　考　题

1. 对于送电线路带电作业的绝缘操作杆有哪些要求？

2. 绝缘斗臂车广泛应用于城市配电网的带电作业中，绝缘斗臂车相比于绝缘梯有哪些

优缺点？

3. 在带电作业中为什么要穿屏蔽服？屏蔽服的工作机理是什么？
4. 带电水冲洗绝缘子作业应满足哪些技术要求？
5. 带水冲洗绝缘子作业时，为什么要从下往上冲洗？
6. 怎样保管带电作业工器具？
7. 简要说明带电作业工器具基本技术要求与设计导则。

第七章　电缆、光缆线路施工机具

第一节　电缆线路施工机具

一、电缆线盘及运输设备

1. 电缆线盘

电缆线盘是电线电缆专用的一种盘具。

电缆线盘多采用钢结构及钢木结构（见图 7-1），钢结构坚固，不易损坏，对电缆保护效果好，且能重复使用，因此实践中广泛采用。木结构电缆线盘，由于寿命短，坚固程度差，基本上已被淘汰。

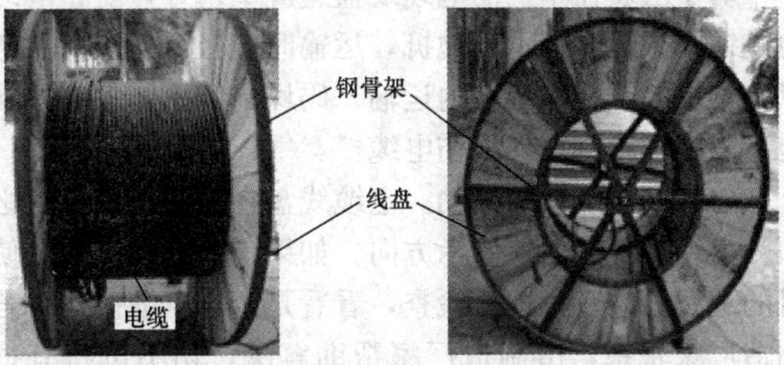

(a)　　(b)

图 7-1　钢木结构电缆线盘

(a) 平行电缆线盘轴方向视图；(b) 垂直电缆线盘轴方向视图

电力电缆一般是缠绕在电缆线盘上进行运输、保管和敷设的。30m 以下的短电缆也可按不小于电缆允许的最小弯曲半径绕包成圈子并捆扎牢固后搬运。

2. 电缆拖车

电缆线盘卷绕电缆后，一般可采用汽车等运输工具运输到需要安装的位置。但对于特别重的电缆装盘后，其重量较大，应采用专用拖车（见图 7-2）运输。

(a)　　(b)

图 7-2　电缆线盘运输图例

(a) 电缆线盘平板搬运拖车运输；(b) 专门拖车运输

电缆拖车又称为电缆车、电缆放线车，根据提升方法可分为液压电缆拖车、机械型电缆放线拖车。

3. 电缆线盘的运输

在运输中，电缆产品从出厂到交付用户手中，需要经过一定的运输和储存过程，因此，应注意以下问题：

（1）运输前，应检查电缆包装是否完好，电缆合格证填写是否规范，电缆端封头是否严密，并牢固地固定在电缆线盘上，电缆线盘侧板是否有松动和脱落等现象，确认无问题后，方可进行运输。

（2）卸车时，如果没有起重设备，严禁将电缆线盘从运输车上直接推下。因为直接推下，不仅使电缆线盘受到破坏，而且电缆也容易遭受机械损伤。较小型的电缆线盘，可以用木板搭成斜坡，再用绞车或绳子拉住电缆线盘沿斜坡慢慢滚下。

（3）电缆线盘不允许平卧装车。平卧将使电缆缠绕松脱，也容易使电缆与电缆线盘损坏。

装盘时，一般应采用铲车（叉车）或吊车，严禁几盘电缆同时吊装，如果这样起吊，则几盘电缆受力不均，重心不稳，容易发生滑脱和翻落。

对于已装在车上的电缆线盘边应垫塞好，防止电缆线盘晃动、互相碰撞或倾倒。成圈电力电缆在搬运时，不可抛掷，运输时应轻拿轻放，注意避免机械损伤。成圈软线在运输时可以码堆堆放或在集装箱内运输，码垛高度不能太高，堆码之间应紧密接触或有良好的固定措施，以防堆码倒塌，损伤电缆。

（4）电缆线盘的滚动。电缆线盘在地面上滚动时必须控制在小距离范围内。滚动方向必须为电缆线盘侧面上所示方向。如果反向滚动，则会使电缆退绕而松散、脱落。电缆运输到目的地后，应及时进行检查，看看是否有电缆损伤，若发现有电缆损伤等情况，则应立即与制造厂家联系，由制造厂家帮助解决，切不可将有损伤的电缆投入使用，以防造成不良后果。

重要工程用电缆或出口电缆，电缆线盘开档内应钉有防护封板，防护封板最好紧贴电缆包固定，万一运输时电缆线盘受到撞击，防护封板可起到较好的防护作用。

（5）电缆装盘时端头应可靠密封，伸出盘外的电缆端头应加保护罩（帽），运输时应注意电缆线盘侧留有一定间隙，以防卡坏电缆封头。

（6）在车辆、船舶等运输工具上，电缆线盘应纵横交错地排放，电缆线盘必须放稳，两侧用钢丝绳牢固地固定在运输车辆上，并在电缆线盘底部用三角楔塞好，防止运输时电缆线盘晃动、互撞或翻倒。

（7）大型电缆线盘运输时，应注意选择公路运输设备，若采用载重汽车运输，则应注意汽车高度符合交通道路上桥梁、涵洞等的高度限制，若超过限制，可采用专用拖车，以降低运输高度。

（8）500kV 及以下电力电缆的运输与保管，必须执行《电气装置安装工程电缆线路施工及验收规范》（GB 50168—1992）的规定。

二、电力电缆敷设机具

1. 电缆托辊

托辊，也称滑车，它在牵引电缆的过程中用来支承电缆，减小电缆拖拉时与地面的摩擦，使用托辊敷设电缆既省力又方便。

托辊的种类较多，通常根据电缆线路路径的不同视具体情况考虑选用托辊的类型。

（1）直线型电缆延放滑轮。在平直段可采用直线型电缆延放滑轮，这类电缆托辊都采用铝合金制造，具有强度高、质量轻、使用灵活方便等特点。

直线型电缆延放滑轮用于延放电缆，可单只使用，并可多组串联使用，特点是接续部分可自由变换角度，其技术参数见表7-1。

表7-1　直线型电缆延放滑轮技术参数

型　号	额定负荷（kN）	适用范围（mm）	滑轮规格（mm）	自重（kg）	图　例
SHL-1	12	≤ϕ150	ϕ160×165	4.8	
SHL-1N	12	≤ϕ150	ϕ160×165	4.5	

（2）转向电缆滑车。转向电缆滑车可分为两轮电缆转向滑车、串联式三轮转向电缆滑车及转向型电缆延放滑轮等。

两轮电缆转向滑车见图7－3，用于小截面电缆转弯弧度不大处，主要技术参数见表7－2。

图7－3　两轮及三轮电缆转向滑车

（a）两轮电缆转向滑车；（b）三轮导向滑车

表7－2　两轮电缆转向滑车技术参数

型　号	额定负荷（kN）	结构形式	自重（kg）	备　注
SHZL-1	10	单向	7.8	铝架铝轮
SHZL-1N			6.3	铝架尼龙轮
SHZL-1T	10	双向	9.5	铝架铸铁轮
SHZL-1TN			8	铝架尼龙轮

（3）串联式三轮转向电缆滑车及多联电缆滑轮。用于延放电缆，可单只使用及多组串联使用，接续部分可自由变换角度，非常适合地面和工井口处工作，如图7－4所示，其技术参数见表7－3。

表7－3　串联式三轮转向电缆滑车技术参数

型　号	额定负荷（kN）	滑轮规格（mm）	自重（kg）
SHF-1	10	ϕ160×165	14.5
SHF-1N	10	ϕ160×165	13

（4）转向型电缆延放滑轮。用于电缆延放改变方向处，保护电缆不受摩擦，可根据需要多台组合成任意转弯角度。转向型电缆延放滑轮技术参数，见表7－4。

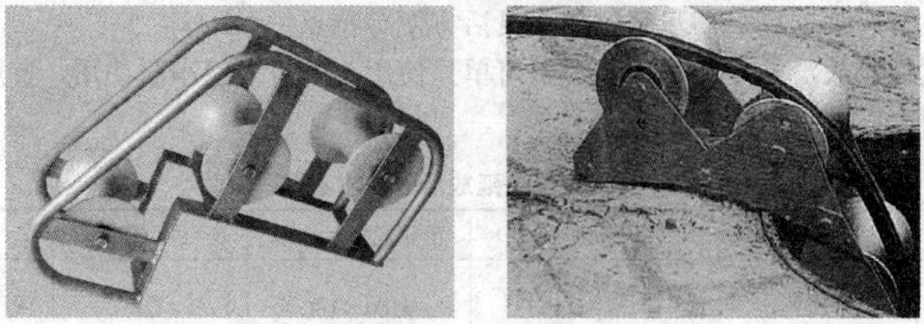

图 7-4　串联式三轮转向电缆滑车及施工布置实景

表 7-4　　**转向型电缆延放滑轮技术参数**

型　号	额定负荷（kN）	滑轮规格（mm）	自重（kg）	图例
SHL	5	ϕ140×60	8	
SHL2	10	ϕ160×100	12	
SHL2N	10	ϕ160×100	10	
SHL3	10	ϕ160×165	11	
SHL3N	10	ϕ160×165	9	

2. 坑口电缆滑车

坑口电缆滑车如图 7-5 所示，它主要用来保护牵引出坑口时电缆免受损伤及弯曲过大。

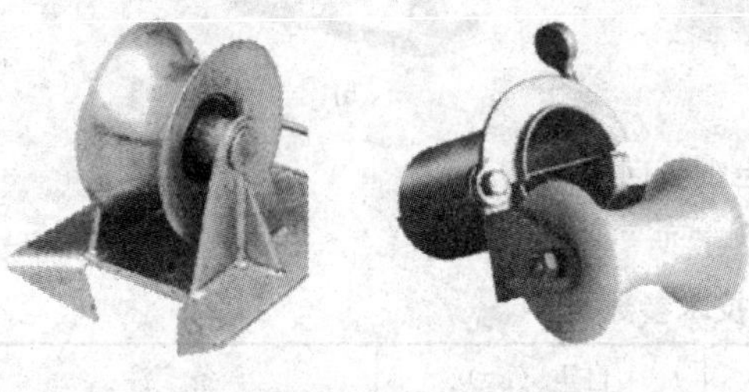

图 7-5　坑口电缆滑车

除采用坑口安装电缆保护滑车外，还可在管道口设置如图 7-6 所示的管口防护喇叭（图中 D 为管口防护喇叭大端管口直径，$D=1.2d$），以保证在牵引过程中电缆不被刮破擦伤。管口防护喇叭结构由两半合成，敷设完后可逐个拆除。

3. 承壁放线滑车

为满足特殊使用要求，如用于电缆沟或窄巷隧道中在壁侧分层置放敷设电缆时，与牵引机具配套，以减少电缆放缆过程的摩擦和支承电缆至合适位置，常采用图 7-7 所示的承壁放线滑车（HCB 型），它适用于 0.8～1.25m 宽的沟（墙）壁内悬空承壁使用，滑轮采用铝合金制造，支承杆采用高强度的碳结构钢制造，方便灵活，承载力大。

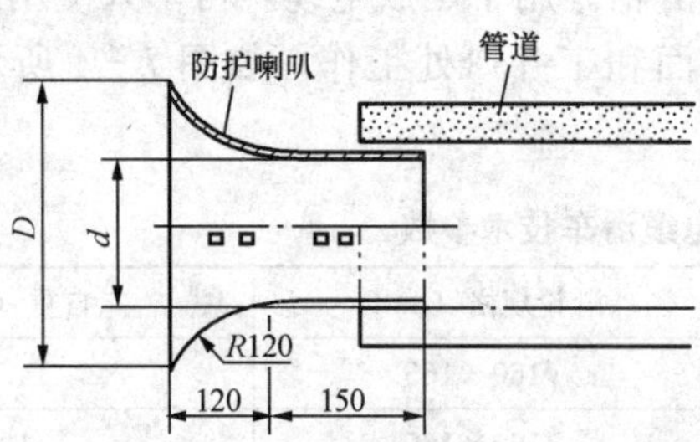

图 7-6　管口防护喇叭

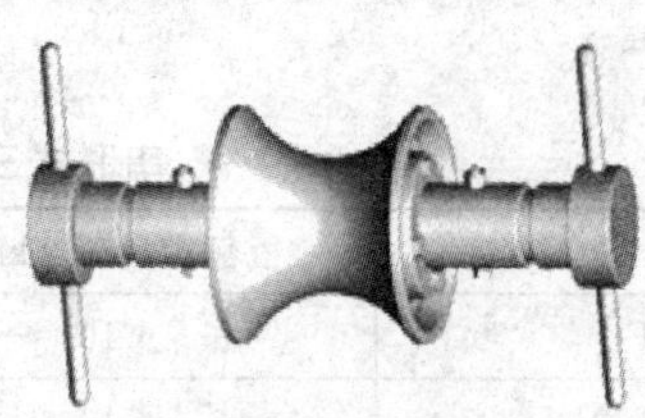

图 7-7　承壁放线滑车（HCB 型）

4. 电缆网套

电缆网套，如图 7-8 所示，可分为电缆中间网套和电缆（端）牵引网套。电缆中间网套 ZDW－40～ZDW－120 型，适用电缆 $\phi40\sim\phi120$，额定负荷为 300～400kN；电缆（端）牵引网套 DW－40～ DW－120 型，适用电缆 $\phi40\sim\phi120$，额定负荷为 30～40kN。

5. 玻璃钢穿孔器

玻璃钢穿孔器，又名玻璃钢穿线器、玻璃钢穿管器、管道通管器、电缆牵引器，它是一种能反复使用的穿孔工具，如图 7－9 所示，其技术参数见表 7－5。由复合材料制成的玻璃钢穿孔器，较好地结合了刚性及韧性两种特征，具有质量轻、强度高、外表光滑、弹性好、耐腐蚀、耐磨损、电绝缘性好、不易断裂、使用性能优良等特点。

玻璃钢穿孔器既可以布放灯线、电缆、光缆，还可以测量管道长度、清理管道、验收管道，同时又可以进行铺设作业。

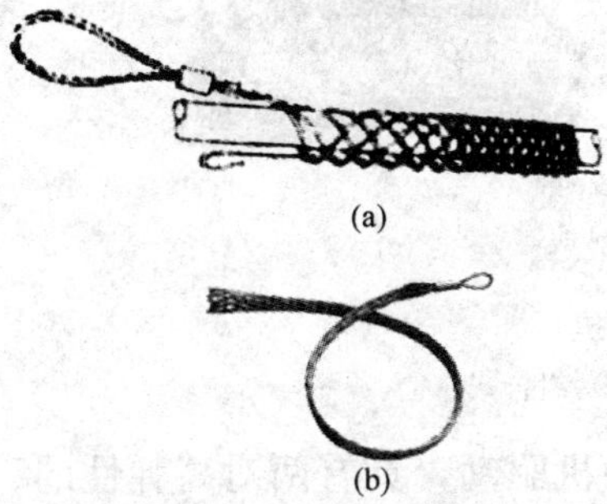

图 7－8　电缆网套

(a) 电缆中间网套；(b) 电缆（端）牵引网套

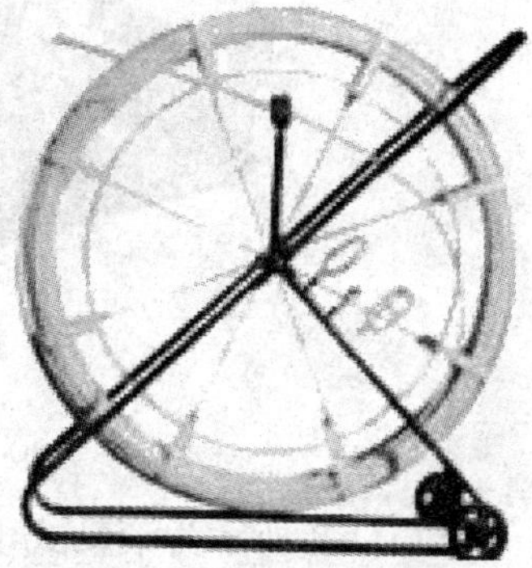

图 7－9　玻璃钢穿孔器

表 7－5　　玻璃钢穿孔器技术参数

规格 (mm)	$\phi11\sim\phi17$	最小曲弯半径 (mm)	295
杆长 (m)	100～50	牵引断裂张力 (t)	2.5
适用温度范围 (℃)	－40～80	线密度 (g/m)	150

6. 电缆放线支架

电缆放线支架，在展放电缆施工过程中，用来支放电缆线盘，如图 7－10 所示。放线时，把电缆线盘滚上支架，牵引电缆时，电缆线盘和支架的轮子一起转动，具有省力方便的特点。

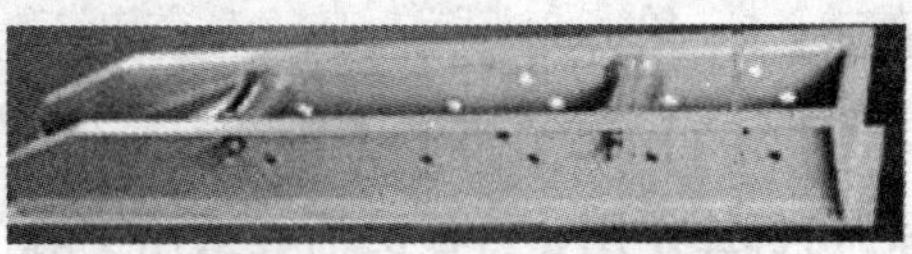

图 7－10　电缆放线支架

7. 电缆输送机

电缆输送机，适用于大规模城市电网改造，适合大截面、长距离电缆敷设，能降低劳动强度、提高施工质量。电缆输送机可分为滚轮式、履带式、组合式等形式。

履带式电缆输送机，如图 7－11 (a) 所示。该国产系列产品有 DSJ-150 型、DSJ-180 型两种。该电缆输送机的特点是：机推力大，体积小，质量轻，操作方便，在电缆排管、隧道直埋、长距离输送等场合尤为适用；可以单机单推，也可数机串联用；输送轮为橡胶压铸成形，可根据电缆的直径大小调节中心距。表 7－6 所示为 DSJ-150B 型履带式电缆输送机技术参数。

表 7－6　　DSJ－150B 型履带式电缆输送机技术参数

速度 (m/min)	适用电缆直径范围 (mm)	最大输送力 (kN)	电动机功率 (kW)	质量 (kg)
10.4	60～150	5.5	1.5	120

(a)　(b)　(c)

图 7-11　电缆输送机

(a) 履带式；(b) 滚轮式；(c) 组合式

图 7-11（b）所示为滚动式电缆输送机，由电动机驱动，具有两对高弹性的、坚韧抗磨的橡胶锥形驱动轮，电缆被两个橡胶滑轮压到橡胶驱动轮中，上下双作用推动电缆，摩擦系数小、输送力大，对电缆无丝毫损伤。锥形驱动轮的间隙可调，适应电缆直径为 80～180mm，放好电缆后取出电缆也很方便，不会造成电缆弯曲，其技术参数见表 7-7。

表 7-7　　DSJ-180A 型滚动式电缆输送机技术参数

型号	额定输送推力（kN）	输送速度（m/min）	适用电缆外径范围（mm）	使用场所	质量（kg）
DSJ-150	500	6	60～150	＞宽 500mm 地沟 ＞ϕ66mm 工井孔	180
DSJ-180	750	6	60～180	＞宽 500mm 地沟 ＞ϕ66mm 工井孔	180

图 7-11 所示（c）为 DSJ-180A 新型组合式电缆输送机，其外壳采用铝合金材料，质量轻，可拆卸使用，方便灵活，适用于隧道、排管、直埋等长距离敷设各种类型的电缆，不受地形的限制，可在弯曲的电缆沟中、交叉道路、管道中等长距离输送大截面电缆的机具进行长距离放电缆作业，其技术参数见表 7-8。

表 7-8　　DSJ-180A 新型组合式电缆输送机技术参数

项　目		技 术 指 标	备　注
输送力（kN）	慢速	≥3	电动机功率 1.3kW
	快速	≤5	电动机功率 1.8kW
输送电缆直径（mm）		30～110，50～150，80～180	
轮胎充气压力（MPa）		≤0.2～0.25	
外形尺寸（mm）		1300×500×700	质量 130kg

续表

项　目		技术指标	备　注
输送速度	慢速	6m/min（倒、顺）	
	快速	6m/min（倒、顺）	电源 380V AC

电缆输送机在电缆敷设的直线段［见图 7－12（a）］，其两台输送机的距离不得大于 30～50m，且中间每隔 3m 放一台直线滑车；电缆转弯［见图 7－12（b）］，时，输送机应布置在直线段部位；电缆上坡时，输送机应按图 7－12（c）所示布置。

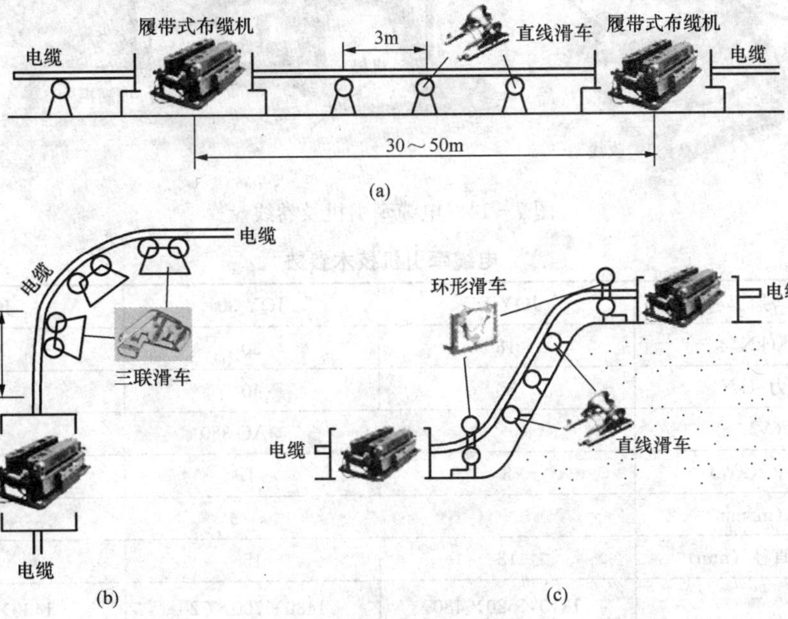

图 7－12　电缆（滑车、履带式布缆机）施工布置

(a) 输送机布置在直线段部位（滑车、履带式布缆机）施工布置；(b) 转弯时；(c) 上坡时

除上述国产电缆输送机外，目前也还有进口电缆输送机，如图 7－13（a）所示；该机可减少电缆在布线过程中电缆以及牵引装置的张力，压缆滑轮为尼龙滑轮，驱动履带为尼龙带，其使用寿命长，动力为汽油机。图 7－13（b）所示为大型履带式电缆输送机。

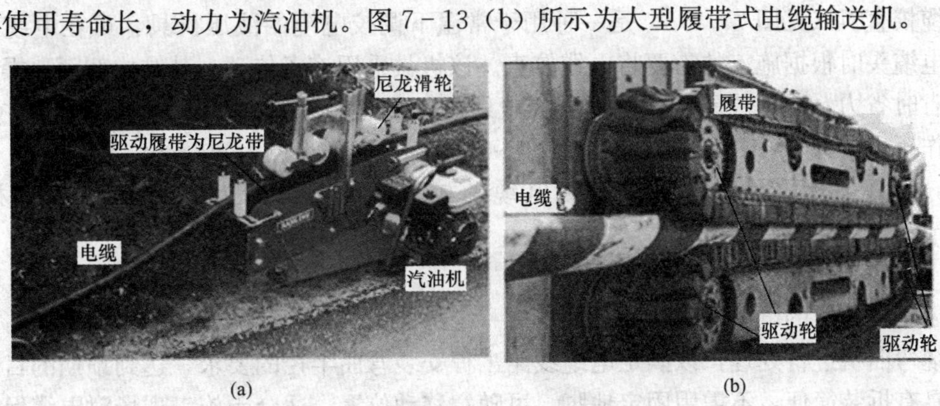

图 7－13　进口电缆输送机

8. 电缆牵引机

电缆牵引机是指电缆敷设时用作牵引的成套机械，由牵引头和收线架几大部件组成，如图 7 - 14 所示；可用于电力电缆、通信电缆、架空线的牵引，也可用于其他需要牵引的场合或单独使用，其技术参数见表 7 - 9。

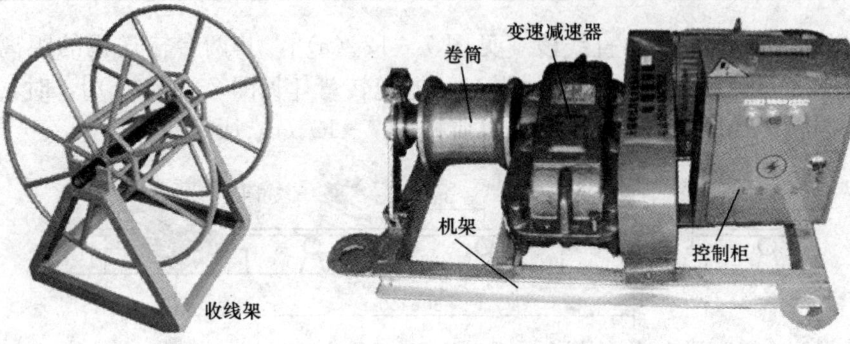

图 7 - 14 电缆牵引机及卷线盘

表 7 - 9 电缆牵引机技术参数

型 号	JQY-18	JQY-30	JQY-50
牵引力（kN）	18	30	50
最大牵引力（kN）	30	40	55
电源（V）	AC 380		
电动机功率（kW）	3	4	5.5
牵引速度（m/min）	6		
适用钢丝绳直径（mm）	13	15	15
外形尺寸（mm）	1310×520×480	1430×700×720	1430×700×720
	+780×730×782	+780×730×782	+780×730×782

三、电缆施工安装用其他常用辅助机具

1. 电缆校直机

电缆校直机（见图 7 - 15），是一种用于常温下调校电缆的液压机具，可在电缆敷设安装制作电缆头时根据施工的需要将电缆校直。该机具采用液压传动，其结构新颖、操作方便灵活，省时省力，适用范围广，是大直径电缆施工的理想工具。LXJ - 130 型电缆校直机：最大工作压力大为 45MPa，调校范围为 30～130mm，曲率半径为 500mm。CB - 160 型电缆校直机，用于 35kV 及以上电压等级电缆的校直，最大出力为 50kN，最大调校直径为 160mm。

2. 电缆弯曲机

对于转弯地段的电缆，应按设计规定有一定的弯曲半径，有的在保护管内敷设，这时可采用电缆弯曲机进行处理，以满足电缆线路工程安装弯曲半径的要求，达到预期的目的。该弯曲工具有拆装简便，不需用固定地脚，可随意移动位置，适合于施工现场对电缆保护钢管及大截面电缆的弯曲。

电缆弯曲机分手动液压操作、机械操作（见图 7 - 16）等。

3. 电缆绝缘剥削工具

电缆绝缘剥削工具是指用于剥削电缆绝缘层（含护套）的剥削工具，如图 7－17 所示。

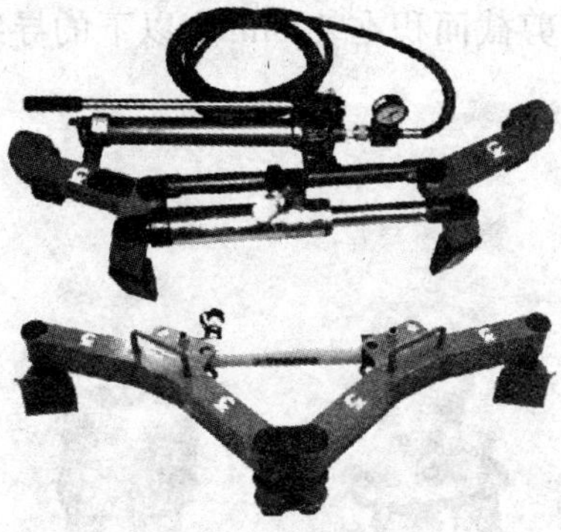

图 7－15　电缆校直机

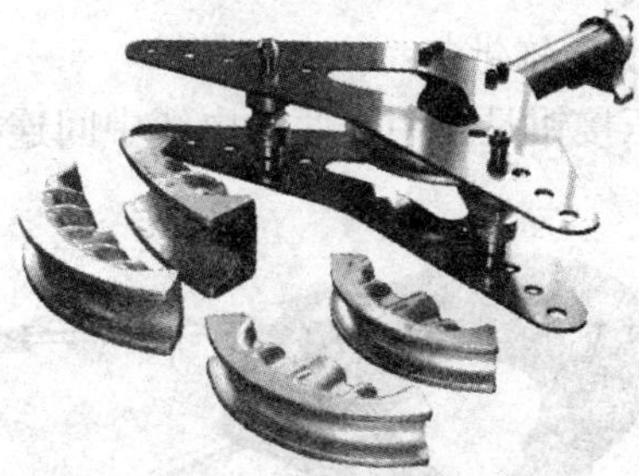

图 7－16　电缆弯曲机

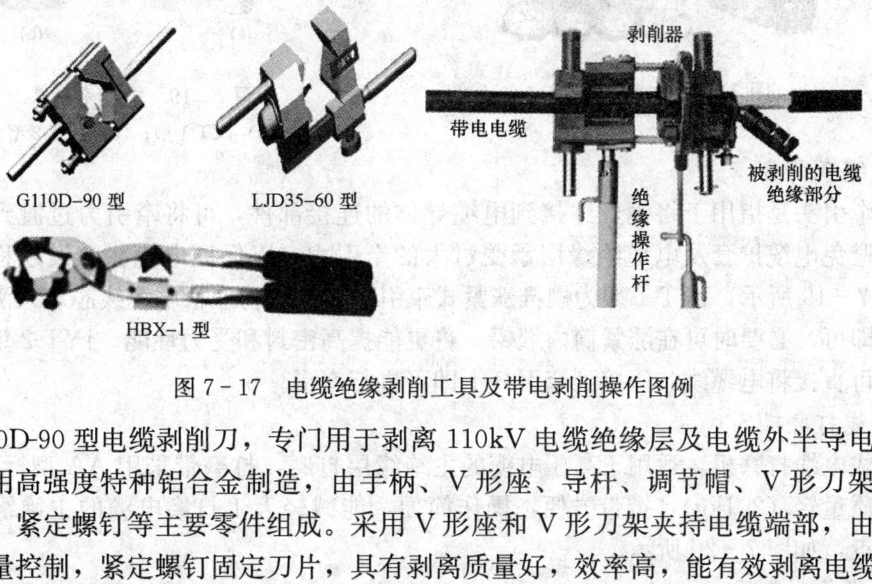

图 7－17　电缆绝缘剥削工具及带电剥削操作图例

SG110D-90 型电缆剥削刀，专门用于剥离 110kV 电缆绝缘层及电缆外半导电层。剥削刀主体采用高强度特种铝合金制造，由手柄、V 形座、导杆、调节帽、V 形刀架、调节螺杆、刀片、紧定螺钉等主要零件组成。采用 V 形座和 V 形刀架夹持电缆端部，由调节螺钉进行进刀量控制，紧定螺钉固定刀片，具有剥离质量好，效率高，能有效剥离电缆绝缘层与电缆外半导电层，使用携带十分方便等优点，是一种较为理想的电缆绝缘层剥削工具，其主要技术参数见表 7－10。

表 7－10　SG110D-90 型电缆剥削刀主要技术参数

剥削范围（mm）	外形尺寸（mm）	净重（kg）	绝缘层进刀范围（mm）	半导电层进刀范围（mm）
电缆绝缘外径 54～90	440×148×92	4.5	12～28	0～12

LJD35-60 型电缆绝缘剥离刀，用于切削、剥离电缆绝缘层。该刀具能调整刀片角度和径向进刀深度，不损伤电缆线芯，适用于绝缘外径为 35～60mm 的电缆，主要技术参数见表 7－11。

表 7－11　LJD35-60 型电缆绝缘剥离刀主要技术参数

卸下两手柄后外形尺寸（mm）	净重（kg）	刀刃螺旋角可调范围（°）	刀刃伸出长度（mm）
120×120×110	1.5	0～10	24

4. 电缆大剪

电缆大剪，如图 7－18 所示，采用机械变速增力原理制成，适用于各种电力线缆的切断。例如，XLJ-1 型电缆大剪，可用于剪直径在 60mm 以下的铜、铝线和电缆；XLJ-2 型可剪直径在 90mm 以下的铜、铝线和电缆；XLJ－3 型可剪截面积在 400mm² 以下的导线电缆钢芯铝绞线。

5. 电缆压接钳

电缆压接钳是指用于两段电缆中间连接的设备。

图 7－18 电缆大剪

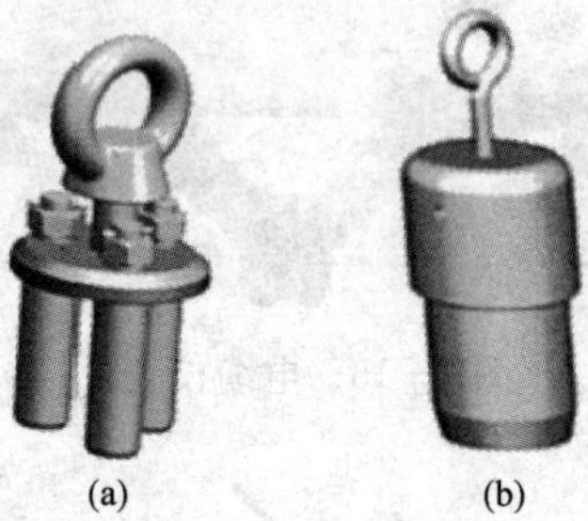

图 7－19 电缆牵引头

(a) JYT-1 型；(b) JYT-2 型

6. 电缆牵引头

电缆牵引头是指用于将钢丝绳接到电缆导体的连接部件，可将牵引力过渡到电缆导体上，从而避免电缆护套及电缆绝缘层承受过大的牵引力，以保证电缆在敷设过程中完好无损。如图 7－19 所示，JYT-1 型为楔锥涨紧式牵引头，只需将三根电缆线芯装入涨紧筒内用楔锥楔紧即可，必要时可在涨紧筒内灌铅，将更能提高密封和受力性能。JYT-2 型为压紧式牵引头，可直接将电缆线芯压接到牵引杆上即可进行牵引。

7. 电缆打磨机

电动式电缆打磨机，适用于高压电缆的主绝缘层打磨，打磨带采用 AA 型标准砂布带。该机具有质量轻（2.1kg），携带方便，操作简便，能减轻人工打磨电缆的主绝缘层的劳动强度等特点，如图 7－20 所示。

8. 绝缘体削尖器

图 7－21 所示为电缆绝缘体削尖器，主要技术参数见表 7－12。该机的特点是：安装及拆卸快速，施工作业时间为 15～20min；选用滑轨可以削出圆锥形或酒瓶形；完成锥面不需要打磨；操作简单，可大幅减少人员训练的时间；可调整切削速度，能正反转向操作。

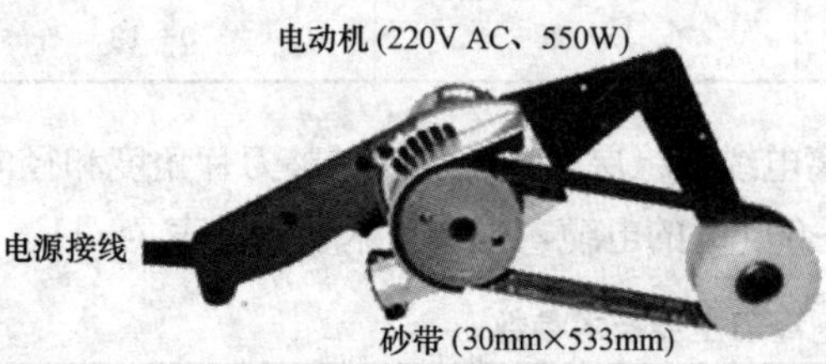

图 7－20 电动式电缆打磨机

图 7－21 绝缘体电动削尖器

表 7-12　　绝缘体电动削尖器

名　称	参　数	名　称	参　数
尺寸（mm）	530×321×380	最大切削长度（mm）	100～200
适用电缆尺寸（mm）	电缆直径 60～125	电动机功率（W）	220～700
质量（kg）	42		

除电动绝缘体削尖器外，还有手动式绝缘体削尖器，如图 7-22 所示。操作时，可以设定削尖长度，削尖器旋转时连接带动切削刀刃，加工面和切削角度精确平滑，可以减少表面磨光处理的大量工作。

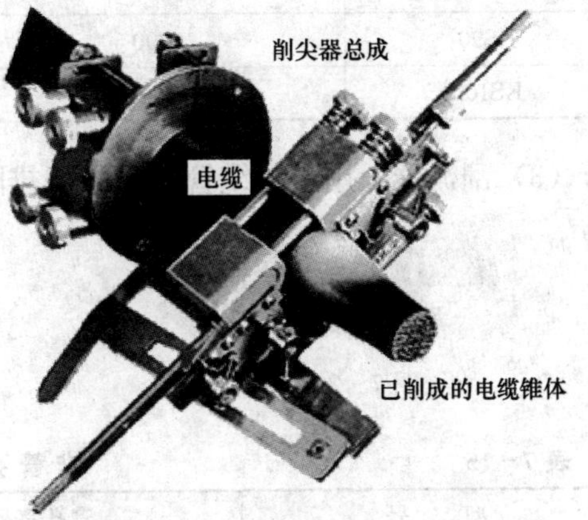

图 7-22　手动高压电缆绝缘体削尖器

9. 排管疏通工具及电缆管孔刮泥器

(1) 排管疏通棒（俗称铁牛）。用来疏通棒排管内的刺状物，即疏通棒在管内来回拖动，使得管内疏通光滑，以保证电缆穿过不受损伤。图 7-23 所示为试验捧及用试验棒疏通管路示意图，技术参数见表 7-13。

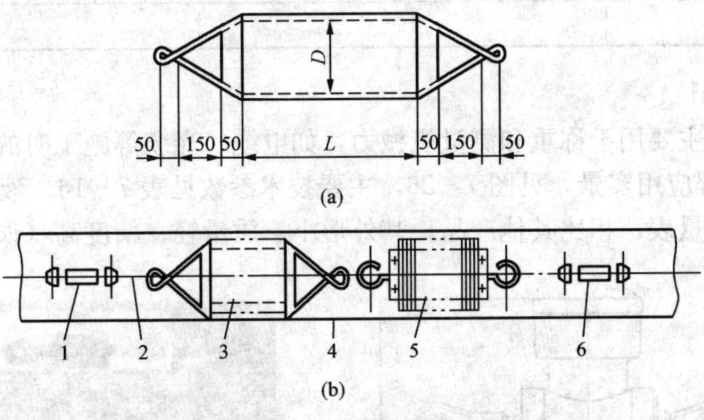

图 7-23　试验棒及用试验棒疏通管路示意图

(a) 试验棒结构图；(b) 用试验棒疏通管路示意图

1、6—防捻器；2—钢丝绳；3—试验棒；4—管路；5—圆形钢丝刷

表 7-13　　疏通棒的技术参数　　mm

管路内径	试验棒外径 D	试验棒长度		
250	240	1000	800	600
200	190			
175	165			
150	8140			
130	120			
100	90			

（2）排管孔刷。用于管道电缆（光缆）敷设前对管道进行预处理，以清除管道内的泥渣等异物。排管孔刷材料为钢丝，螺旋状结构，两头带牵引环。排管孔刷及其技术参数见图 7-24 及表 7-14。

表 7-14　　排管孔刷技术参数

型号	适用管孔直径（mm）	型号	适用管孔直径（mm）
KS80	80	KS130	130
KS90	90	KS150	150
KS100	100		

（3）刮泥器。用于电缆管孔中积泥排除。刮泥器及其技术参数见图 7-25 及表 7-15。

图 7-24　排管孔刷

图 7-25　刮泥器

表 7-15　　排管孔刷技术参数

型　号	管孔直径（mm）	质　量　（kg）
GN100	100	16
GN130	130	19
GN150	150	23

10. 液压张力计

液压张力计，主要用于称重和测量机械力，如电缆、光缆等施工时的张力。液压张力计（ZLJ 系列）及工程应用实景，见图 7-26，主要技术参数见表 7-16。液压张力计采用油缸结构，耐振指针式量表；相比其他产品，其外形小、质量轻、精度高（误差率为±3%）。

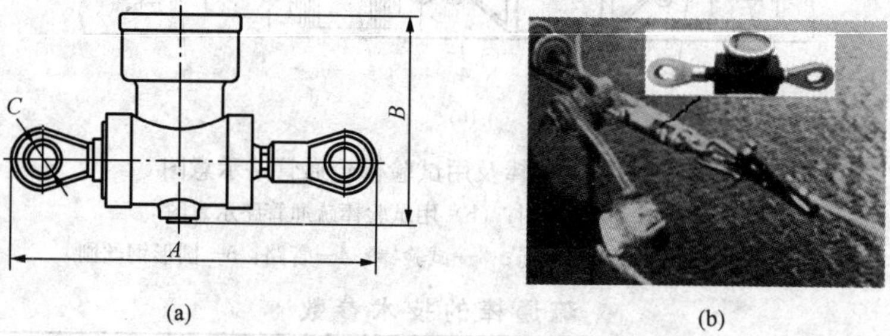

(a)　(b)

图 7-26　液压张力计及工程应用实景

（a）形状图；（b）工程应用实景

表 7-16　　液压张力计技术参数

型　号	ZLJ10	ZLJ30	ZLJ50	ZLJ100
最大测试张力（kN）	10	30	50	100
质量（kg）	2.8	2.8	4.4	8.1

11. 电缆长度测量装置

电缆长度测量装置是指用于测量导线或电缆展放长度，也可用在分裂导线安装间隔棒时测量距离的装置。

图 7－27（a）所示为可用于电缆直径≤50mm 的测量电缆展放长度装置。

图 7－27（b）所示为电缆长度测量轮，最大测量距离为 10000m。

(a) (b)

图 7－27 电缆长度测量装置

四、穿越道路敷设电缆等工程施工机具及施工

采用电缆直埋方式时，当穿越公路、铁路、城市街道区等地区，应埋设保护管。但在上述地段及不能开挖的道路上施工时，通常采用顶管法设置保护管。

电缆保护管由于直径较小，可用顶管法和铁锤冲击法实现敷设电缆保护。

1. 螺旋水平钻孔机

螺旋水平钻孔机如图 7－28 所示。该钻孔机适用于电气化铁路穿越道床、铺设电缆钻孔及穿越公路路基和建筑物时采取不开挖敷设管线。

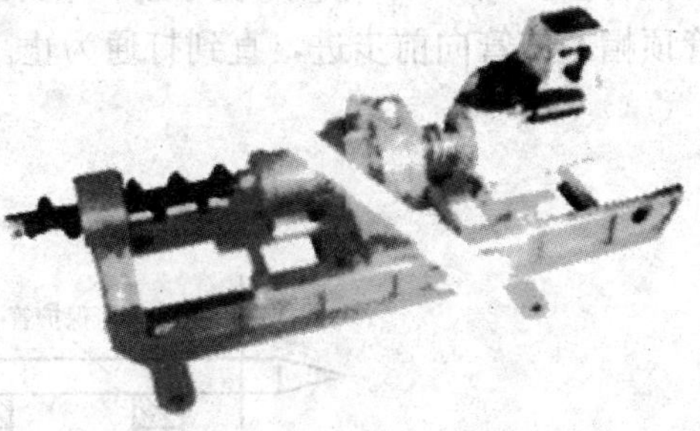

图 7－28 螺旋水平钻孔机

2. 液压顶管机及施工

（1）液压顶管机。通常由柴油机或电动机驱动的液压泵站一个、两个双作用液压油缸（见图 7－29）、两块支承板（固定机器和支承坑壁）、顶杆（一般长 30m）及不同规格的扩孔拉头四部分组成。该机的主要特点是：利用油缸的拉力先将顶杆顶到公路、铁路或其他建筑物的一侧（地表 1～5m），将顶杆逐段顶至对面出口，然后才将顶头卸下装上锥形拉头，并将所需铺设的管线与拉头尾端连接牢固，最后利用油缸的推力回拖扩孔将管线辅设成功。该系列产品型号主要有 60t/2、80t/2、100t/2、120t/2；扩孔直径分别可达 550、650、750、850mm；施工距离可达 50～80m 。

（2）施工技术。定向钻机：定向钻机铺设地下管线技术是靠地表探测仪器接收导向钻头内探头发出的钻进参数信号，按照参数信号沿预先设计的轨迹进行钻进，首先打出一个精确的导向孔，然后回拖扩孔，拉管直到将管线铺设成功。

图 7－30 所示为液压顶管机顶管施工布置示意图。

3. 铁锤冲击顶管机

铁锤冲击顶管机仅适用于软土、灰渣、砂砾土或路面不宽的场所。施工时，同样在道路的一端挖一操作坑，其长度为保护管加锤的冲击距离，另一侧可挖小坑，其余要求同螺旋钻

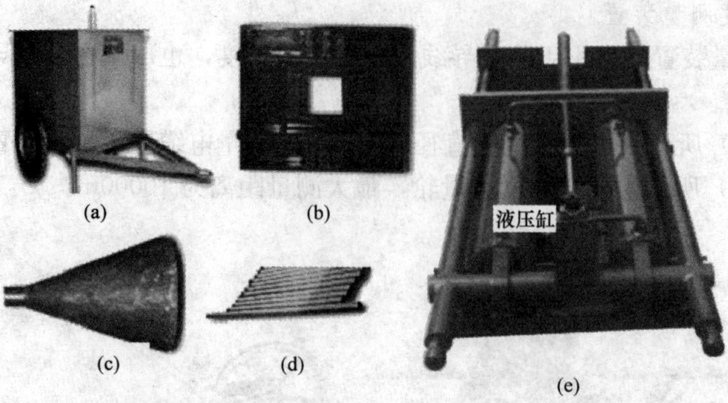

图 7 - 29　液压顶管机外形及组成部件

(a) 顶管机液压泵站；(b) 顶管机挡板；(c) 顶管机拉头；(d) 顶管机顶管；(e) 顶管机主体

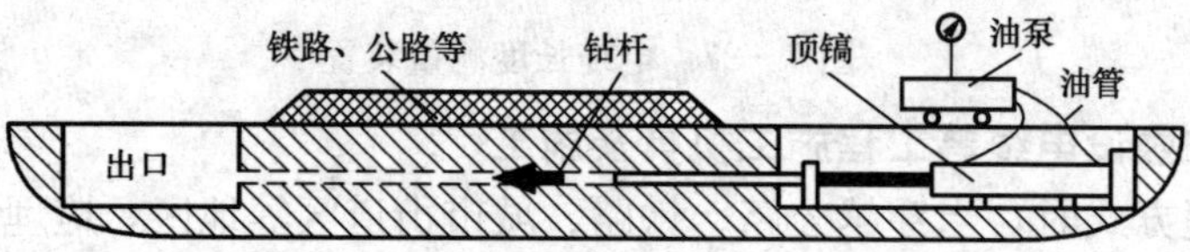

图 7 - 30　液压顶管机顶管施工布置示意图

头顶管法。图 7 - 31 所示为铁锤冲击顶管法施工布置示意图，施工原理是利用铁锤自摆打击管顶帽，使管向前步进，直到打通为止。

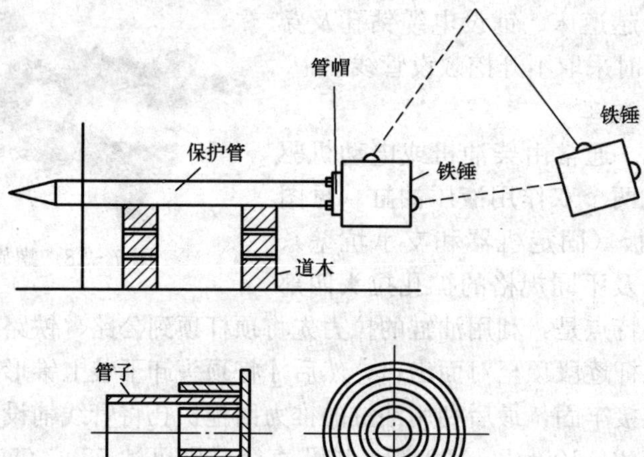

图 7 - 31　铁锤冲击顶管法施工布置示意图

第二节　光缆线路施工机具

一、光缆知识

随着通信技术的不断发展，利用新建线路或已建输电线路作为通信光缆的载体越来越普遍。架空地线复合光缆（OPGW）兼输电线路架空地线和通信光缆的双用途于一体，以其安全、经济等特点，正日益显示其优越性。

1. 复合光缆类型

电力通信光缆可以分为复合光缆架空线 OPGW、全介质自承式光缆 ADSS、缠绕光缆 GWWOP 三种。

复合光缆架空线 OPGW，具有普通避雷线及户外通信光缆双重作用，并承受大的拉力，对风、水、雷击气候有较好的耐受能力，架设方便，广泛用于新建设输电线路。

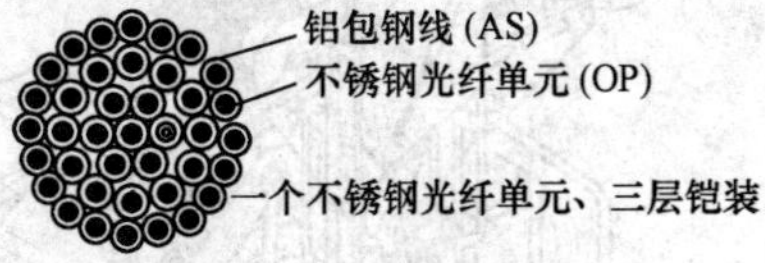

图 7-32　OPGW 结构

图 7-32 所示为 OPGW 结构。

全介质自承式光缆 ADSS 是架设在已建设线路上，只作通信用而没有避雷线的功能。

缠绕光缆 GWWOP，是将光缆缠绕在原有避雷线上，可在已有的架空避雷线上使用。缠绕光缆 GWWOP 的缠绕方向与避雷线外层线股捻制方向一致，如图 7-33（a）所示，其结构如图 7-33（b）所示。

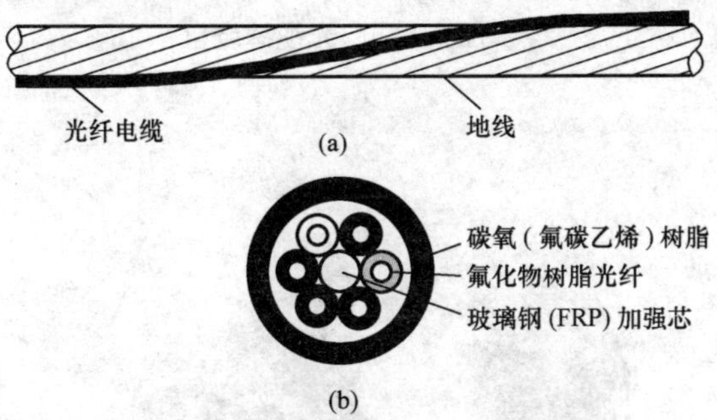

图 7-33　避雷线上缠绕光缆及光缆结构
（a）缠绕方向；（b）结构图

2. 光缆架设施工要求

（1）放线滑车的直径必须满足光缆本身特性要求，即滑轮最小直径≥650mm。

（2）放线过程中，光缆任何一点均不得受径向压迫，光缆通过滑车的包角不得小于 60°，光缆的弯曲半径应不小于 500mm。

（3）下雨和大雾天不得施工，以防光缆受潮。

（4）两端牵引机、张力机距支承塔的距离，以导向轮的仰角 15°～20°控制布置。

（5）由于 GWWOP 结构上的特性，必须采用张力放线，并且张力机轮径不得小于 1000mm。

二、光缆架设施工机具

光缆架设施工机具，主要有牵引机、张力机、光缆缠绕机等。

1. 光缆牵引机

图 7-34 所示为光缆牵引机，重约 45kg，总长 740mm。当垂度坡度为 30°时，牵引力可达 1kN。

2. 光缆缠绕机

缠绕光缆 GWWOP 的缠绕作业是通过安装于架空避雷线上的光缆缠绕机来完成的，光缆缠绕机的缠绕作业则是通过安装于架空避雷线上的牵引机的牵引来进行的。

图 7-35 所示为光缆缠绕机，重约 58kg，外形尺寸为长 750mm，宽 500mm，最大转动半径为 680mm，机旁安装的光缆线轴尺寸为外径 700mm，内径 300mm，宽度为 200mm，可绕光缆长度为 3500m。

如图 7-36 所示的自走车，主要用于 OPGW 放线或将旧导线换成新线。

3. OPGW 光缆切断专用工具

该工具用于适合于在狭窄的空间操作，实施对 OPGW 光缆不锈钢套管的切断。

图 7-37 所示为 OPGW 光缆不锈钢套管的切断专用工具。

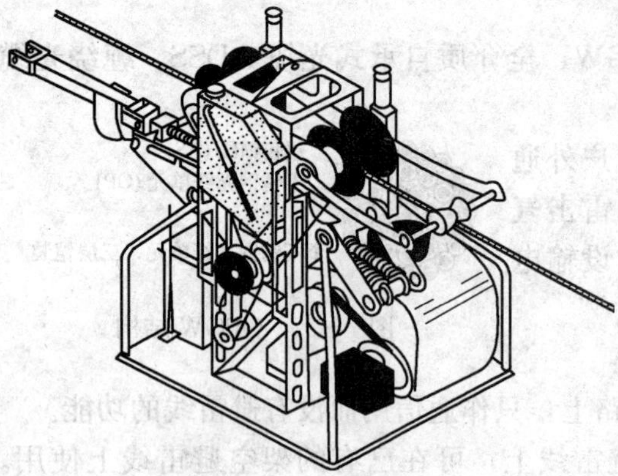

图 7-34 光缆牵引机

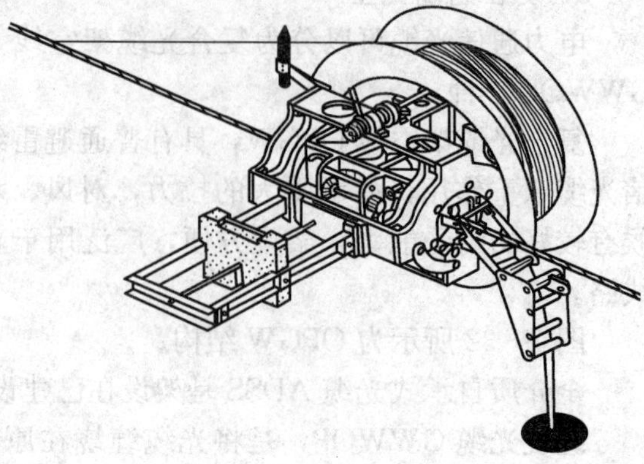

图 7-35 光缆缠绕机

图 7-36 ZZC350 自走车产品外形

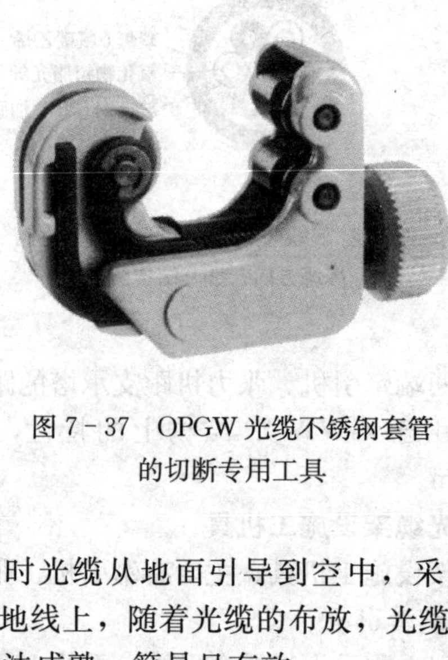

图 7-37 OPGW 光缆不锈钢套管的切断专用工具

4. 其他工机具

图 7-38 所示为国产 ADL 型捆绑机，施工时光缆从地面引导到空中，采用直径为 1.0～1.2mm 的退火不锈钢丝把光缆捆绑在架空地线上，随着光缆的布放，光缆盘在地面沿杆塔路由移动或事先把光缆展放在地面上，此法成熟、简易且有效。

图 7-39 所示为进口 ADL 型捆绑机，施工时，光缆盘随捆绑机一起吊在空中，由架在线上的牵引机带动，受地形地貌的影响较小；改用被覆纺纶线代替钢丝并且是双线并绕，纺纶线的允许拉伸形变比钢丝大得多，万一发生断线也不至于发生短路；这种机具使用起来较复杂，目前主要是进口或租用。

三、缠绕作业和附件安装

缠绕工作由线路的一端开始，将牵引机、缠绕机安至避雷线上开始缠绕后，分三个过渡小组，分别在第二、第三、第四基塔上安装过渡吊杆和工作小梯，拆除防振锤，按金具组装图在避雷线上画出金具安装位置，做好机具过渡及光缆附件安装的准备工作，如图 7-40 所示。

当缠绕到第二基杆塔时慢慢将机具放下，将光缆松出 5～7m，取下光缆轴，并将其牢固地固定在塔身不妨碍作业的地方，然后用过渡吊杆分别将牵引机和缠绕机吊过杆塔，如图 7-41 所示。

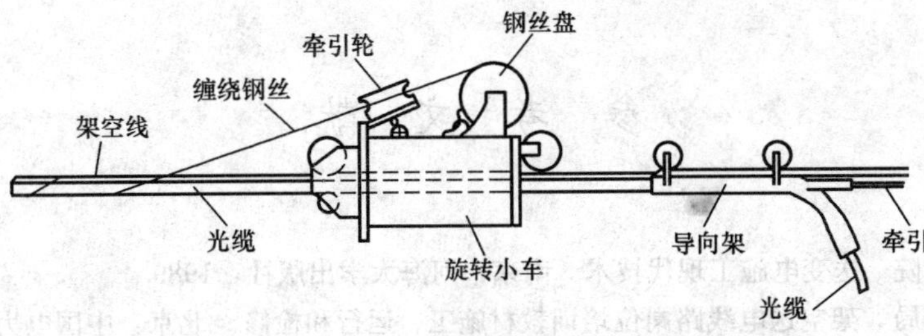

图 7-38　国产 ADL 型捆绑机

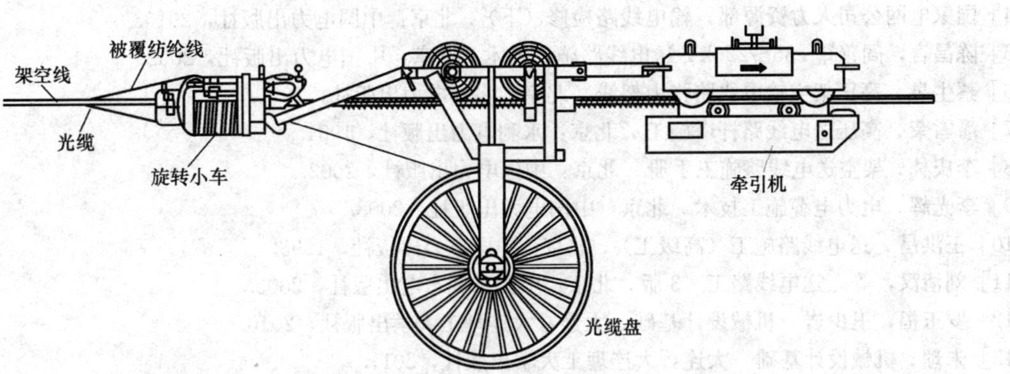

图 7-39　进口 ADL 型捆绑机

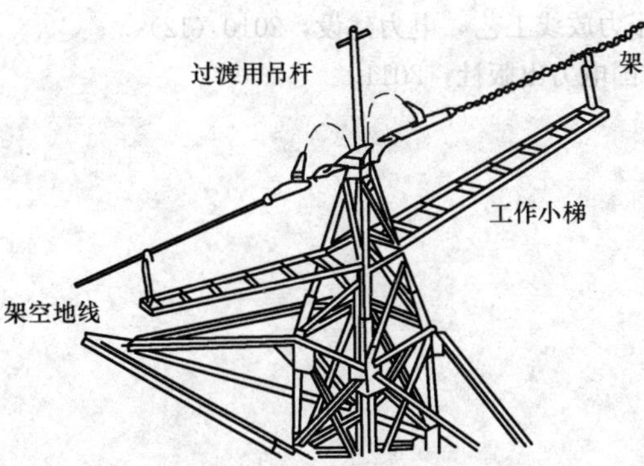

图 7-40　安装到位的工作小梯和过渡用吊杆

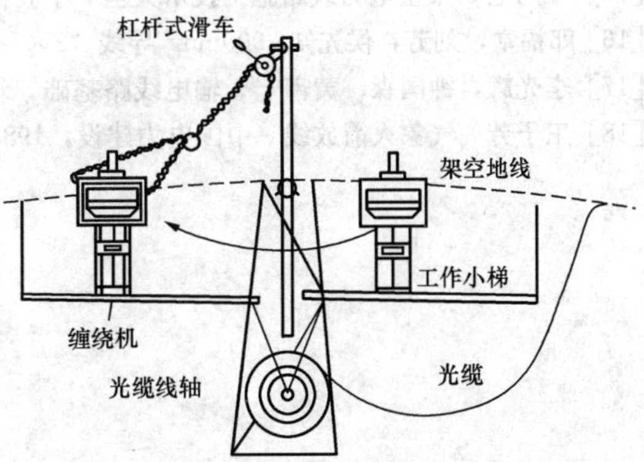

图 7-41　通过一个直通塔（跨节塔）

思　考　题

1. 简述电力电缆运输工具的选用，并说明运输过程中应注意的事项。

2. 电力电缆敷设施工应选用哪些机器具？各机器具（如电缆线盘、电缆滑车、电缆牵引网套、电缆输送机等）有何作用？

3. 电缆敷设施工所需辅助机器具有哪些？分别简述各辅助机器具的作用。

4. 光缆施工中用到哪些机器具？分别说明各机器具的作用。

参 考 文 献

[1] 武汉水利电力学院．送变电施工现代技术．南京：河海大学出版社，1989.

[2] 广东省电力工业局．架空送电线路岗位培训教材施工、运行和检修．北京：中国电力出版社，1998.

[3] 中国电力企业家协会供电分会．高压线路带电检修（中级工）．北京：中国电力出版社，2000.

[4] 国家电网公司人力资源部．输电线路检修（下）．北京：中国电力出版社，2010.

[5] 陈昌言，阎善玺．35～220kV 送电线路施工技术．北京：中国电力出版社，2002.

[6] 蔡生泉．高压架空输电线路张力架线．北京：水利电力出版社，1991.

[7] 潘雪荣．高压送电线路杆塔施工．北京：水利电力出版社，1984.

[8] 李庆林．架空送电线路施工手册．北京：中国电力出版社，2002.

[9] 李光辉．电力电缆施工技术．北京：中国电力出版社，2008.

[10] 王洪昌．送电线路施工（高级工）．北京：中国电力出版社，1993.

[11] 刘清汉，等．送电线路工　3 版．北京：中国水利水电出版社，2003.

[12] 罗玉福，王少岩．机械设计基础．大连：大连理工大学出版社，2010.

[13] 朱理．机械设计基础．大连：大连理工大学出版社，2011.

[14] 李光辉，高虹亮．架空输电线路运行与检修．北京：中国三峡出版社，2000.

[15] 岑阿毛．架空电力线路施工技术大全．宁波：宁波出版社，1996.

[16] 郎福堂，刘芳，侯先知．$900mm^2$ 导线“2×一牵 3”张力放线工艺．电力建设，2010（12）．

[17] 李光辉，钟国森，黄宵宁．输电线路基础．北京：中国电力出版社，2011.

[18] 王子芳．气象火箭放线．中国电力建设，1988.